# Der große Abi-Check
# BIOLOGIE

**PONS GmbH**
Stuttgart

**PONS**

**Der große Abicheck**
**BIOLOGIE**

Dieser Titel basiert in Teilen auf 978-3-12-929287-7.

1. Auflage 2016



**Autor** (Inhalte ohne Wissenschecks und Bilder): Jürgen Christner
**Gesamtüberarbeitung und Wissenschecks:** Redaktion PONS Klett Lerntraining
**Logoentwurf:** Erwin Poell, Heidelberg
**Logoüberarbeitung:** Sabine Redlin, Ludwigsburg
**Einbandgestaltung:** Sabine Kaufmann, Stuttgart
**Titelfoto:** Thinkstock (andegro4ka), München
**Layout:** PONS GmbH, Stuttgart
**Satz:** tebitron gmbh, Gerlingen
**Druck und Bindung:** Medienhaus Plump, Rheinbreitbach

**Printed in Germany.**
**ISBN: 978-3-12-562554-9**

# SO ARBEITEN SIE MIT DIESEM BUCH

## SO IST DER ABI-CHECK AUFGEBAUT

Der **PONS Große Abi-Check Biologie** deckt in neun Kapiteln die wichtigen Themenbereiche ab, die Sie für die Oberstufe und das Abitur im Fach Biologie brauchen:

von **Zellbiologie** über **Gentechnik** bis **Ökologie**.

## SO SIND DIE KAPITEL AUFGEBAUT

Auf den ersten Seiten des Kapitels lernen und wiederholen Sie das wichtigste Basiswissen zu einem Biologiethema.

Auf der letzten Seite des jeweiligen Kapitels können Sie Ihren Lernstand in schnellen Wissenschecks anhand von Aufgaben überprüfen.

## WISSEN + CHECK = ABI-ERFOLG!

Abivorbereitung muss effizient sein! Deshalb sind die wichtigsten Fakten zu einem Kapitel für Sie in übersichtliche Boxen gepackt.

So arbeiten Sie sich schnell Box für Box vor, ohne sich durch lange Texte zu kämpfen – und haben trotzdem das ganze Abiwissen parat. Haben Sie alle Boxen eines Kapitels abgehakt?

Dann ab zum **Wissenscheck**. Hier können Sie prüfen, ob das, was Sie gelernt haben, schon sitzt oder ob Sie das Kapitel noch einmal wiederholen sollten. Die Lösungen finden Sie gleich darunter. Beantworten Sie die Fragen und setzen Sie einen Haken hinter jede richtig beantwortete Frage!

# INHALT

## 8 VERHALTENSBIOLOGIE



## 9 ÖKOLOGIE

# 1 ZELLBIOLOGIE

## Die Zelle

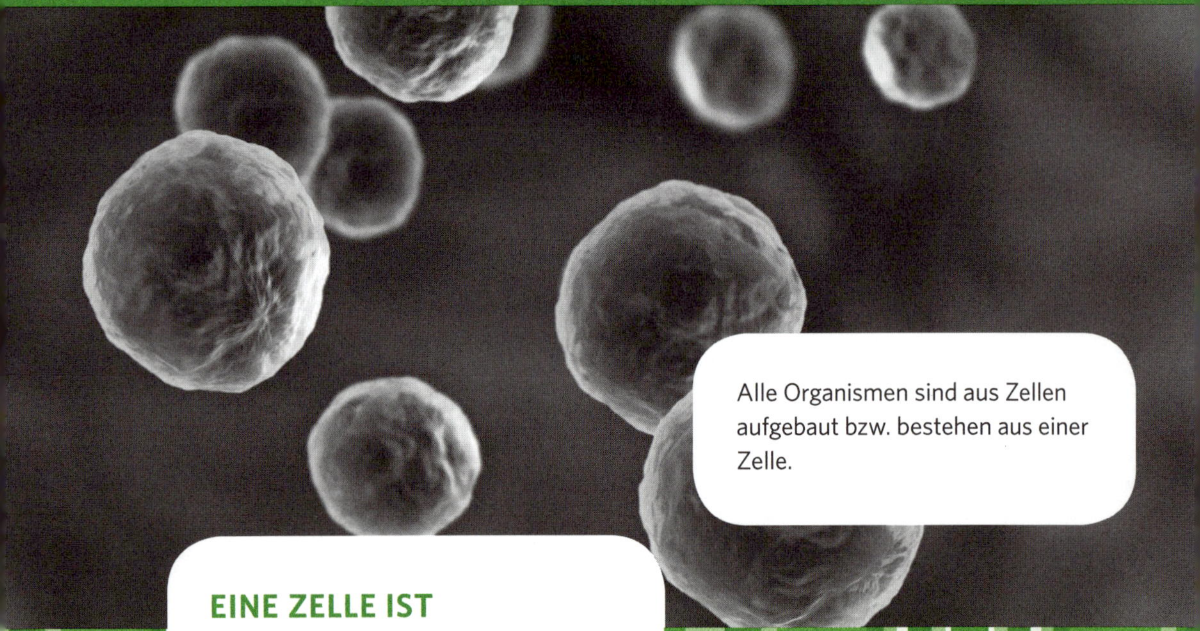

Alle Organismen sind aus Zellen aufgebaut bzw. bestehen aus einer Zelle.

### EINE ZELLE IST

- die kleinste lebensfähige Einheit (Elementarorganismus) und zugleich
- das kleinste vermehrungsfähige System.
- Zellen können nur durch Teilung oder Verschmelzung aus Ihresgleichen entstehen.

### GRUNDFUNKTIONEN DES LEBENS

- Zellen sind **reizbar**. Mit ihren Rezeptoren empfangen sie Signale und antworten darauf.
- Zellen sind prinzipiell zur **Bewegung** fähig.
- Zellen haben einen **Stoffwechsel**. Für die Aufrechterhaltung der labilen Zellstrukturen ist ein ständiger Austausch von Stoffen und Energie mit der Umwelt erforderlich. Zellen sind offene Systeme im Fließgleichgewicht.

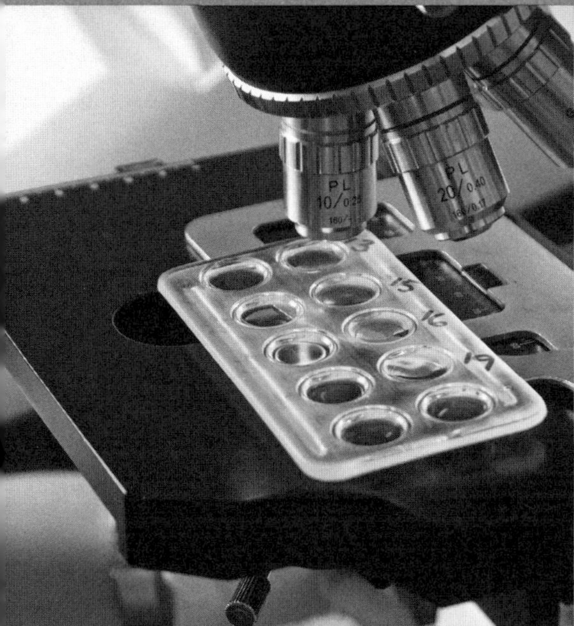

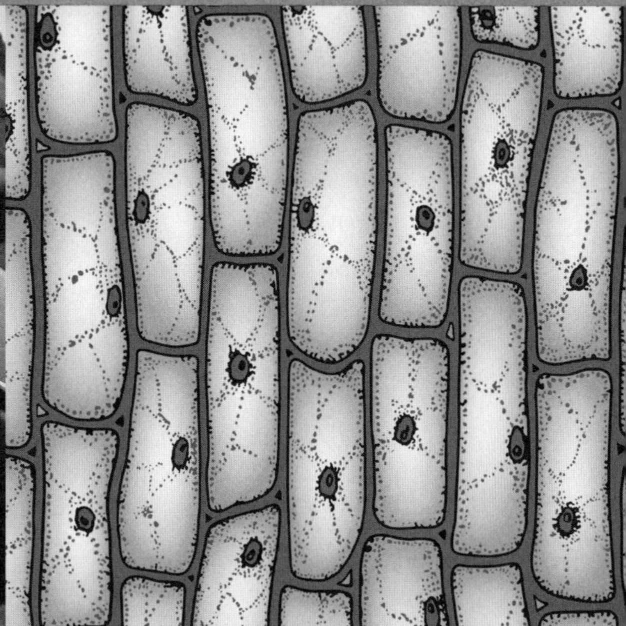

## ZELLTHEORIE

In der zweiten Hälfte des 19. Jahrhunderts entwickelte sich die Zelltheorie. Sie geht davon aus,

- dass alle Pflanzen und Tiere aus Zellen aufgebaut sind und
- dass Zellen nur aus anderen Zellen hervorgehen.

Die wichtigsten lichtmikroskopisch sichtbaren Bestandteile der Zelle sind die folgenden.

- Der Zellkern (Nucleus) besteht aus dem Karyoplasma. Dieses ist heller als das umliegende Protoplasma. In Fotos und Zeichnungen wird der Zellkern gewöhnlich allerdings etwas dunkler wiedergegeben, weil die meisten mikroskopischen Präparate gefärbt sind, um den Zellkern hervorzuheben. Zellkerne enthalten regelmäßig ein oder mehrere Kernkörperchen (Nukleolus bzw. Nucleoli), die sich mit basischen Farbstoffen intensiv anfärben.
- Das Protoplasma außerhalb des Zellkerns wird Cytoplasma genannt.
- Die äußere Begrenzung des Cytoplasmas bildet die Cytoplasmamembran.
- Darin liegen Zellstrukturen wie Golgi-Apparat und Mitochondrien.

## PFLANZENWELT

Bei Pflanzenzellen findet man zusätzlich

- die Zellwand,
- Plastiden; in grünen Pflanzenteilen: Chloroplasten,
- Vakuolen.

Die Zellwände der Pflanzen bestimmen die Form der Zelle und verleihen ihr Festigkeit. Zellwände wurden im Jahre 1665 von Hooke an Flaschenkork und Holundermark beobachtet und gaben Anlass für den Begriff Zelle. Die Zellwand besteht aus Cellulose. In Pflanzenzellen verbinden zahlreiche Tüpfel, feine Kanäle in der Zellwand, benachbarte Zellen durch die Zellwände hindurch. Sie verbinden das Cytoplasma benachbarter Zellen miteinander.

Ausgewachsene Pflanzenzellen enthalten eine Zentralvakuole. Mikroskopisch ist sie leicht zu finden, wenn der in ihr gelöste Zellsaft Farbstoffe enthält. Die Vakuole ist gegen das Cytoplasma durch eine besondere Membran, den Tonoplasten, abgegrenzt. Das Wachstum von Pflanzenzellen ist mit einer starken Vergrößerung dieser Vakuole verbunden. Der Wanddruck einer Pflanzenzelle, den die Zellflüssigkeit von innen gegen die Zellwand ausübt, bezeichnet man als Turgor oder Zellsaftdruck. Er verleiht der Zelle Stabilität auch ohne eingelagerte Festigungsgewebe. Man spricht von voller Turgeszenz, wenn die Zelle prall mit Wasser gefüllt ist, d. h. wenn der Turgordruck maximal ist.

Pflanzen haben kein Skelett. Trotzdem haben ihre Stängel und Blätter oft eine bemerkenswerte Stabilität und Tragkraft, die sie teilweise dem Bau ihrer Zellen verdanken.

## ZELEKTRONENMIKROSKOPISCHES BILD

Die Zelle ist kompartimentiert – sie ist in viele kleine, miteinander kommunizierende Reaktionsräume mit spezifischen Aufgaben unterteilt. Mit dem Elektronenmikroskop kann man eine Grundsubstanz erkennen, in die Organelle und andere Einschlüsse eingebettet sind

## ZELLKERN

Der **Zellkern** (Nucleus) ist durch die Kernmembran abgegrenzt. Die Kernmembran ist Teil des Endoplasmatischen Reticulums. Die Kernporen ermöglichen den Austausch von Substanzen zwischen dem Zellkern und dem Cytoplasma. Mindestens ein Nucleolus (Kernkörperchen) ist im Kern vorhanden. Hier werden bestimmte RNA-Moleküle und Proteine gebildet, aus denen die Ribosomen bestehen. Chromosomen sind beim Arbeitskern (Interphasekern) auch mit dem Elektronenmikroskop nicht zu unterscheiden. In gefärbten Präparaten ist das Chromatin, eine fädige Struktur in der Grundmasse, zu erkennen.

## ZYTOPLASMA

Den Bereich der Zelle außerhalb des Zellkerns nennt man **Zytoplasma** (Cytoplasma). Zu ihm gehören unter anderem folgende Strukturen und Organellen:
Zellmembran, Mitochondrien, Chloroplasten, Golgi-Apparat, Endoplasmatisches Reticulum, Ribosomen, Zytoskelett.

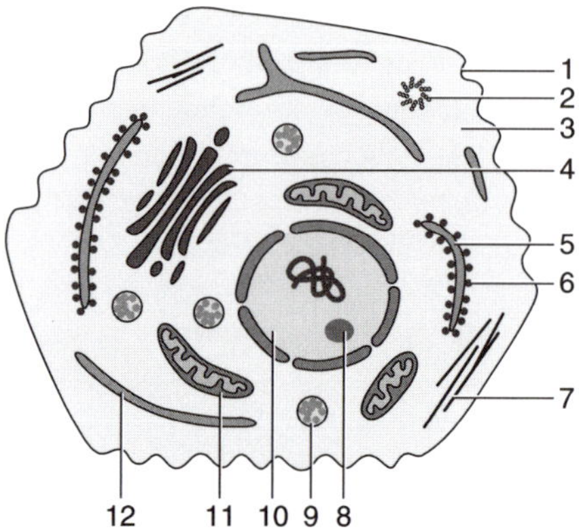


1 **Zellmembran**: Abgrenzung und Austausch

2 **Centriol (Mikrotubuli)**: Organisation der Zellteilung

3 **Zellplasma**: Grundmasse

4 **Dictyosom/Golgi-Apparat**: Zelldrüse, Herstellung von Chemikalien

5 **Endoplasmatisches Reticulum**: Transportsystem; Raues ER: Synthese von Proteinen für den Export

6 **Ribosom**: Herstellung von Proteinen

7 **Mikrotubuli**: Zellskelett, Bau der Teilungsspindel

8 **Nucleolus**: Synthese der Ribosomen

9 **Lysosom**: Verdauung von Fremdstoffen

10 **Zellkern**: Steuerzentrum, Erbinformation

11 **Mitochondrium**: Zellatmung/Energiebereitstellung/ Kraftwerk

12 **Glattes ER**: Synthese fettartiger Substanzen und Einhüllung des Zellkerns

## PROKARYOTEN

In der Natur kommen zwei Typen von Zellen vor, eukaryotische und prokaryotische Zellen. **Prokaryoten** (von griechisch *pro* = bevor und *karyon* = Nuss, Kern), auch Prokaryonten genannt, sind sehr kleine Lebewesen, die keinen durch eine Membran umschlossenen Zellkern besitzen. Die Zelle der Prokaryoten wird **Protocyte** genannt. Die Prokaryoten werden in zwei Gruppen eingeteilt: Bakterien (Eubacteria, dazu gehören auch die Cyanobakterien oder Blaualgen) und Archaea (Archaebakterien). Die meisten Prokaryoten sind sehr kleine einzellige Organismen. Ihr Genom hat 1000–4000 Gene. Die DNA befindet sich als Kernäquivalent oder Nucleoid frei im Cytoplasma. Das Bakterienchromosom besteht meist aus einem ringförmigen DNA-Molekül, das nicht mit Histonproteinen assoziiert ist. Viele Prokaryoten haben zusätzlich Plasmide, kleine ringförmige „Minichromosomen", die oft in mehreren Kopien vorkommen. Prokaryotische Zellen sind nicht kompartimentiert. Sie vermehren sich durch Zweiteilung. Ihre Ribosomen sind kleiner als die der Eukaryoten: 70 S-Ribosomen, bei Eukaryoten: 80 S-Ribosomen). Biochemisch sind die Prokaryoten die vielfältigste Gruppe von Organismen. Viele leben parasitisch, symbiontisch oder saprovor, sie gewinnen ihre Energie durch Atmung oder Gärung. Andere beziehen ihre Energie aus anorganischen chemischen Quellen (Chemosynthese), wieder andere durch Photosynthese.

Ungünstige Bedingungen überstehen viele Arten durch Sporenbildung. Einige sind pathogen (krankheitserregend). Viele sind technisch nutzbar, in der Lebensmitteltechnik, Biotechnik oder Gentechnik. **Antibiotika** sind Stoffwechselprodukte von Lebewesen, meist von einfachen Pilzen (z. B. Penicillin); sie hemmen das Wachstum von Bakterien oder töten diese ab, während sie für Mensch und Tier unschädlich sind. Viele Antibiotika können jedoch in der Medizin nur wenige Jahre erfolgreich eingesetzt werden. Nach einiger Zeit treten resistente Erregerstämme auf. Diese haben ihren Stoffwechsel so verändert, dass sie für das Antibiotikum unempfindlich geworden sind.

## BAKTERIENZELLE

Wenn Menschen an Bakterien denken, denken sie häufig an gefährliche Organismen, die schlimme Krankheiten hervorrufen. Doch viele Bakterien sind ausgesprochen nützlich. Sie werden bei der Herstellung von Käse, Joghurt und Medikamenten eingesetzt und haben eine zentrale Bedeutung bei vielen Stoffkreisläufen in der Natur. Viele leben als Symbionten in unserem Körper. Vor allem sind Bakterien nicht nur die ältesten, sondern bis heute die erfolgreichsten Lebewesen. In der biologischen Forschung sind sie beliebte Forschungsobjekte, weil

- sie sehr klein sind und sich schnell züchten lassen
- sie sich schnell vermehren
- sich einfach Klone ziehen lassen
- das Genom einfach aufgebaut ist
- sich resistente und nicht resistente Stämme trennen lassen
- die Proteinbiosynthese einfach strukturiert ist.

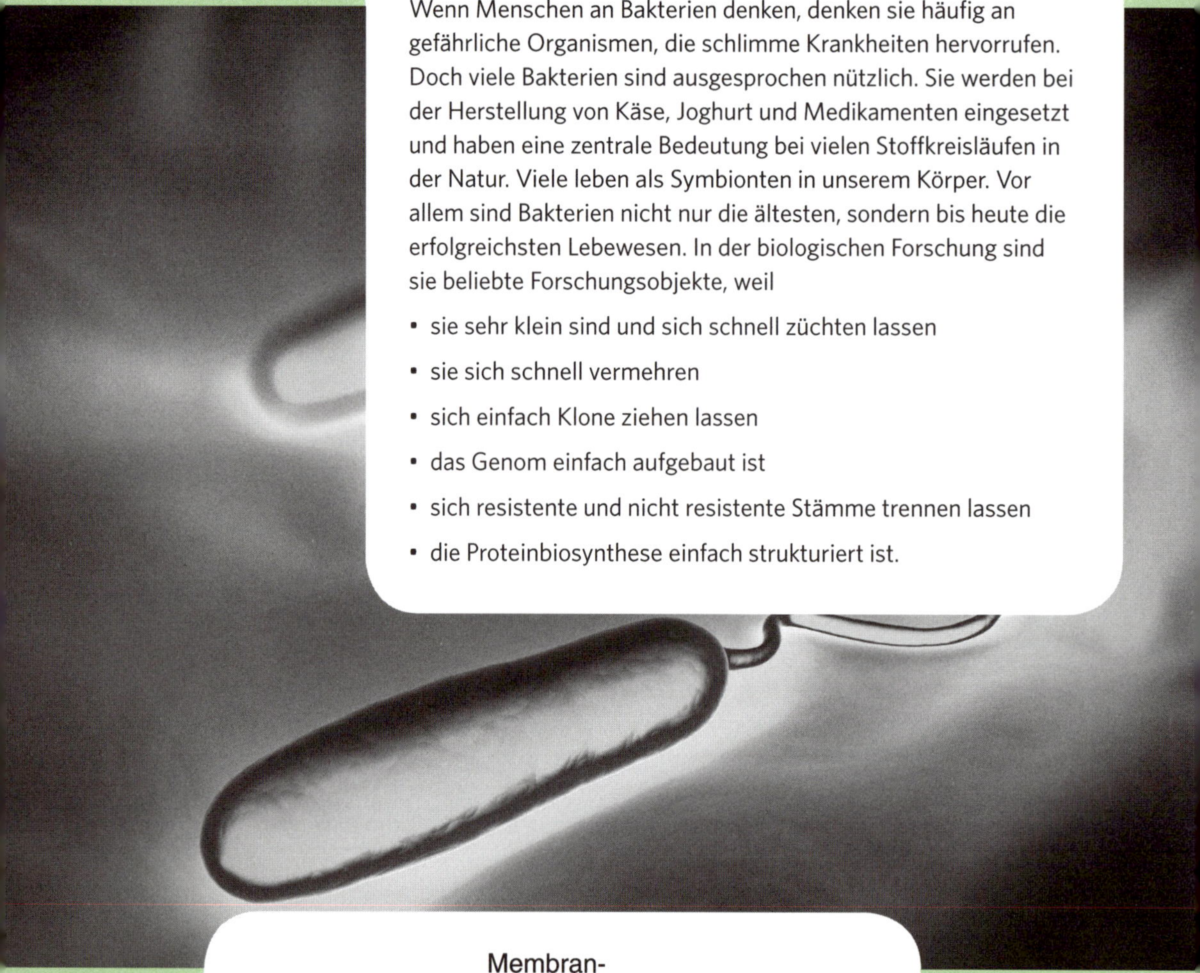

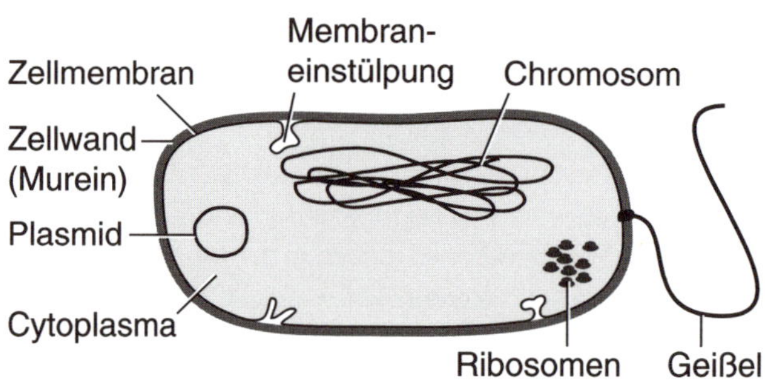

## ZELLE, PROKARYONTENZELLE

1. Welche Eigenschaften im Bau einer typischen Pflanzenzelle führen dazu, dass krautige Pflanzen auch ohne besondere Stützgewebe eine hohe Stabilität erreichen können?

- ☐ **A** Die Zelle besitzt eine Zellwand und eine Vakuole.
- ☐ **B** Der Druck der gefüllten Vakuole heißt Turgor.
- ☐ **C** Der Zellsaft hat einen niedrigeren osmotischen Wert als das extrazelluläre Wasser.

2. Beschriften sie die Pflanzenzelle.

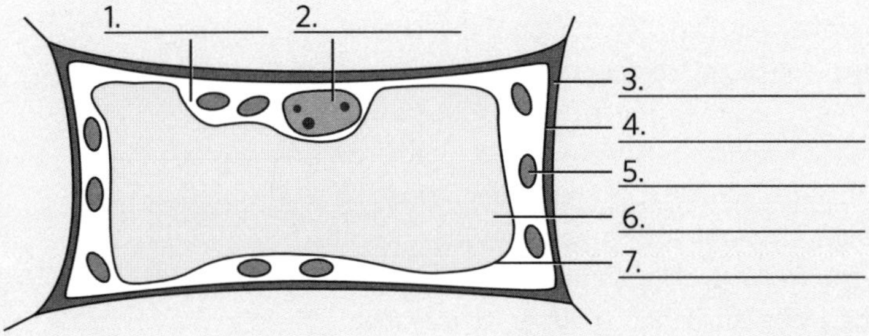


3. Worauf beruht die Leistungssteigerung des Elektronenmikroskops im Vergleich zum Lichtmikroskop?

______________________________

______________________________

## LÖSUNGEN

**1.** A, B • **2.** Zellplasma, Zellkern, Zellwand, Zellmembran, Chloroplasten, Vakuole, Tonoplast • **3.** Das Auflösungsvermögen ist 1000fach höher als beim Lichtmikroskop, weil die Lichtwellen eine Wellenlänge von bis zu 0,001 nm haben.

## KOMPARTIMENTIERUNG

Kompartimentierung ist ein allgemeines, in der Natur weit verbreitetes Prinzip. Als Kompartiment wird in der Biologie ein membranumschlossener Raum bezeichnet. Der Sinn der Kompartimentierung besteht ganz überwiegend in der räumlichen Trennung von Stoffwechselwegen und Reaktionsräumen.

Lebewesen sind offene Systeme, die von Substanz und Energieströmen durchzogen werden. Gegen ihre Umgebung sind sie durch Strukturen abgegrenzt, die den Stoffaustausch erschweren und Verluste an Stoffen und Energie minimieren. Membranen sind aber nicht nur Grenzen, sie sind auch Brücken: Für viele Stoffe stellen sie Barrieren dar, andere lassen sie passiv durchtreten und wieder andere pumpen sie aktiv und gerichtet hindurch. Auch Information wird selektiv weitergegeben.

Eine weitere Eigenschaft der Kompartimentierung ist die Oberflächenvergrößerung. Die Membranen sind nicht nur Grenzen, sie haben sehr viele biologische Aktivitäten. In ihnen sitzen viele Enzyme, meist in Gruppen angeordnet, so dass aufeinanderfolgende biochemische Reaktionen in unmittelbarer Nachbarschaft ablaufen können. Die Membranen sind Sitz vieler Poren, die den Übertritt von Stoffen aus einem Kompartiment ins andere kontrollieren. Die Kompartimentierung der Zelle bewirkt eine große Ausdehnung dieser Membranen.

Fast alle Lebewesen sind aus Zellen aufgebaut. Jede Zelle wird von einer Membran umschlossen, die den Ein- und Austritt von Stoffen kontrolliert.

Durch den Zusammenschluss verschiedener Gewebe zu einer Funktionseinheit entstehen Organe, von denen jedes eine charakteristische Form hat und ganz bestimmte Aufgaben wahrnimmt. So hat das Laubblatt die Aufgabe der Fotosynthese, zu den Funktionen der Leber gehört die Entgiftung des Blutes.

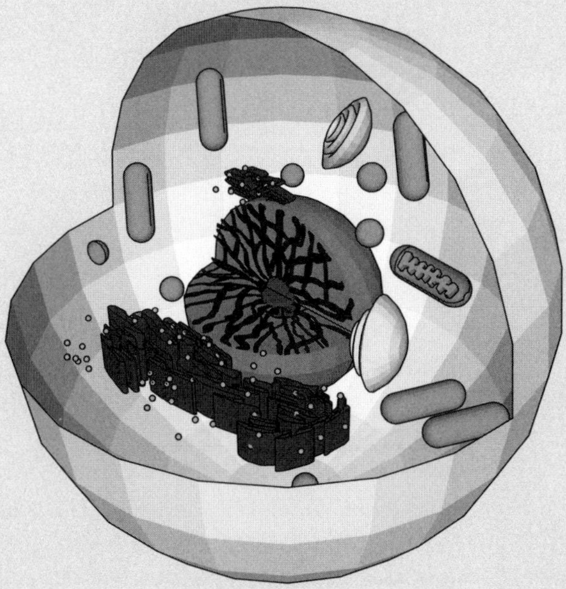

Eukaryontenzellen sind durch innere Membranen in mehrere, ineinander geschachtelte Kompartimente – membranumgrenzte Organellen – aufgeteilt. Jedes Kompartiment hat unterschiedliche Inhalte und pH-Werte, eigene Enzymmuster und besonders aufgebaute Membranen und kann so besondere Aufgaben innerhalb der Zelle wahrnehmen: Mitochondrien sind für die Energiegewinnung bei der Zellatmung zuständig, Lysosomen für den Abbau von Makromolekülen.

Während die bevorzugte Lebensform vieler Mikroorganismen der Biofilm ist – ein Aggregat aus Flocken oder Belägen –, sind eukaryotische Vielzeller ganz überwiegend als Individuen organisiert. Sie treten als Einzelwesen auf, die gegen andere Lebewesen und ihre Umgebung klar abgegrenzt sind.

## MITOCHONDRIEN

Mitochondrien sind Organellen mit Doppelmembranen. Im Bereich zwischen den Membranen findet sich ein separater Reaktionsraum, der leicht sauer und oxidierend ist. Die inneren Kompartimente enthalten Nukleinsäuren, der pH-Wert liegt im leicht alkalischen Bereich. Auf der inneren Membran der Mitochondrien liegen die Enzyme der Atmungskette. Mitochondrien liefern der Zelle die Energie in Form von Adenosintriphosphat (ATP), weswegen sie als „Kraftwerke der Zelle" bezeichnet werden. Sie sind besonders dicht in Hochleistungsgeweben lokalisiert, wie z. B. im Herzmuskel, in der Spermiengeißel, im quergestreiften Muskel, in Nervenzellen und endokrinen Drüsenzellen. In den Muskelzellen erkennt man große Bündel aus Aktinfilamenten. Sie ermöglichen in Zusammenarbeit mit dem Protein Myosin kraftvolle Kontraktionen.

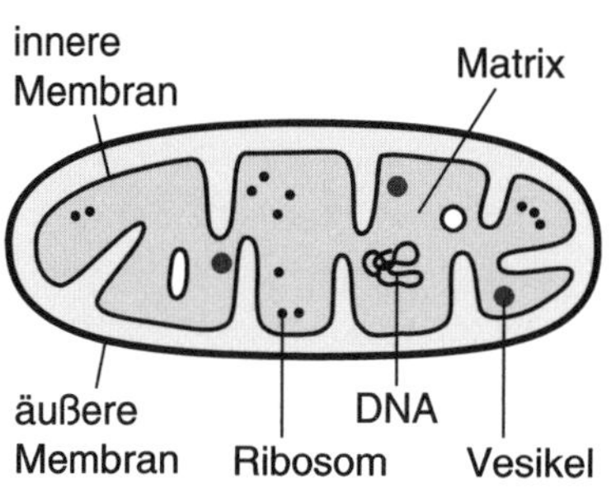

## AUSSAGEN DER ENDOSYMBIONTENTHEORIE

Nach der Endosymbiontentheorie entstand die Eukaryontenzelle durch Zusammenschluss mehrerer Prokaryontenzellen. Mitochondrien und Chloroplasten sind Nachfahren von Mikroorganismen. Die Mitochondrien leiten sich von Bakterien, die Chloroplasten von Cyanobakterien ab. Durch Endosymbiose mit den aeroben Bakterien (die zu Mitochondrien wurden) haben die Ur-Eukaryonten die Fähigkeit zum oxidativen Abbau erworben, durch die Symbiose mit den Cyanobakterien die Befähigung zur Fotosynthese.

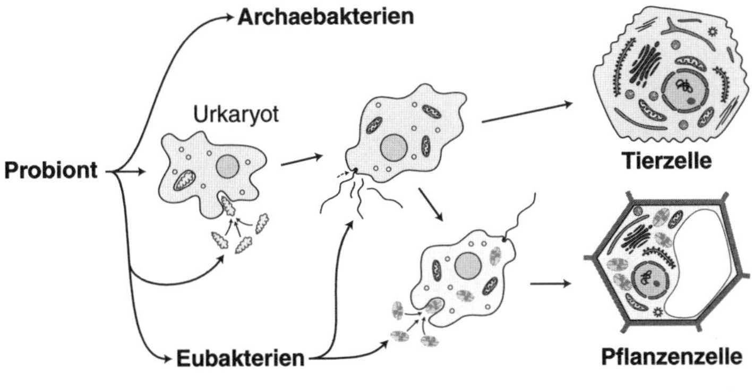

## BEFUNDE DER ENDOSYMBIONTENTHEORIE

Die Endosymbiontentheorie wird durch eine große Zahl von Befunden gestützt: Mitochondrien und Plastiden enthalten ringförmige DNA; dies ist nach der Endosymbiontentheorie zu erwarten, da auch Bakterien und Cyanobakterien eine ringförmige DNA besitzen. Sie stellen eigene Proteine her, dazu besitzen sie einen Proteinbiosyntheseapparat, der wiederum dem der Prokaryoten gleicht. Auch ihre Ribosomen entsprechen denen der Bakterien, nicht denen der Wirtszelle (70S- anstatt 80S-Ribosomen). Plastiden und Mitochondrien sind von Doppelmembranen umgeben, die innere entspricht der von Bakterien (Vorkommen von Cardiolipin, kein Cholesterol), die äußere der von Eukaryoten. Beide Organelle entstehen nur durch Teilung aus ihresgleichen. Sie können nicht neu entstehen. Dies legt nahe, dass sie auch ursprünglich nicht als Gebilde der Wirtszelle entstanden sind.

## INDIZIEN DER ENDOSYMBIONTENTHEORIE

Ein wichtiges Indiz für die Endosynbiontentheorie ist die Tatsache, dass es keine Zwischenformen zwischen Prokaryonten- und Eukaryontenzellen gibt, aber sehr wohl Zwischenformen zwischen endosymbiontischen Organismen und Organellen. Eine solche Übergangsform ist z.B. die einzellige Alge Hatena: Nach Umstellung der Ernährung von der räuberischen Phase ist der Einzeller auf die Symbiose mit einer Grünalge angewiesen, während die Grünalge auch allein lebensfähig ist. Dies legt nahe, dass sie auch ursprünglich nicht als Gebilde der Wirtszelle entstanden sind.

## ENDOSYMBIONTENTHEORIE

1. Stellen Sie allgemein die Bedeutung der zellulären Kompartimentierung dar.

______________________________________________

______________________________________________

2. Welche Organellen haben die Vorläufer der Pflanzenzellen nach der Endosymbiontentheorie durch Endosymbiose erhalten?

______________________________________________

______________________________________________

3. Was spricht für die Endosymbiontentheorie?

☐ **A** Plastiden und Mitochondrien sind von einer einfachen Membran umgeben.
☐ **B** Es gibt eine dichte Reihe von Zwischenformen zwischen Prokaryonten und Eukaryonten.
☐ **C** Mitochodrien und Plastiden haben eigene, bakterienähnliche DNA.

4. Welche Vorteile bietet Kompartimentierung?

**1.** ________________ **2.** ________________ **3.** ________________

## LÖSUNGEN

**1.** Trennung verschiedener Reaktionsräume, pH-Wert, Enzymausstattung, Häufigkeit vieler Moleküle und Ionen unterscheiden sich in den Kompartimenten • **2.** Eukaryontenzelle entstand demnach durch Zusammenschluss mehrerer Prokaryontenzellen. Mitochondrien leiten sich von Bakterien, Chloroplasten von Cyanobakterien ab. • **3.** C • **4.** räumliche Trennung von Reaktionsräumen, selektive Durchlässigkeit, Oberflächenvergrößerung

## WAS SIND BIOMEMBRANEN?

Biomembranen sind häutchenartige Strukturen des Cytoplasmas, die lebende Zellen umgeben und das Cytoplasma durchziehen. Elektronenikroskopische Aufnahmen lassen einen **dreischichtigen Aufbau** erkennen: zwei dunkle äußere Schichten sind je ca. 2,5 nm dick, die mittlere helle Schicht ist etwas dicker.

Biomembranen bestehen zum größten Teil aus **Phospholipiden**. Lipide sind fettähnliche Stoffe. Sie sind in Wasser unlöslich, in organischen Lösungsmitteln lösen sie sich gut. (Benzin etc)

Das wichtigste Molekül der Membran ist das Phospholipid **Lecithin**: An zwei C-Atomen des Glycerinmoleküls sind Fettsäuren mit langen Kohlenwasserstoffketten (Palmitin- und Ölsäure) angekoppelt, das dritte C-Atom trägt Phosphorylcholin. Dieses Molekül ist bipolar (zweipolig): Der Fettsäurenanteil ist unpolar (hydrophob), der Phosphorylcholin-Anteil ist polar (hydrophil).

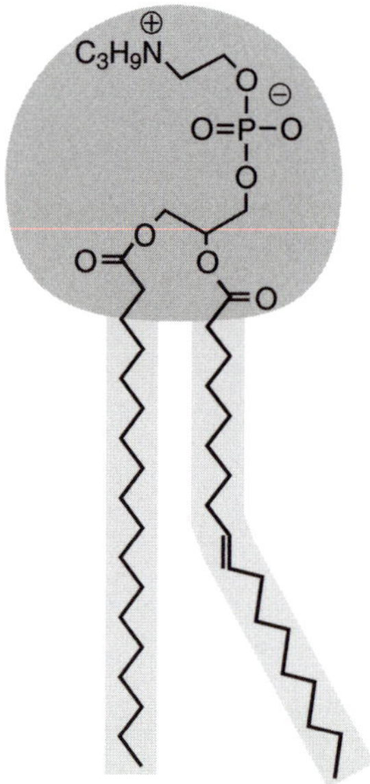

## DAS SANDWICH-MODELL

1936 stellten J. F. Danielli und H. Davson das klassische Sandwich-Modell der Biomembran vor: Die Biomembran besteht aus einer **bimolekularen Lipidschicht**. Eine Lipid-Doppelschicht ist nahezu undurchlässig. Die hydrophoben Schwänze der Lipide stehen sich im Innern gegenüber, die hydrophilen Köpfe auf der Außenseite sind von Proteinen überzogen.

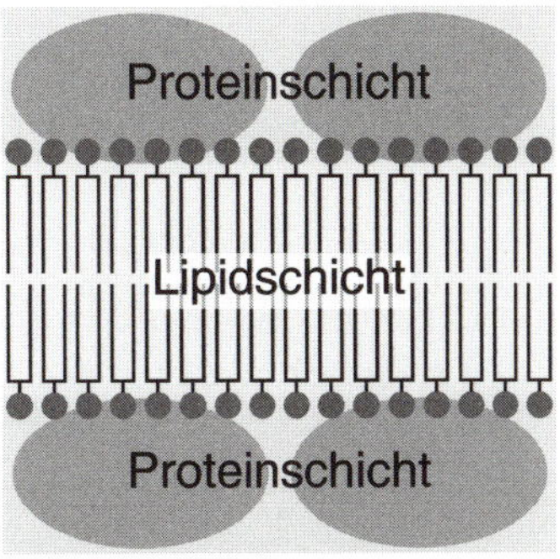

**Sandwich-Modell**

## DAS FLÜSSIG-MOSAIK-MODELL

Das Flüssig-Mosaik-Modell (*fluid mosaic model*) wurde 1972 von Singer und Nicolson entworfen. Globuläre **Proteinmoleküle** „schwimmen" in einem zweilagigen Lipidfilm. Dieser verhält sich wie eine zähe Flüssigkeit; die Lipidmoleküle sind parallel der Membranebene beweglich, auch die Proteinmoleküle können ihre Lage verändern.

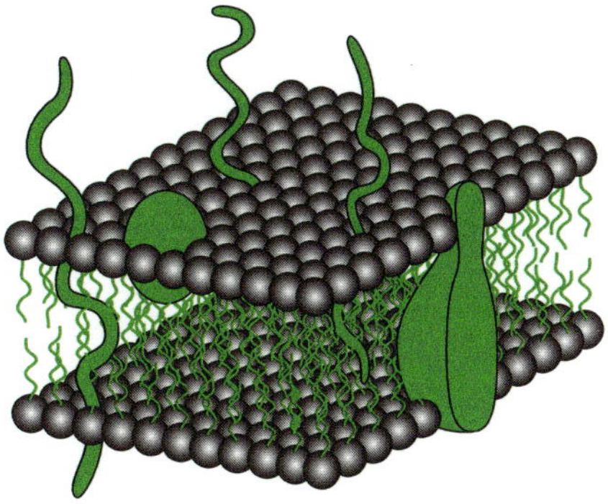

## DIE FUNKTION VON BIOMEMBRANEN

Biomembranen haben vor allem zwei Funktionen: Sie trennen Reaktionsräume und sie verbinden **Reaktionsräume**.

Als semipermeable Strukturen stellen sie **Diffusionsbarrieren** dar und halten ein Konzentrationsgefälle zwischen verschiedenen Zellkompartimenten aufrecht.

Sie dienen der Transportvermittlung und regulieren den **Stoffaustausch** zwischen den Zellkompartimenten.

## TRANSPORT DURCH DIE MEMBRAN

Biomembranen sind **semipermeabel** oder selektiv permeabel, d. h. sie lassen nicht alle Substanzen gleich gut durchtreten. So kann eine Membran für den Stoff A permeabel, dagegen für Stoff B impermeabel sein.

## KONTENTRATIONSAUSGLEICH DURCH DIFFUSION

Nur Wasser und einige Gase wie Sauerstoff, Stickstoff, Kohlendioxid können die Biomembran durch **freie Diffusion** überwinden.

In Flüssigkeiten sind die Moleküle bzw. Ionen in ständiger, statistisch ungerichteter Wärmebewegung. Besteht in einer Lösung für eine Substanz ein **Konzentrationsgefälle**, so wird es durch diese Bewegung ausgeglichen, die dabei zu einer statistisch gerichteten Bewegung, zur Diffusion wird. Ein gelöster Stoff diffundiert entlang seinem eigenen Gefälle.

Eine Bewegung von hoher zu niedriger Konzentration bezeichnet man als **Diffusion**. Erst wenn alle Teilchen in einem System gleichmäßig verteilt sind, ist keine Nettobewegung mehr nachweisbar – obwohl sich jedes einzelne Teilchen nach wie vor bewegt. Der Konzentrationsausgleich ist erreicht, das System hat ein Gleichgewicht erreicht.

## MEMBRANEN WIRKEN SELEKTIV

Moleküle zeichnen sich durch spezifische **Eigenschaften** wie Molekülgröße, Ionisierbarkeit oder Löslichkeit in einer Membran aus. Unpolare (lipophile, fettlösliche) Moleküle können die lipophile Membran daher eher passieren als hydrophile.

Membranen enthalten in ihrer Lipid-Doppelschicht eine Reihe von Proteinen, die **Poren** oder **Kanäle** bilden. Diese Poren können nur von bestimmten Ionen und Molekülen durchquert werden. Die Durchlässigkeit eines Kanals hängt zum Einen von seinem Durchmesser ab, zum Anderen von seiner Ladung. Kleine Anionen wie das Chlorid passieren positiv geladene Poren leicht, während Kationen zurückgehalten werden. Negativ geladene Poren lassen dagegen bevorzugt kleine Kationen durch, sie filtern Anionen aus. Poren ermöglichen also eine **eingeschränkte Diffusion**.

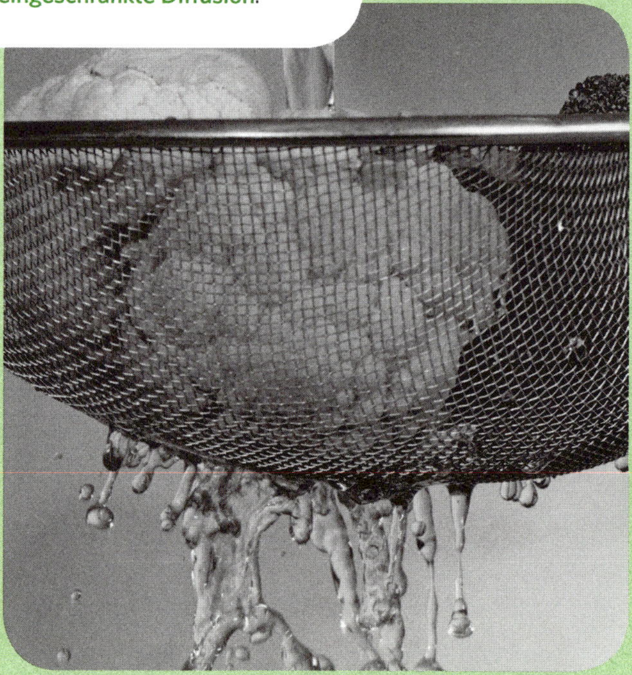

## MEMBRANEN HABEN TRÄGERMOLEKÜLE

Einige kleine organische Moleküle, wie Zucker und Aminosäuren werden durch manche Membranen bevorzugt hindurchgeschleust. Hier haben wir es mit einer **erleichterten Diffusion** zu tun. Die Durchlässigkeit ist hoch selektiv, sie hängt von der Anwesenheit spezifischer Träger- oder Carriermoleküle in der Membran ab, die eine Affinität zu einer begrenzten Gruppe chemisch verwandter Substanzen haben. Es sind demnach nicht die Substanzen/ Substrate selbst, die die Membran passieren, sondern ein **Substrat-Carrier-Komplex**. Die Carrier binden das zu transportierende Substrat ähnlich wie ein Enzym. Sie katalysieren aber keine Reaktion, sondern einen Transportvorgang. Man spricht von **trägervermitteltem Transport**.

## GEKOPPELTER TRANSPORT

Glucose ist für die Zellen einer der wichtigsten Rohstoffe für die Energiegewinnung. Die Aufnahme dieses Moleküls aus dem Darm in die Dünndarmzellen, die Weitergabe aus den Dünndarmzellen in die Blutbahn und von dort die Aufnahme in die Körperzellen ist deshalb für den Menschen von großer Bedeutung.

Glucose gelangt durch einen gekoppelten Transport vom Darmlumen in die Zellen der Darmschleimhaut: Eine Na+/K+-Pumpe pumpt Natrium-Ionen aus der Zelle und Kalium-Ionen in die Zelle. Sie erzeugt einen starken Na+-Gradienten mit Hilfe von ATP. Das Glucose-Na-Symport-Protein benützt den Na+-Gradienten, um Glucose in die Zelle zu transportieren. Glucose wird gegen den Glucosegradienten transportiert, d. h. die Glucose-Konzentration ist in der Zelle größer als außerhalb der Zelle.

Die Kombination zwischen einer aktiven Ionenpumpe und anderen, passiven Transportern wird als sekundär aktiver Transport bezeichnet. Weil Natrium-Ionen und Glucose durch denselben Carrier in die Zelle bzw. aus ihr hinaus transportiert werden, liegt hier ein gekoppelter Transport vor.

Werden Moleküle zusammen mit einem anderen Ion oder Molekül in die gleiche Richtung transportiert, spricht man von Symport, beim Transport in entgegengesetzter Richtung von Antiport. Dabei wird einer der Stoffe immer gegen das Konzentrationsgefälle befördert, der andere Stoff jedoch in Richtung des Konzentrationsgefälles. Der Transport der Glucose in die Darmzellen ist ein Beispiel für einen Symport.

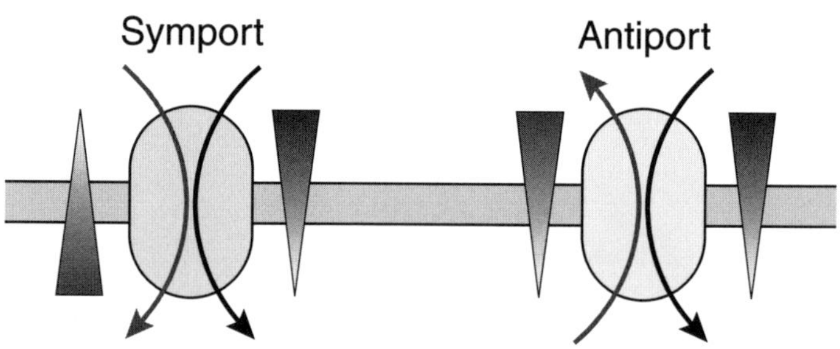

## MEMBRANEN UND TRANSPORT

1. Nennen Sie drei Funktionen von Biomembranen.

**1.** ______________ **2.** ______________ **3.** ______________

2. Charakterisieren Sie den Bau und die Eigenschaften der Moleküle, die die Lipid-Doppelschicht einer Biomembran aufbauen (Sandwich-Modell).

______________________________

______________________________

3. Welche Merkmale treffen auf Biomembranen zu?

☐ **A** Sie sind für Ionen uneingeschränkt durchlässig.

☐ **B** Sie sind selektiv permeabel.

☐ **C** Die Lipide der Biomembranen enthalten Fettsäuren mit langen Kohlenstoffketten.

4. Was versteht man unter einem trägervermittelten Transport?

______________________________

______________________________

## LÖSUNGEN

**1.** Reaktionsräume, Diffusionsbarrieren, Stoffaustauschregulation • **2.** besteht aus amphiphilen/bipolaren/zweipoligen Phospholipid-Molekülen mit hydrophiler Kopfgruppe und hydrophober Schwanzgruppe. Fettsäureanteil ist unpolar, Phosphorylcholin-Anteil ist polar. • **3.** B, C • **4.** Durchlässigkeit der Biomembran hängt für manche Substanzen ab von Anwesenheit von Carriermolekülen – diese binden nah verwandte Substanzen reversibel – zerfällt auf der anderen Seite der Membran.

Solange Zellen sich durch Zellteilung vermehren – z. B. Kambiumzellen bei Pflanzen, Schleimhaut- oder Leberzellen bei Tieren – wechselt ihr Zustand zwischen Ruhephase (Interphase) und Teilungsphase (Mitose). Dieser Sachverhalt wird als Zellzyklus bezeichnet. Die Interphase wird in die G1-Phase, die S-Phase und die G2-Phase unterteilt (von engl. *gap* = Lücke). In der S-Phase wird die DNA verdoppelt. Zellen, die sich nicht mehr teilen, gehen in die G0-Phase über. Obwohl die absolute Länge des einzelnen Zellzyklus von Art zu Art unterschiedlich sein kann, ist der Ablauf der einzelnen Phasen im Prinzip immer gleich.

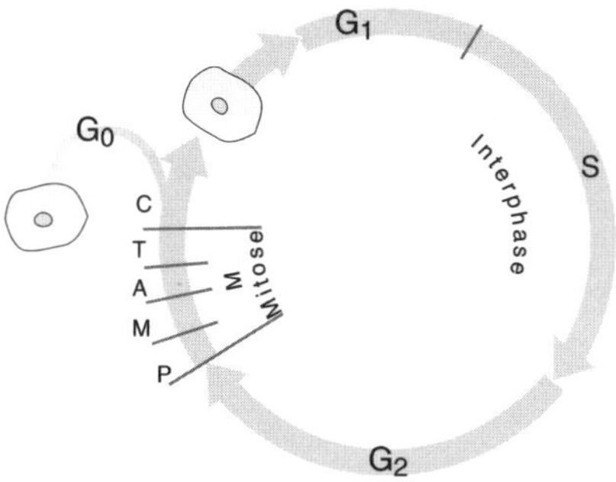


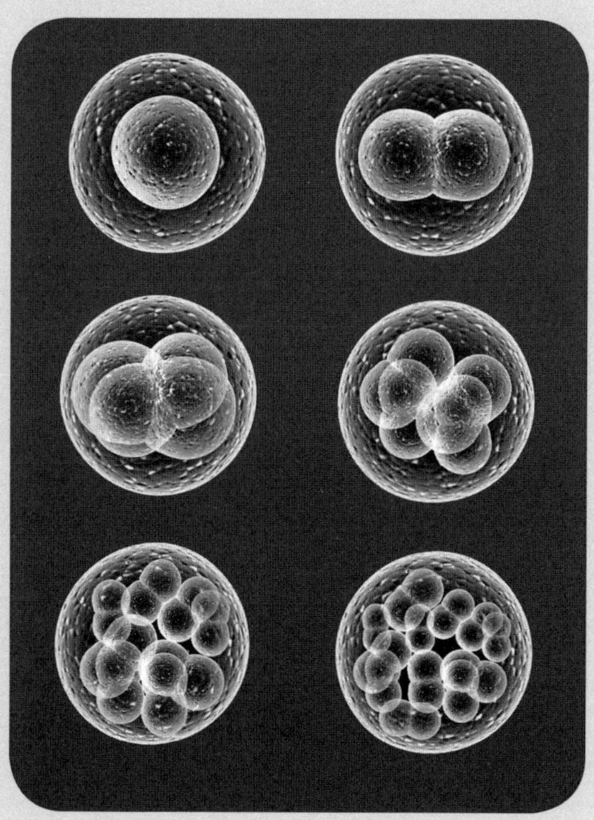

## ZELLZYKLUS UND DNA-GEHALT

Während des Zellzyklus verändert sich der DNA-Gehalt (C-Wert) einer Zelle, während der Ploidiegrad, also die Zahl der vollständigen Chromosomensätze, konstant bleibt. Letzterer beträgt bei einem diploiden Organismus während des gesamten Zellzyklus 2n. Der C-Wert beträgt bei einer diploiden Zelle zwischen Mitose und Synthese-Phase 2C, steigt während der Synthese-Phase aufgrund der DNA-Replikation auf 4C an und wird während der Zellteilung auf zwei Tochterzellen mit je 2C verteilt. Der C-Wert gibt also die Zahl der Chromatiden pro homologem Chromosomenpaar an. Jedes Chromosom besteht zu Beginn der Mitose aus einem Paar von Chromatiden, das vom Centromer zusammengehalten wird.

## VERDOPPLUNG DER DNA

Nach der Mitose bestehen Chromosomen nur aus *einem* Chromatid, das *ein* DNA-Molekül enthält. Während der S(ynthese)-Phase des Zellzyklus wird nun die DNA verdoppelt (DNA-Replikation) und im Anschluss besitzt jedes Chromosom zwei genetisch identische Schwesterchromatiden. Sie werden in der folgenden Mitose auf die zwei Tochterzellen verteilt.

## ABLAUF DER ZELLTEILUNG

Der erste Schritt einer Zellteilung ist die Teilung des Zellkerns. In der **Prophase** werden die Chromosomen sichtbar. Kernmembran und Nukleolus lösen sich auf. Die Centriolen wandern zu den Zellpolen.

In der **Metaphase** ordnen sich die Chromosomen zur Äquatorialplatte an. In der Metaphase sind die Chromatiden durch Spiralisierung stark verkürzt und verdickt. Metaphasechromosomen sind der Länge nach in zwei Chromatiden gespalten, die durch das Zentromer zusammengehalten werden.

Zu Beginn der **Anaphase** trennen sich die beiden Chromatiden und wandern zu den Polen der Zelle.

In der **Telophase** werden die Chromosomen lang und dünn und verschwinden schließlich wieder. Kernmembran und Nukleoli erscheinen.

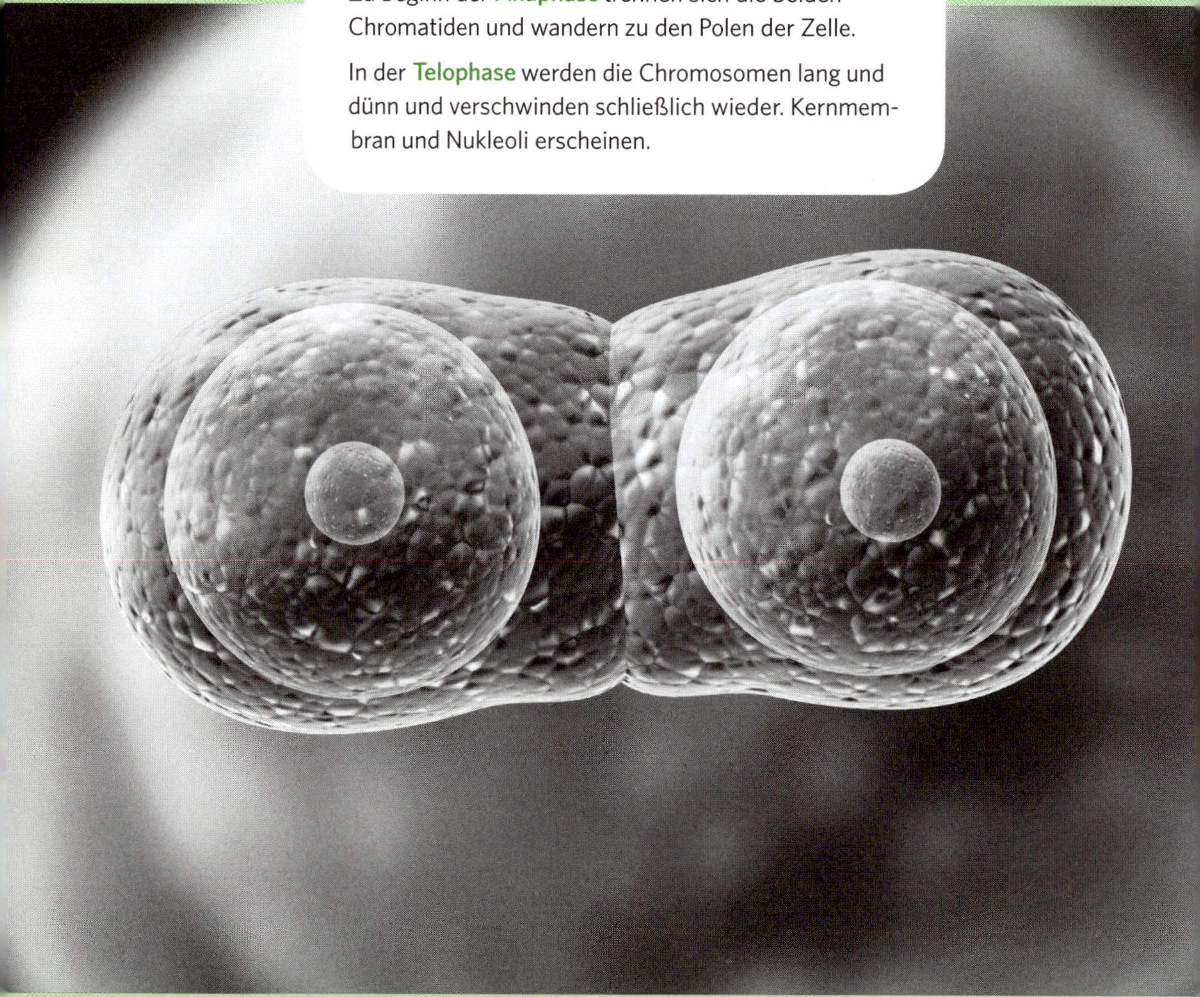

## MITOSE UND ZELLZYKLUS

1. Warum wird vor der Mitose die DNA verdoppelt?

___

___

___

2. Was trifft auf Zellteilung zu?

- ☐ **A** In der Interphase wird DNA synthetisiert.
- ☐ **B** Zellen sind unbegrenzt teilungsfähig.
- ☐ **C** Der Ploidiegrad einer Zelle bleibt während des Zellzyklus konstant.

3. Nennen Sie die Phasen der Mitose. Beschreiben Sie sie knapp.

___

___

___

___

___

## LÖSUNGEN

**1.** Durch die DNA-Verdoppelung wird sichergestellt, dass die Tochterzellen genau so viel und das gleiche genetische Material haben wie die Ausgangszelle • **2.** A, C • **3.** Prophase: Kernmembran und Nucleolus lösen sich auf, die Centriolen wandern zu den Zellpolen; Metaphase: die Chromosomen ordnen sich in der Äquatorialplatte an; Anaphase: die Chromatiden der Chromosomen trennen sich und werden auseinander gezogen; Telophase: die Chromosomen werden entspiralisiert und verschwinden, Kernmembran und Nucleolus werden gebildet

Meiose ist die unabdingbare Voraussetzung der geschlechtlichen Fortpflanzung. In dieser Reduktionsteilung wird bei der Bildung der Gameten der doppelte Chromosomensatz regulärer Zellen zum einfachen Chromosomensatz der Gameten reduziert. Durch die Vereinigung zweier Gameten bei der Befruchtung wird wieder ein doppelter Chromosomensatz gebildet. Die Meiose halbiert nicht nur den Chromosomensatz, sie macht aus einem doppelten Satz zwei Hälften, von denen jede eines der beiden homologen Chromosomen erhält.

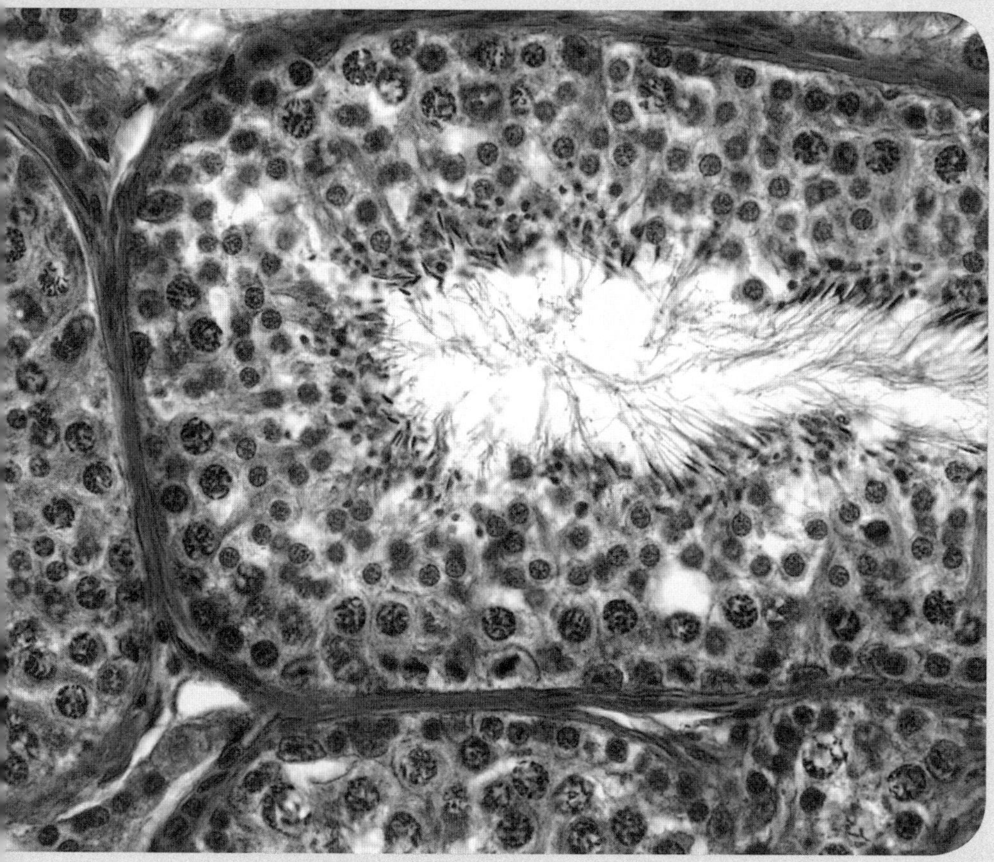

## ABLAUF DER MEIOSE

Die Chromosomenpaarung während der Prophase der ersten Reifeteilung ist Voraussetzung für die gesetzmäßige Reduktion der Chromosomenzahl.

Die Prophase der ersten meiotischen Teilung wird in verschiedene Stadien unterteilt:

Leptotän: Im Zellkern werden die Chromosomen als Knäuel sichtbar.

Zygotän: Die homologen Chromosomen finden sich als Paare zusammen (Synapsis). Es bilden sich Chromatiden-Tetraden.

Pachytän: Die Paarung ist vollständig. Die Chromatiden umwinden sich gegenseitig, sie können brechen und über Kreuz verheilen: Crossing over.

Diplotän: Die Tetraden öffnen sich. Die Überkreuzungsstellen werden als Chiasmata sichtbar. Ein Chiasma ist die Folge eines vorhergegangenen Crossovers.

Diakinese: Die Chromosomen verkürzen sich weiter.

Metaphase 1: Die Chromatidentetraden ordnen sich in der Äquatorialplatte an.

Anaphase 1: Die homologen Chromosomen - jedes besteht noch aus zwei Chromatiden - rücken nach den entgegengesetzten Polen der Zelle auseinander.

## BILANZ DER MEIOSE

Die Reduktion der Chromosomenzahl zum haploiden Satz erfolgt durch zwei aufeinanderfolgende Teilungen, zwischen denen keine Interphase liegt.

Während der Prophase der ersten Reifeteilung legen sich die homologen Chromosomen paarweise aneinander (Synapsis). Sie bilden Tetraden zu je vier Chromatiden. In der Anaphase 1 werden die homologen Chromosomen als Ganzes voneinander weggezogen. Das Zentromer verdoppelt sich noch nicht. Nach der ersten Teilung hat jede Tochterzelle einen kompletten haploiden Chromosomensatz.

Bei der ersten Reifeteilung wird der Chromosomensatz halbiert.

Die zweite meiotische Teilung entspricht einer Mitose. Zu Beginn der Anaphase 2 verdoppelt sich das Zentromer; die Chromatiden trennen sich und wandern zu den Polen.

Bei der zweiten Reifeteilung werden die Chromatiden auf die Tochterzellen verteilt.

Im Vergleich zur Mitose sind bei der Meiose die Tochterzellen weder mit der Mutterzelle noch untereinander identisch.

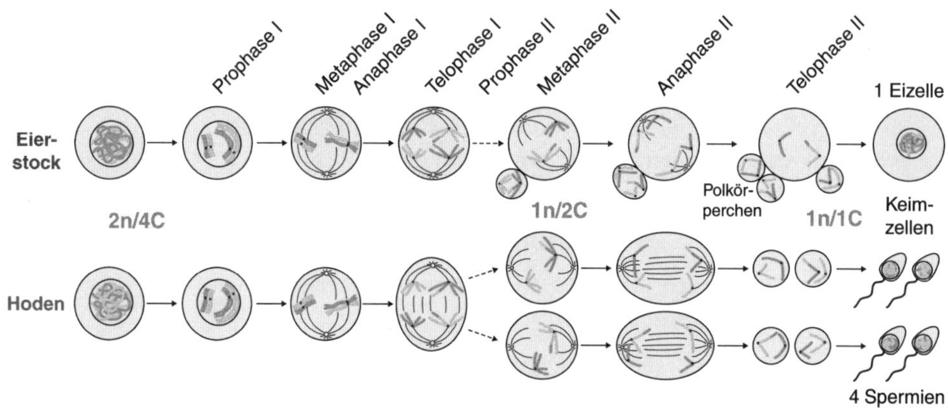

## MEIOSE

1. Welche biologische Funktion hat die Meiose?

______________________________

______________________________

______________________________

2. Zu Beginn der Meiose paaren sich die homologen Chromosomen. Anschließend werden sie auf zwei Tochterzellen verteilt. Welche Auswirkung hat das auf die genetische Ausstattung der Tochterzellen?

______________________________

______________________________

______________________________

3. Was bewirkt ein Crossing-over?

______________________________

______________________________



## LÖSUNGEN

**1.** Die Meiose ist eine Reduktionsteilung, die bewirkt, dass die entstehenden Gameten nur einen Chromosomensatz besitzen. Durch die Verschmelzung von zwei Gameten bei der Befruchtung bekommt die daraus hervorgehende Zygote wieder den regulären doppelten Chromosomensatz der Körperzellen. • **2.** Die Chromosomen, die ursprünglich von verschiedenen Eltern stammen, werden zufällig auf die Tochterzellen verteilt. Die Gameten besitzen neu gemischte Chromosomen. • **3.** Durch Crossing-over werden Gene homologer Chromosomen zufällig neu verteilt, was erhöhte genetische Vielfalt bewirkt.

# 2 STOFFWECHSEL

## Aminosäuren und Proteine

Proteine sind Makromoleküle, die aus den Elementen Kohlenstoff, Wasserstoff, Sauerstoff, Stickstoff und Schwefel aufgebaut sind. Proteine verleihen der Zelle nicht nur Struktur, sie sind auch die molekularen „Maschinen“, die Reaktionen katalysieren, Stoffe transportieren, Ionen pumpen und Signalstoffe erkennen.

### AUFBAU DER PROTEINE

Bausteine der Proteine sind die Aminosäuren, die durch Peptidbindungen zu Ketten verbunden sind. Beim Menschen handelt es sich um 21 verschiedene Aminosäuren. Aminosäureketten mit einer Länge von 2 bis 100 Aminosäuren werden als Peptide bezeichnet, erst bei einer Aminosäurenanzahl von mehr als 100 spricht man von Proteinen.

Das Rückgrat der Proteine entsteht durch eine Verbindung der Aminogruppe einer Aminosäure mit der Carboxylgruppe (Säuregruppe) der nächsten Aminosäure. Dabei wird ein Wassermolekül frei. Die Bindung CO-NH ist eine Peptidbindung, die entstehende Verbindung ist ein Peptid.

**Allgemeine Formel einer Aminosäure**

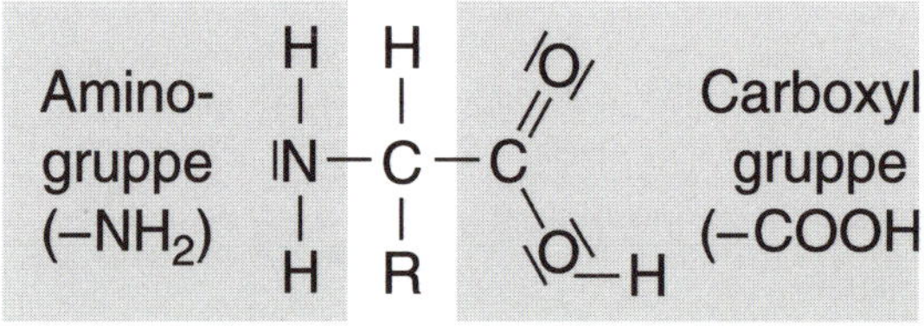

## DIE STRUKTUR DER PROTEINE

Proteine liegen in der Zelle nicht als Fäden vor. Sie können sich zu mannigfaltigen Formen falten und bilden komplizierte dreidimensionale Strukturen. Im einfachsten Fall bildet das Polypeptid nur eine Sekundärstruktur wie $\alpha$-Helix oder $\beta$-Faltblatt aus.

Jedes Protein hat eine unverwechselbare Oberflächenstruktur. Während Faserproteine eine langgestreckte Gestalt annehmen sind globuläre Proteine etwa kugelförmig. Die räumliche Anordnung der Proteine wird durch die Seitenketten ihrer Aminosäurereste beeinflusst. Manche dieser Seitenketten ziehen sich an – z.B. zwei unterschiedlich geladene Gruppen – andere stoßen sich ab – z.B. zwei gleich geladene Gruppen. Daher falten sich die meisten Polypeptidketten so, dass die polaren Reste an der Oberfläche, die unpolaren im Inneren des Moleküls zu liegen kommen.

## DIE FUNKTIONEN VON PROTEINEN

Die Mannigfaltigkeit der Formen spiegelt sich in vielfältigen Funktionen wieder. In ihren Funktionen unterscheiden sich die Proteine grundsätzlich. Jedes Protein erfüllt eine ganz bestimmte Aufgabe: Es ist Baustein einer Membran und grenzt damit ein Kompartiment der Zelle ab oder es ist Enzym und katalysiert eine ganz bestimmte chemische Reaktion oder es ist Teil einer Aktinfibrille und trägt dazu bei, dass sich Lebewesen bewegen können.

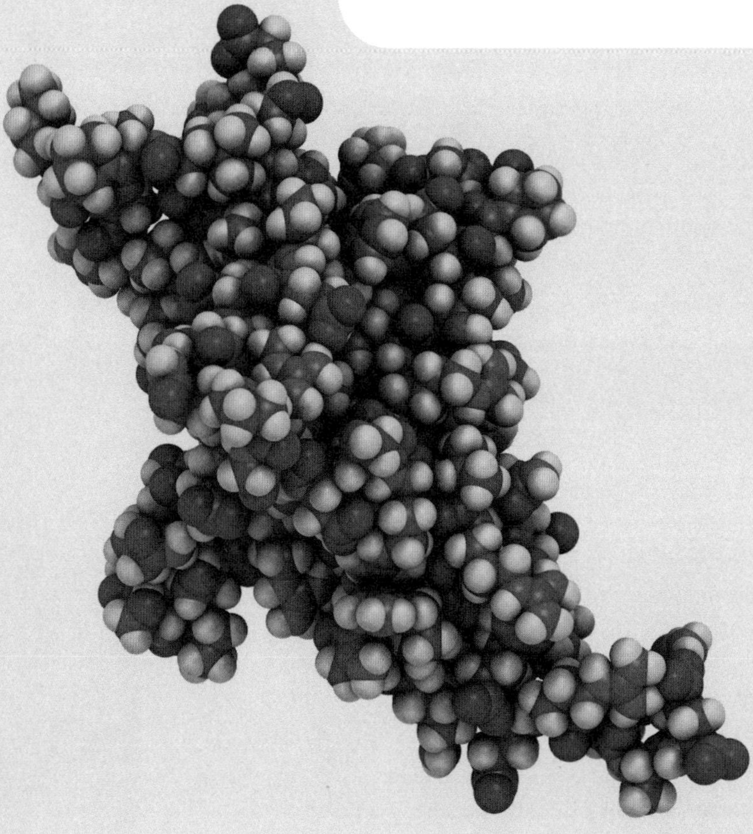

Opsin ist ein Transmembranprotein. Zusammen mit Retinal bildet Opsin das lichtempfindliche Pigment-Molekül Rhodopsin, das durch einen Reiz aktiviert werden kann und den Beginn der Signaltransduktion in den Stäbchen des Auges bildet. Das Opsin ist der Bestandteil der Sehpigments, der entscheidet, in welchem Bereich des Lichtspektrums der Sehfarbstoff besonders gut absorbiert.

## AMINOSÄUREN UND PROTEINE

1. Aus welchen chemischen Elementen bestehen Proteine?

______________________________

2. Erläutern Sie, wie sich zwei Aminosäuren zu einem Dipeptid vereinigen können.

______________________________

3. Wieviel verschiedene der Bausteine findet man in menschlichen Proteinen?

☐ **A** ca. 30 ☐ **B** genau 21 ☐ **C** etwa 700

4. Welche Kräfte stabilisieren die schraubig gewundenen Abschnitte des Opsinmoleküls? Wie nennt man einen solchen Abschnitt in der Fachsprache?

______________________________

5. Welche Funktionen können Proteine ausüben?

**1.** ____________ **2.** ____________ **3.** ____________

## LÖSUNGEN

**1.** C, H, O, N, S • **2.** Reaktion unter Wasserabspaltung. Die entstehende Bindung ist eine Peptidbindung. • **3.** B • **4.** Wasserstoffbrückenbindungen stabilisieren die Struktur. Fachausdruck: Alpha-Helix • **5.** Membranbestandteil, Enzym, Bestandteil einer kontraktilen Einheit in Muskelzellen

Enzyme sind Biokatalysatoren. Sie

- beschleunigen biochemische Reaktionen.
- setzen Aktivierungsenergie der Reaktionen herab. So ermöglichen sie Reaktionen bei Körpertemperatur, die sonst erst bei sehr hohen Temperaturen ablaufen.
- ändern nicht die Lage des Gleichgewichtes einer Reaktion.
- wirken in kleinsten Mengen und verbrauchen sich bei einer Reaktion nicht.
- sind wirkungsspezifisch (reaktionsspezifisch): Sie katalysieren i.A. nur eine ganz bestimmte Reaktion.
- sind substratspezifisch: Sie setzen nur ganz bestimmte Substanzen um, oft nur eine einzige.
- wirken innerhalb und außerhalb von lebenden Zellen.

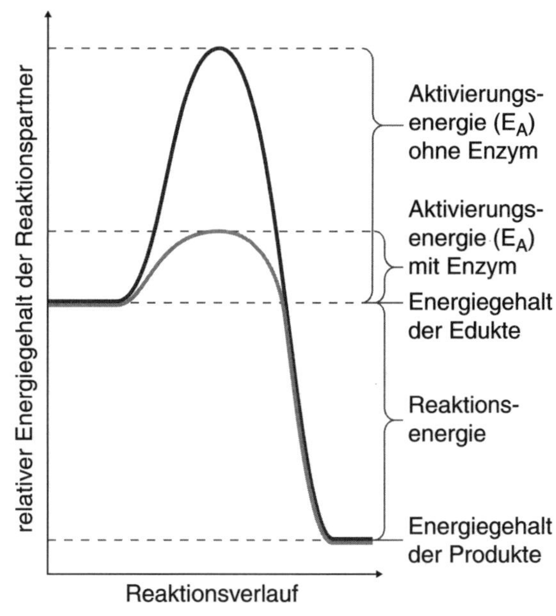

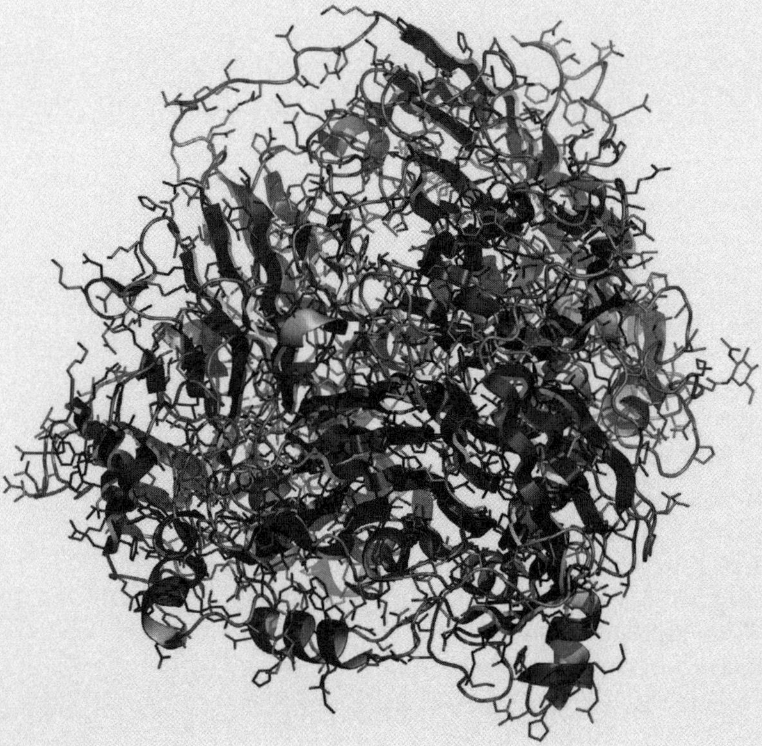

Die Katalase ist ein eisenhaltiges Enzym, das in fast allen aerob lebenden Mikroorganismen, in Pflanzen und allen tierischen Organen vorkommt, insbesondere in den Peroxisomen der Leber. Auch rote Blutkörperchen (Erythrozyten) sind reich an Katalase. Messungen der Katalaseaktivität sind häufig und wichtig in den Ernährungswissenschaften und in der industriellen Nahrungsmittelherstellung.

Der systematische Name lautet Wasserstoffperoxid-Oxidoreduktase. Katalase beseitigt das starke Zellgift Wasserstoffperoxid ($H_2O_2$) durch Zerlegung in Sauerstoff ($O_2$) und Wasser ($H_2O$). Die Reaktionsgleichung lautet: $2\ H_2O_2\ 3\ O_2 + 2\ H_2O$. Die Aktivierungsenergie für die $H_2O_2$-Zersetzung durch Katalase ist sehr niedrig.

Jede Untereinheit des aus vier identischen Untereinheiten bestehenden Enzyms enthält eine Häm-Gruppe im aktiven Zentrum. An das Eisenatom des Komplexes wird das $H_2O_2$-Molekül gebunden und dann gespalten. 1 ml Blut enthält etwa 60 µg Katalase. Dennoch läuft nach Zugabe eines Bluttropfens zu einer Wasserstoffperoxidlösung die Reaktion viel schneller ab als bei Zugabe einer Eisen(III)chlorid-Lösung, deren Eisen-Konzentration um den Faktor 103 höher liegt. Dies zeigt, dass Katalase eine außerordentlich hohe Aktivität aufweist. Sowohl Wechselzahl als auch katalytische Effizienz des Enzyms gehören zu den höchsten je bei Enzymen gefundenen Werten.

Enzyme sind meistens **Proteine**. Manche Enzyme enthalten zusätzlich noch eine niedermolekulare Nicht-Proteinverbindung – ein Co-Enzym.

Die Aufgabe von Enzymen besteht in der Katalyse von Stoffwechselreaktionen. Sie sind biologische Katalysatoren. Ein **Katalysator** ist ein Stoff, der sich mit einem Substratmolekül verbindet und die Aktivierungsenergie einer chemischen Reaktion senkt.

Um Stoffwechselreaktionen mit niedriger Aktivierungsenergie zu bewirken, verbindet sich das Enzym mit dem Substrat zu einem **Enzym-Substrat-Komplex**. Das Enzym besitzt ein **aktives Zentrum**; in dieses hinein wird das Substrat chemisch locker gebunden. Diese Bindung verändert das Substratmolekül so, dass die gewünschte Spaltung, Synthese oder Umlagerung selbständig abläuft. Das entstandene Produkt wird nicht mehr fest genug gebunden und kann sich entfernen. Das Enzymmolekül steht nun für die nächste Reaktion zur Verfügung.

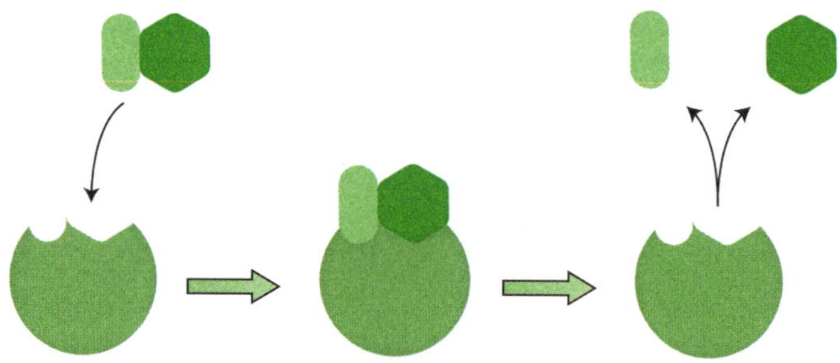

## ARTEN DER ENZYMHEMMUNG

Alle Stoffe und Bedingungen, die Proteine stören bzw. zerstören, beeinträchtigen die Funktion der Enzyme, z.B. hohe und tiefe Temperaturen, Säuren, Basen, Schwermetalle, organische Phosphorverbindungen. Diese Faktoren wirken unspezifisch, also zum Beispiel durch Veränderung der räumlichen Struktur, der Konformation des Enzyms. Sie treffen viele oder alle Enzyme einer Zelle gleichermaßen.

Als Enzymhemmung oder Inhibition bezeichnet man die Herabsetzung der katalytischen Aktivität eines Enzyms durch einen Hemmstoff. Enzymatische Reaktionen können auf ganz verschiedene Wegen gehemmt werden, die wichtigsten davon sind die kompetetive Hemmung und die allosterische Hemmung.

Grundlegend unterscheidet man dabei zwischen reversibler und irreversibler Hemmung. Bei letzterer geht der Inhibitor eine stabile Verbindung mit dem Enzym ein. Bei der reversiblen Hemmung kann der Enzym-Inhibitor-Komplex wieder in seine Bestandteile zerfallen.

### KOMPETITIVE HEMMUNG

Ein Molekül - der Inhibitor - ähnelt dem Substrat und kann im aktiven Zentrum des Enzyms anstelle des Substrats eingebaut werden. Substrat und Inhibitor konkurrieren um den Platz am Enzym. Der Inhibitor wird zwar nicht verarbeitet, verhindert aber die Bindung des Substrats. Auf diese Art kann eine enzymatische Reaktion über die Konzentration des Inhibitors stufenlos gebremst werden.

### ALLOSTERISCHE HEMMUNG

Bei dieser Hemmung wird der Inhibitor an einer anderen Stelle gebunden als das Substrat. Dadurch wird das aktive Zentrum so verändert, dass die Reaktion nicht mehr abläuft. Diese Form tritt häufig auf als Produkthemmung: Das Produkt hemmt ein Enzym des Stoffwechselweges, der zu diesem Produkt führt. So wird eine Anhäufung von Produkten in der Zelle automatisch verhindert.

## ENZYME UND TEMPERATUR

Der Enzym-Substrat-Komplex bildet sich beim Zusammentreffen von Substrat und Enzym. Für die Wahrscheinlichkeit eines solchen Zusammentreffens spielt die Temperatur eine entscheidende Rolle: Höhere Temperatur bedeutet höhere Teilchenbewegung und das bedeutet wiederum höhere Reaktionsgeschwindigkeit.

Die RGT-Regel, die allerdings nur von ca. 0°C - 40°C gilt, besagt: Bei einer Temperaturerhöhung von 10°C verdoppelt sich die Reaktionsgeschwindigkeit.

## ENZYMWIRKUNG, ENZYMHEMMUNG

1. Welche Funktion haben Enzyme im Zellstoffwechsel?

________________________________________

2. Was trifft auf Enzyme zu?

- ☐ **A** Sie katalysieren in der Regel nur eine Reaktion.
- ☐ **B** Sie wirken auf alle Stoffe mit gleicher funktioneller Gruppe.
- ☐ **C** Sie setzen die Reaktionsenergie einer Reaktion herab.

3. Beschreiben Sie kurz, welche Arten von Enzymhemmung unterschieden werden.

**1.** ______________ **2.** ______________ **3.** ______________

4. Was besagt die RGT-Regel?

________________________________________

## LÖSUNGEN

**1.** Sie sind Biokatalysatoren, d. h. sie beschleunigen biochemische Reaktionen • **2.** A • **3.** unspezifisch (hohe Temperatur, Säure, Metalle), kompetitiv (Inhibitor konkurriert mit dem Substrat), allosterisch (durch Veränderung der Form, die das aktive Zentrum funktionsunfähig macht) • **4.** Eine Temperaturerhöhung um 10 °C verdoppelt die Reaktionsgeschwindigkeit.

Die Glykolyse ist die Reaktionsfolge, in deren Verlauf Zucker oxidiert und in kleinere Bausteine zerlegt wird. Bevor das Zuckermolekül gespalten werden kann, muss es aktiviert – destabilisiert – werden. Nacheinander werden zwei Phosphatreste vom ATP auf das Zuckermolekül übertragen.

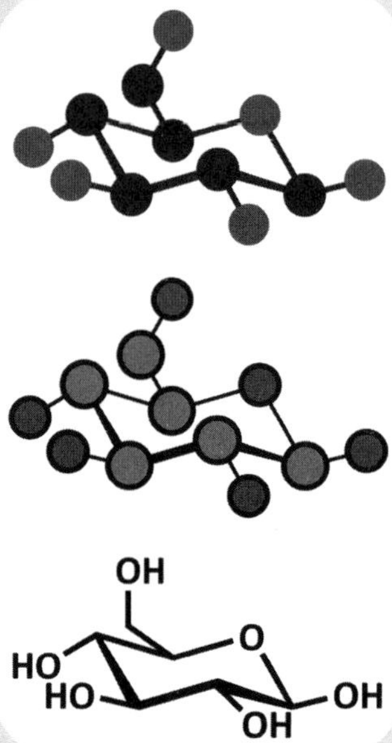


## DER ABLAUF DER GLYKOLYSE

Die Reaktionsfolge der Glykolyse ist hier schematisiert dargestellt:

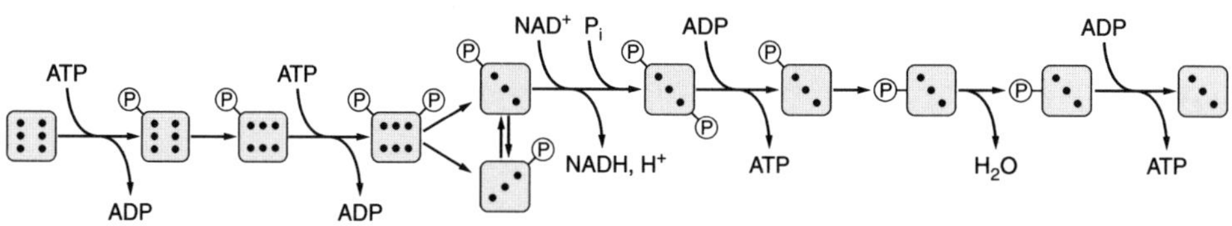

## DIE EINZELNEN SCHRITTE 1

Der Abbau der Glucose in der Zelle beginnt mit der Phosphorylierung der Glucose zu **Glucose-6-Phosphat**. Dabei überträgt ein Enzym die Phosphatgruppe vom ATP auf das Glucosemolekül.

Durch Isomerisierung wird aus Glucose-6-phosphat **Fructose-6-phosphat** gebildet, das mit ATP zu Fructose-1,6-diphosphat umgesetzt wird.

**Fructose-1,6-diphosphat** (ein C6-Zucker) wird in zwei Triosen (C3-Zucker) gespalten: in **Dihydroxyacetonphosphat** und **Glycerinaldehydphosphat**. Die beiden Triosen stehen miteinander im Gleichgewicht.

Glycerinaldehyd-3-phosphat wird dehydriert: Zwei Protonen und zwei Elektronen werden auf das Coenzym NAD+ übertragen, das dadurch zu NADH, H+ reduziert wird. Das Glycerinaldehydphosphat nimmt dabei ein anorganisches Phosphatmolekül auf und wird zur **1,3-Diphospho-glycerinsäure**.

## DIE EINZELNEN SCHRITTE 2

Im nächsten Schritt wird die energiereich gebundene Phosphatgruppe auf ADP übertragen unter Bildung von ATP. Diese Umwandlung, die zur Bildung des ATP-Moleküls führt, wird als **Substratkettenphosphorylierung** bezeichnet.

Die 3-Phosphoglycerinsäure wird in **2-Phosphoglycerinsäure** umgelagert.

Durch enzymatische Wasserabspaltung wird diese zur Phosphoenolbrenztraubensäure (**Phosphoenolpyruvat**).

Die energiereich gebundene Phosphatgruppe wird auf ADP übertragen unter Bildung von ATP und Brenztraubensäure (Pyruvat). **Pyruvat** ist das Endprodukt der Glykolyse.

## ENERGIEBILANZ DER GLYKOLYSE

Die Bilanzgleichung des Abbaus der Glucose bis zum Pyruvat lautet:

Glucose + 2 ADP + 2 $P_i$ + $NAD^+$ → 2 Pyruvat + 2 ATP + 2 $H_2O$ + NADH, $H^+$

Die Oxidation der Glucose bis zur Brenztraubensäure ist eine exergonische Reaktion.

1 mol Glucose → 2 mol Brenztraubensäure

Freie Energie $\triangle G°$ = - 197 kJ/mol

Die von der Zelle nutzbare Freie Energie aus dem Abbau der Glukose wird in ATP gespeichert:

2 mol ATP → 2 mol ADP

Freie Energie $\triangle G°$ = - 62kJ/mol

Der Wirkungsgrad der Energieumwandlung liegt bei 30%.

Die Glykolyse gehört zu den entwicklungsgeschichtlich ältesten Stoffwechselwegen. Wir finden sie in allen eukaryotischen Lebewesen – Pflanzen, Pilzen und Tieren – sowie in den meisten Prokaryoten.

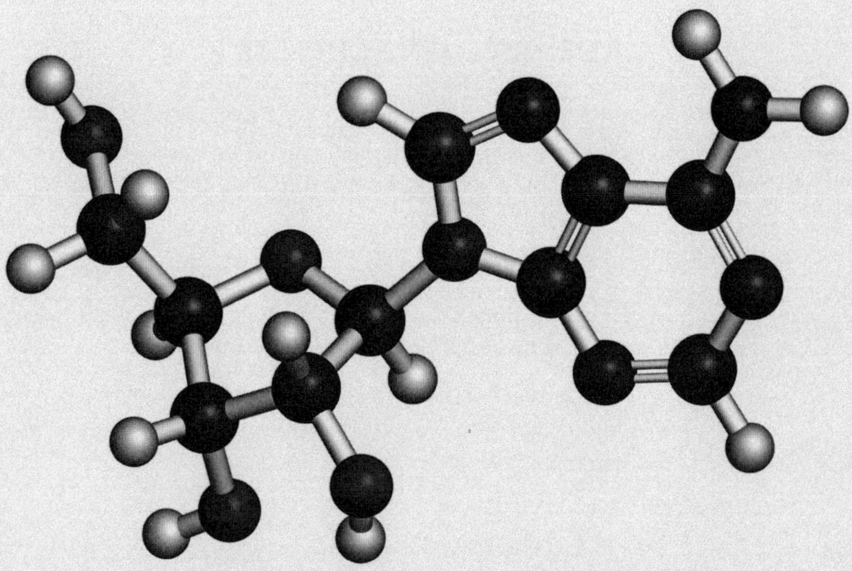

# ENERGETISCHE KOPPLUNG

1. Fassen Sie „Glykolyse" in kurzen Worten zusammen.

___

2. Nennen Sie die Abfolge der in der Glykolyse gebildeten Produkte.

___

___

___

3. Was trifft zuzu?

- ☐ **A** In der Glykolyse wird Glucose zu Laktat abgebaut.
- ☐ **B** In der Glykolyse wird Glucose zu Pyruvat abgebaut.
- ☐ **C** In der Glykolyse finden Redoxreaktionen statt.

4. Wie lautet die Bruttogleichung der Glykolyse?

___



## LÖSUNGEN

**1.** Glykolyse ist die biochemische Reaktionsfolge, in der Glucose oxidiert und in kleinere Einheiten zerlegt wird. • **2.** Glucose, Glucose-6-Phosphat, Fructose-6-Phosphat, Fructose-1,6-Diphosphat, Dihydroxyaceton-Phosphat + Glycerinaldehyd-Phosphat, 1,3-Diphosphoglycerinsäure, 3-Phosphoglycerinsäure, 2-Phosphoglycerinsäure, Phosphoenolpyruvat, Pyruvat • **3.** B, C • **4.** Glucose + 2 ADP + 2 Pi + NAD+ → 2 Pyruvat + 2 ATP + 2 $H_2O$ + NADH,H+

Bei Sauerstoffmangel bauen Hefezellen Glucose (den Traubenzucker) durch alkoholische Gärung ab, nach der Gleichung $C_6H_{12}O_6 \rightarrow 2\ C_2H_5OH + 2\ CO_2$.

Die ersten Reaktionsfolgen der alkoholischen Gärung entsprechen der Glykolyse. Das Endprodukt der Glykolyse ist Pyruvat.

## ALKOHOLISCHE GÄRUNG

Im Anschluss an die Glykolyse wird von jedem Molekül Pyruvat ein Molekül Kohlenstoffdioxid abgespalten. Das dabei entstehende Acetaldehyd ist sehr giftig und wird sofort durch die Alkoholdehydrogenase weiterverarbeitet. Zwei Elektronen und zwei Protonen vom NADH,H+ werden auf das Acetaldehyd übertragen. Es wird zu Ethanol (Ethylalkohol) reduziert. Die alkoholische Gärung findet im Cytoplasma der Hefezellen statt.

## SCHEMA DER ALKOHOLISCHEN GÄRUNG

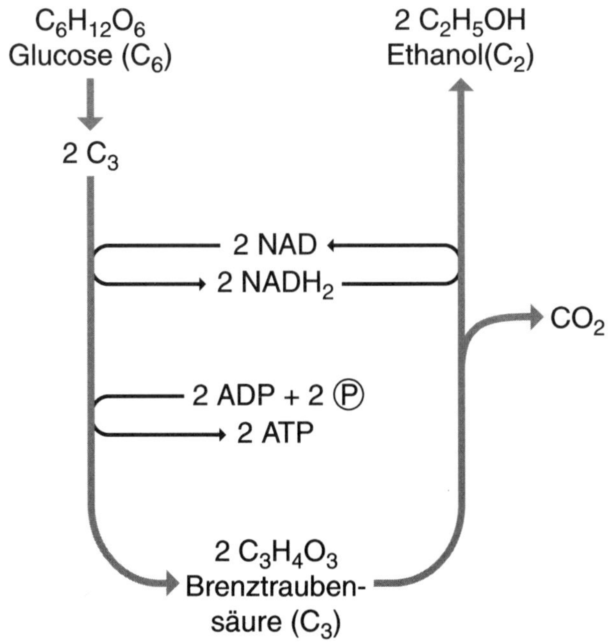

Der oxidative Abbau der Glucose wird allgemein in vier Schritte gegliedert:

- Glykolyse
- oxidative Decarboxylierung
- Zitronensäure-Zyklus
- Atmungskette.

## GLYKOLYSE

Im Verlauf der Glykolyse wird Glucose in Brenztraubensäure (Pyruvat) überführt, die in die Mitochondrien transportiert wird.

## OXIDATIVE DECARBOXYLIERUNG

Die oxidative Decarboxylierung läuft in den Mitochondrien ab. Hier wird Brenztraubensäure (Pyruvat) angeliefert. Von diesem Molekül wird Kohlendioxid abgespalten. Es entsteht Ethansäure (=Essigsäure) in einer enzymatisch aktivierten Form: aktivierte Essigsäure oder Acetyl-Coenzym A genannt. Gleichzeitig wird bei dieser Reaktion Wasserstoff ($H_2$) auf den Wasserstoffakzeptor NAD+ übertragen. Dabei entsteht NADH,H+.

## DER ZITRONENSÄURE-ZYKLUS

Der Zitronensäurezyklus (auch Citratzyklus oder Tricarbonsäure-Zyklus genannt) ist ein Kreisprozess: Zunächst reagiert Acetyl-Coenzym A mit einem Akzeptormolekül (C4-Körper) zu Zitronensäure (C6). Über mehrere Zwischenschritte werden von der Zitronensäure zwei Moleküle Kohlenstoffdioxid ($CO_2$) abgespalten. Danach wird das Akzeptormolekül wieder regeneriert. Im Verlauf dieses Zyklus wird das Kohlenstoffskelett laufend umgebaut. Mehrmals wird Wasser angelagert und Wasserstoff abgegeben. Bei jedem Kreislauf fallen acht Wasserstoffatome an, die auf Wasserstoffakzeptoren (die Coenzyme FAD und NAD+) übertragen werden. Hauptaufgabe des Citratzyklus ist also die Bereitstellung von reduzierten Coenzymen. Vereinfacht ausgedrückt: Der Citratzyklus dient der Gewinnung von Wasserstoff.

## SCHEMA DES ZITRONENSÄURE-ZYKLUS

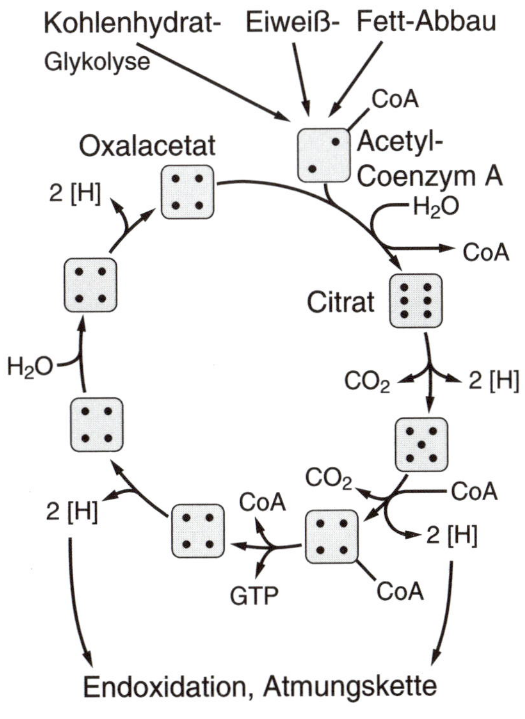

## DIE ATMUNGSKETTE

In der Atmungskette wird der im Zitronensäure-Zyklus gebildete Wasserstoff unter hohem Energiegewinn oxidiert: Die Atmungskette wird von Enzymen gebildet, die in der inneren Membran der Mitochondrien sitzen. Sie übernehmen Wasserstoff von $NADH,H^+$. Es entsteht NAD+. Der Wasserstoff wird an der Innenmembran des Mitochondriums auf Redoxenzyme übertragen. Dabei werden Protonen ($H^+$-Ionen) und Elektronen getrennt. Die Elektronen ($e^-$) werden auf einer Transportkette von Redoxenzymen weitergereicht und an deren Ende auf Sauerstoff übertragen. Es entsteht Wasser. Mit der dabei freiwerdenden Energie werden die Protonen aus der Matrix in den Zwischenmembranraum gepumpt und dort angereichert. Der Protonen-Gradient wird nun wie eine Turbine zur ATP-Synthese genutzt: Die einströmenden Protonen fließen durch spezifische Ionenkanäle, in denen die ATP-Synthase ihre Energie zur Synthese von ATP nutzt.

Die vollständige Oxidation von Glucose läuft mit hoher Energieausbeute ab. Die von der Zelle nutzbare Energie aus einem Glucosemolekül wird in 36 Molekülen ATP gespeichert.

## GÄRUNG UND ATMUNG

1. Wie lautet die Gesamtgleichung der alkoholischen Gärung?

_______________________________________________

2. In welche Schritte gliedert man i. A. den oxidativen Abbau der Glucose?

**1.** ____________________ **2.** ____________________

**3.** ____________________ **4.** ____________________

3. Was trifft zu?

- ☐ **A** Bei der oxidativen Decarboxylierung wird aus Pyruvat unter Abspaltung von $CO_2$ aktivierte Essigsäure gebildet..
- ☐ **B** Acetyl-CoA entsteht beim Abbau von Glucose und von Fettsäuren.
- ☐ **C** In der ersten Reaktion im Zitratzyklus werden zwei Moleküle Acetyl-CoA zu Zitrat vereinigt.

4. Beschreiben Sie ganz kurz, was in der Atmungskette abläuft.

_______________________________________________

## LÖSUNGEN

**1.** $C_6H_{12}O_6 \rightarrow 2\ C_2H_5OH + 2\ CO_2$ • **2.** Glykolyse, oxidative Decarboxylierung, Zitratzyklus, Atmungskette • **3.** A, B • **4.** Der Wasserstoff der reduzierten Coenzyme wird unter Bildung von Wasser auf Sauerstoff übertragen. Dabei wird ATP gebildet.

## FOTOSYNTHESE

Die Fotosynthese läuft in zwei Teilschritten ab:

1. Lichtreaktion
2. lichtunabhängige Reaktion, auch als Dunkelreaktion bezeichnet.

## DIE LICHTREAKTION

In der Lichtreaktion, auch als photochemische Reaktion bezeichnet, wird mit Hilfe von Licht Wasser zerlegt. Produkte dieser Reaktionsfolge sind Sauerstoff, das reduzierte Coenzym NADH,H+ als Überträger von Wasserstoff und Adenosintriphosphat (ATP) als Energielieferant. Die Lichtreaktion verläuft in den Grana der Chloroplasten.

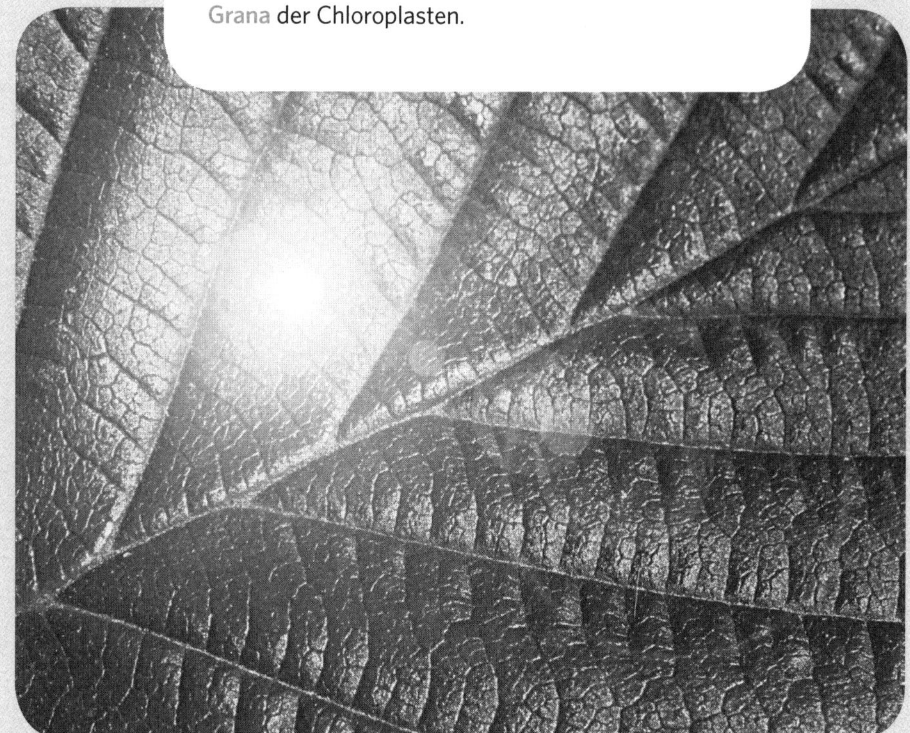

## DIE LICHTUNABHÄNGIGE REAKTION

In der anschließenden lichtunabhängigen Reaktionsfolge (= Dunkelreaktion) werden die energiereichen Produkte der Lichtreaktion benutzt um Kohlenstoffdioxid zu reduzieren. Dabei entsteht Glucose als Endprodukt. Die Kohlendioxid-Assimilation ist ein offener Kreislauf. Die Synthese der Glucose geschieht im Stroma der Chloroplasten. Alle Enzyme der Dunkelreaktion liegen dort gelöst vor.

Der Begriff „Dunkelreaktion" ist etwas irreführend: Er besagt lediglich, dass diese Reaktionsfolge kein Licht benötigt und auch im Dunkeln ablaufen kann. Keineswegs ist Dunkelheit für ihr erfolgreiches Funktionieren notwendig. Bei Dauerlicht laufen beide Reaktionen gleichzeitig ab. Daher spricht man besser von einer „lichtunabhängigen Reaktion".

Die lichtunabhängige Reaktion der Fotosynthese wird auch als Dunkelreaktion oder Calvin-Zyklus bezeichnet, Der Zyklus wurde von den US-amerikanischen Biochemikern Melvin Calvin und A. A. Benson entschlüsselt und nach Melvin Calvin benannt. Die **Synthese der Kohlenhydrate** (Glucose) geschieht im Stroma der Chloroplasten. Dort liegen alle Enzyme der Dunkelreaktion in gelöster Form vor.

Der Calvin-Zyklus ist ein Kreislauf von Reaktionen, durch die Kohlenstoffdioxid ($CO_2$) zu Glucose und Wasser reduziert wird. Er dient den Pflanzen zur **Assimilation von Kohlenstoff aus Kohlenstoffdioxid**. Der Calvin-Zyklus läuft bei Pflanzen im Stroma der Chloroplasten ab.

## CALVIN-ZYKLUS

Den Calvin-Zyklus kann man in drei Schritte einteilen:

1. Fixierung des Kohlenstoffs
2. Reduktion
3. Regeneration des $CO_2$-Akzeptors.

## 1. DIE FIXIERUNG DES KOHLENSTOFFS

Im ersten Schritt des Calvin-Zyklus wird $CO_2$ durch das Enzym Rubisco (ausführlich: Ribulose-1,5-bisphosphat-carboxylase/-oxygenase) – eine Carboxylase – auf Ribulose-1,5-bisphosphat übertragen. Das Enzym fixiert an jedes Molekül Ribulosebisphosphat ein $CO_2$-Molekül; die $CO_2$-Gruppe wird am $C_2$-Atom der Ribulose addiert. Das Reaktionsprodukt – ein C6-Körper – ist instabil. Es zerfällt in zwei C3-Moleküle, die 3-Phosphoglycerinsäure (PGS).

Der primäre Akzeptor für das Kohlenstoffdioxid ist also die Pentose (ein Zucker mit 5 C-Atomen) Ribulose-1,5-bisphosphat (RuBP, wird in älteren Werken als Ribulose-1,5-diphosphat bezeichnet). Rubisco, genauer: Ribulose-1,5-bisphosphat-carboxylase/-oxygenase ist das häufigste Protein der Welt!

## 2. REDUKTION

Die im ersten Schritt gebildete 3-Phosphoglycerinsäure wird zum Phosphoglycerinaldehyd – einer Triose – reduziert. Die Energie für diese Reaktion wird vom ATP (Adenosintriphosphat) geliefert. Dabei wird aus ATP durch Abspaltung eines Phosphatrestes wieder ADP (Adenosindiphosphat). Reduktionsmittel ist das NADPH, das dabei zu NADP+ oxidiert wird. NADPH und ATP werden durch die Lichtreaktion gebildet und für den Calvin-Zyklus zur Verfügung gestellt. Bei all diesen Umsetzungen liegen die organischen Moleküle in aktivierter Form – als Phosphorsäureester – vor.

## 3. REGENERATION DES $CO_2$-AKZEPTORS

Aus fünf Molekülen Phosphoglycerinaldehyd werden in einem Netzwerk gekoppelter Reaktionen drei Moleküle Ribulose-1,5-bisphosphat regeneriert. Ein Teil des Phosphoglycerinaldehyds wird zum **Aufbau von Glucose** – dem Endprodukt der Photosynthese – verwendet: Aus zwei Molekülen Phosphoglycerinaldehyd wird ein Glucose-Molekül aufgebaut. Ein Sechstel der Phosphoglycerinsäure-Moleküle wird zur Herstellung von Glucose aus dem Kreislauf abgezweigt.

Die Summengleichung der lichtunabhängigen Reaktion:

$$6\ CO_2 + 12\ NADPH + 12\ H^+ + 18\ ATP \rightarrow C_6H_{12}O_6 + 6\ H_2O + 12\ NADP^+ + 18\ ADP + 18\ Pi$$

Hauptprodukt der Assimilation im Chloroplasten ist Stärke. Sie entsteht durch Kondensation vieler Glucosemoleküle. **Stärke** lagert sich in Form von Stärkekörnern (Granula) zunächst im Stroma ab. Aus diesem Zwischenspeicher werden bei Bedarf Kohlenhydrate in Form von Hexose-Phosphaten freigesetzt, die dann im Cytoplasma zum Disaccharid Saccharose (Rohrzucker) umgesetzt werden. **Saccharose** ist die wichtigste Transportform von Kohlenhydraten, die durch die Siebröhren des Phloems in die Speicherorgane Wurzeln, Knollen oder Mark gelangt. Dort bilden sich wieder Stärkekörner.

## FOTOSYNTHESE

1. In welche Teilschritte gliedert man die Fotosynthese?

**1.** Lichtreaktion **2.** Dunkelreaktion

2. Geben Sie ganz pauschal des Geschehen der Fotosynthese an.

Mithilfe von Sonnenlicht wird aus Wasser und Kohlendioxid Glucose gebildet

3. Wie lautet die Summengleichung der lichtunabhängigen Reaktion?

4. Was geschieht in der Lichtreaktion?

5. Was geschieht im ersten Schritt des Calvin-Zyklus?

## LÖSUNGEN

**1.** Lichtreaktion, lichtunabhängige Reaktion (Dunkelreaktion) • **2.** Mit Hilfe der Energie des Sonnenlichts wird aus Wasser und Kohlendioxid Glucose gebildet.• **3.** $6\ CO_2 + 12\ NADPH + 12\ H^+ + 18\ ATP \rightarrow C_6H_{12}O_6 + 6\ H_2O + 12\ NADP^+ + 18\ ADP + 18\ P_i$ • **4.** Wasser wird in seine elementaren Bestandteile Sauerstoff und Wasserstoff zerlegt. Wasserstoff wird auf NAD+ übertragen. Dabei wird ATP gebildet. • **5.** Durch das Enzym Rubisco wird $CO_2$ auf Ribulose-1,5-bisphosphat übertragen.

# 3 GENETIK

## Tierzüchtung

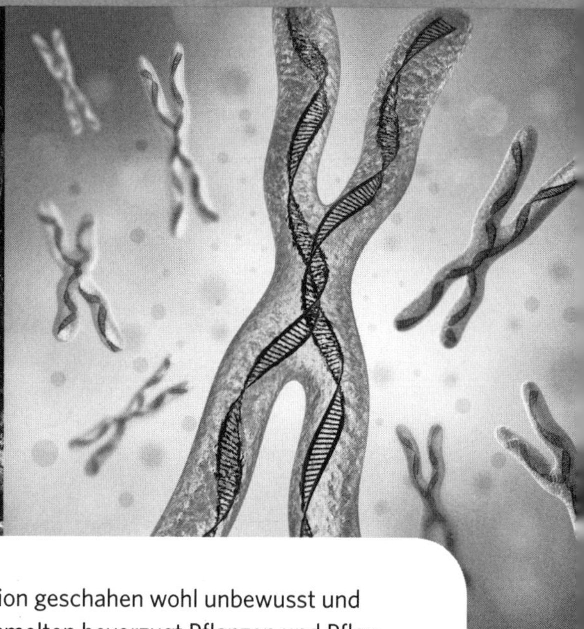

Die ersten Schritte zur Domestikation geschahen wohl unbewusst und unbeabsichtigt. Die Menschen sammelten bevorzugt Pflanzen und Pflanzenteile, die wohlschmeckender oder größer waren als der Durchschnitt der Wildpflanzen. Wenn nun ein Teil der so ausgewählten Pflanzen bevorzugt zur Weiterzucht gelangte, so war die Nachkommenschaft dieser Pflanzen im Schnitt größer und wohlschmeckender. Aus der großen Vielfalt der Natur wurden Pflanzen mit erwünschten Eigenschaften ausgesucht: Auslesezüchtung. Später wurde die Auslese gezielt getroffen. Die größeren Körner einer Ernte wurden zur Aussaat verwendet Massenauslese. Schneller führt die gezielte Auswahl einzelner Individuen und deren Vermehrung zum Erfolg (Individualauslese). Auch vegetative Mutationen können ausgelesen und – durch vegetative Vermehrung – weitergezüchtet werden.

Seit Beginn der wissenschaftlichen Züchtungsarbeit formuliert der Züchter klare Zuchtziele. Er sucht geeignete Tierarten, Kultur- und Wildpflanzen, die erwünschte Eigenschaften besitzen, und versucht dann, diese Eigenschaften miteinander zu kombinieren.

Bei der Kombinationszüchtung werden geeignete Eltern sorgfältig ausgelesen. Diese werden gezielt gekreuzt. Unter den Nachkommen werden diejenigen mit der besten Kombination erwünschter Eigenschaften zur weiteren Vermehrung ausgesucht.

Schon vor Mendel war ein Wissen über die Vererbung bestimmter Eigenschaften bei Züchtern von Tieren und Pflanzen verbreitet.

## GENETIK ALS WISSENSCHAFT

Die Genetik als Wissenschaft begann 1865 mit einem Vortrag Johann Gregor Mendels. Heute ist sie einer der bedeutendsten Zweige der Biologie und hat überragende Bedeutung für Wissenschaften wie Medizin, Pharmakologie, Psychologie und Soziologie. Die Gentechnik ist auf dem Weg, Grundlage eines wichtigen Wirtschaftszweiges zu werden.

## MENDEL´S METHODE

Mendels Werk war deshalb so bahnbrechend, weil er

- aus einer Vielzahl von Merkmalen einzelne, klar unterscheidbare Merkmale auswählte und analysierte,
- eine große Anzahl von Nachkommen auswertete,
- die beobachteten Werte bestimmten Zahlenverhältnissen zuordnete und
- daraus Vererbungsgesetze ableitete – die Mendelschen Regeln.

## MENDEL´S THESEN

Mendels Werk kann in sechs Thesen zusammengefasst werden.

1. Jedes Merkmal wird durch zwei Anlagen, ein Paar von Allelen, kontrolliert
2. Wenn ein Individuum zwei verschiedene Anlagen für ein Merkmal besitzt, wird das Merkmal oft nur durch eine der beiden - das dominante Allel - bestimmt, das rezessive Allel tritt zurück. Beim intermediären Erbgang können sich beide Allele teilweise auswirken.
3. Bei der Bildung von Gameten trennen sich die Allele. Jede Keimzelle erhält eine Anlage eines Paares.
4. Bei der Bildung der Gameten werden die Anlagen zufällig aufgeteilt.
5. Jede Anlage wird von Generation zu Generation als unvermischte, unveränderte Einheit weitergegeben
6. Jedes Individuum erbt von jedem Elternteil eine Anlage für jedes Merkmal.

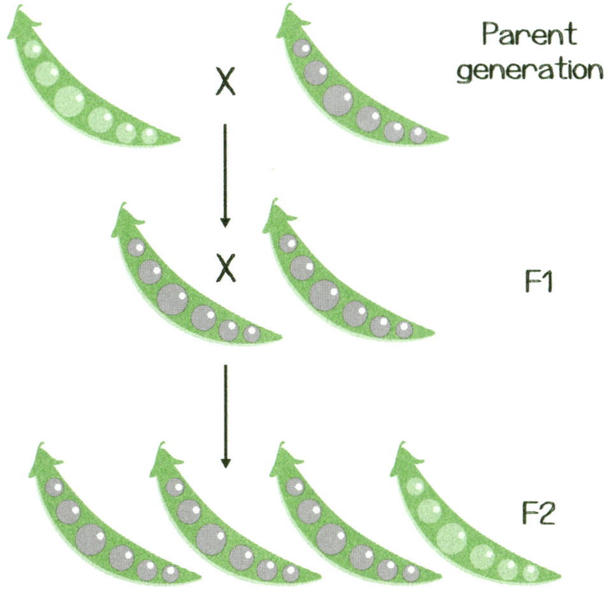

## DIE MENDEL´SCHEN REGELN

Die erste Mendel´sche Regel ist die **Uniformitätsregel**: Kreuzt man reinerbige Individuen, so sind die Nachkommen in der ersten Tochtergeneration untereinander gleich. Dabei ist es gleichgültig, welches Erbgut von der väterlichen, welches von der mütterlichen Seite stammt.

Eine Erweiterung der ersten Mendel´schen Regel ist die **Reziprozitätsregel**: Reziproke Bastarde sind gleich.

Die zweite Mendel´sche Regel ist die **Spaltungsregel**: Kreuzt man F1-Bastarde untereinander, so spaltet die F2-Generation in einem festen Zahlenverhältnis auf. Sie kann auch als **Regel von der Reinheit der Gameten** formuliert werden: In den Keimzellen werden die Erbanlagen unvermischt weitergegeben.

Die dritte Mendel´sche Regel heißt **Unabhängigkeitsregel** oder Regel von der Neukombination der Gene: Jede Anlage wird unabhängig von anderen vererbt, in der F2-Generation werden die Merkmale neu kombiniert.

Zur dritten Mendel'schen Regel wurden inzwischen viele Ausnahmen gefunden.

## TIERZÜCHTUNG

1. Mendel fand seine Erkenntnisse durch Züchtung. Welche Merkmale seiner Methode schufen die Grundlage für Genetik als Wissenschaft?

**1.** ______________________ **2.** ______________________

**3.** ______________________ **4.** ______________________

2. Welche Thesen stammen von Mendel?

- ☐ **A** Jedes Merkmal wird durch eine Anlage vererbt.
- ☒ **B** Jede Anlage wird unverändert weitergegeben.
- ☐ **C** Es gibt zwei Arten des Erbgangs: dominant und rezessiv.

3. Geben Sie in knapper Form die Mendel´schen Regeln wieder

______________________________________________

______________________________________________

______________________________________________

______________________________________________

## LÖSUNGEN

**1.** Auswahl klar unterscheidbarer Merkmale, Auswertung einer großen Zahl von Nachkommen, Werte in Zahlenverhältnisse umsetzen, Formulierung von Gesetzen • **2.** B • **3.** Uniformitätsregel (Nachkommen reinerbiger Eltern sind in der ersten Folgegeneration gleich), Spaltungsregel (Kreuzung von F1-Bastarden führt in F2 zur Aufspaltung in festen Zahlenverhältnissen), Unabhängigkeitsregel (Anlagen werden unabhängig voneinander vererbt).

Die cytologisch beobachteten Vorgänge bei Befruchtung und Meiose erklären lückenlos die Annahmen Mendels. Aus dieser Übereinstimmung zogen Sutton (1903) und Boveri (1902) den Schluss: Die Chromosomen sind die Träger der Erbanlagen.

## MENDEL´S HYPOTHESEN

Um die Erbgänge erklären zu können, machte Mendel Voraussagen über das **Verhalten der Erbanlagen**:

1. In Körperzellen ist jede Anlage in **doppelter** Ausführung vorhanden.
2. Die Keimzellen (Gameten) tragen jede Anlage nur **einmal**.
3. Bei der Bildung der Keimzellen **trennen sich die** beiden **Anlagen**. Nach dem Zufallsprinzip wird die eine oder die andere Anlage weitergegeben.
4. Bei der **Befruchtung** treffen Anlagen beider Eltern zusammen.

Diese Annahmen setzen voraus, dass die bei der Befruchtung vereinigten Anlagen beider Eltern ihre Selbständigkeit bewahren: Die Anlagen bleiben erhalten, sie verschmelzen nicht miteinander.

## BEOBACHTUNG VON CHROMOSOMEN

Mikroskopische Beobachtungen des Verhaltens der Chromosomen bei Befruchtung und Meiose ergaben:

1. Körperzellen enthalten einen **diploiden** (doppelten) Chromosomensatz.
2. Keimzellen (Ei- und Samenzellen) haben einen **haploiden** (einfachen) Chromosomensatz.
3. Bei der Meiose werden die homologen Chromosomensätze **getrennt**: Jede Keimzelle erhält *ein* Chromosom von jedem Paar homologer Chromosomen.
4. Bei der **Befruchtung** vereinigen sich zwei haploide Chromosomensätze der beiden Gameten.

Diese Beobachtungen zeigen, dass Chromosomen - auch wenn sie während der Interphase im Zellkern nicht sichtbar sind - als solche erhalten bleiben, sie verschmelzen nicht miteinander.

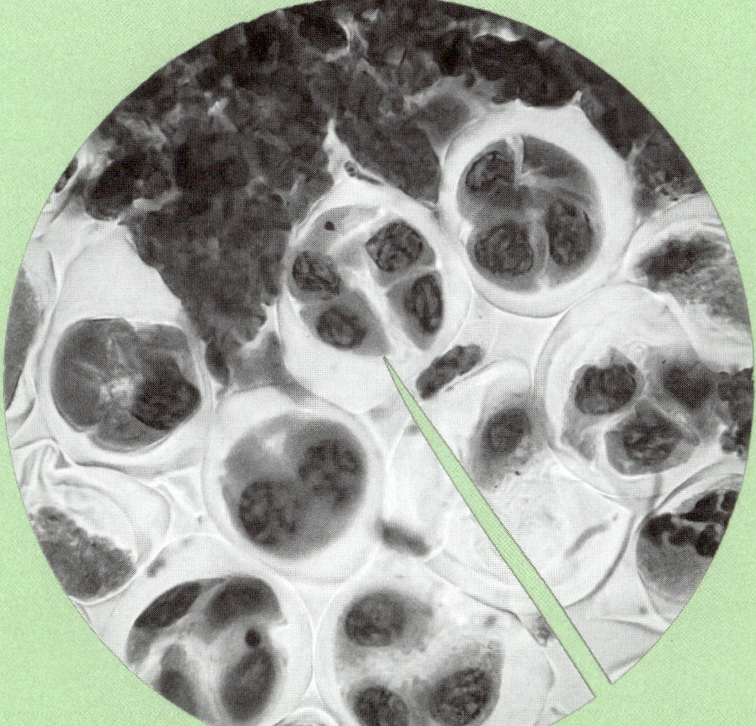

Die Chromosomentheorie der Vererbung bringt die beiden biologischen Disziplinen der Genetik und der Zytologie zusammen. Sutton und Boveri erklärten diese Übereinstimmungen durch die Annahme, dass die Chromosomen die Träger der Gene sind.

Nach der Chromosomentheorie der Vererbung kann die dritte Mendel´sche Regel, nach der Gene unabhängig voneinander vererbt werden, nicht uneingeschränkt gelten. Sie trifft nur für die Gene zu, die auf unterschiedlichen Chromosomen liegen. Der amerikanische Genetiker MORGAN und seine Mitarbeiter zeigten in umfangreichen Versuchsreihen, dass die Gene auf den Chromosomen hintereinander aufgereiht sind und dass Gene eines Chromosoms gekoppelt weitergegeben werden.

## CHROMOSOMENTHEORIE DER VERERBUNG

1. Welche Beobachtungen lassen sich an Chromosomen bei Befruchtung und Meiose mache?

**1.** ____________ **2.** ____________

**3.** ____________ **4.** ____________

2. Welche Voraussagen machte Mendel über das Verhalten der Erbanlagen aufgrund der Auswertung seiner Versuche?

**1.** ____________ **2.** ____________

**3.** ____________ **4.** ____________

3. Welche Einschränkungen macht die Chromosomentheorie der Vererbung hinsichtlich der Unabhängigkeitsregel (3. Mendel´sche Regel?)

____________

## LÖSUNGEN

**1.** Körperzellen enthalten einen doppelten Chromosomensatz; Keimzellen haben einen einfachen Chromosomensatz; bei der Meiose werden homologe Chromosomensätze getrennt; bei der Befruchtung vereinigen sich Gameten mit einfachen Chromosomensatz • **2.** In Körperzellen ist jede Anlage doppelt vorhanden; die Keimzellen tragen jede Anlage nur einmal; bei der Bildung der Keimzellen trennen sich die beiden Anlagen; bei der Befruchtung kommen die Anlagen beider Eltern zusammen. • **3.** Mehrere Gene sind auf einem Chromosom und dann nicht unabhängig.

## DNA - DNS

Schon im Jahr 1871 isolierte Friedrich Miescher in Tübingen DNA aus Eiterzellen. Als er die Proteine der Zellen mit Pepsin auflöste, schrumpften die Zellkerne, aber sie blieben erhalten. Die Elementaranalyse des zurückbleibenden Stoffes ergab eine Zusammensetzung aus C, O, H, N und P. Weil der Stoff sauer reagiert und im Zellkern (lat. *nucleus*) vorkommt, nannte er ihn „Nukleinsäure". Um ihn von der später entdeckten Ribonukleinsäure abzugrenzen, erhielt er den Namen „Desoxyribonukleinsäure" abgekürzt DNS - international ist die Abkürzung DNA für *„deoxyribonucleic acid"* üblich.

## EXPERIMENTELLE BEFUNDE

Das heute aktuelle DNA-Modell basiert vor allem auf drei experimentellen Ergebnissen:

1. DNA ist ein Polynukleotid, eine Kette aus vielen Nukleotid-Bausteinen.
2. Jede DNA enthält gleich viele Adenin- wie Thyminbasen und gleich viele Cytosin- wie Guaninbasen. Innerhalb einer Art sind die Basenverhältnisse immer gleich: So hat die DNA des Menschen 30,3% Adenin, 30,3% Thymin, 19,7% Guanin und 19,7% Cytosin. Es war Erwin Chargaff, der diese Beziehungen ermittelte: Er trennte die DNA durch Säurehydrolyse auf und untersuchte den Basengehalt. Dabei konnte er zeigten, dass die vier Basen in Viren, Bakterien, Hefen, Rindern und Menschen in wechselnden Mengenverhältnissen vorkamen. Jede Art hatte demnach eine andere DNA als andere Arten. Innerhalb einer Art ist die DNA-Zusammensetzung dagegen konstant.
3. Röntgenstrukturanalysen zeigten, dass das DNA-Molekül die Gestalt einer doppelten Schraube („Doppelhelix") hat.

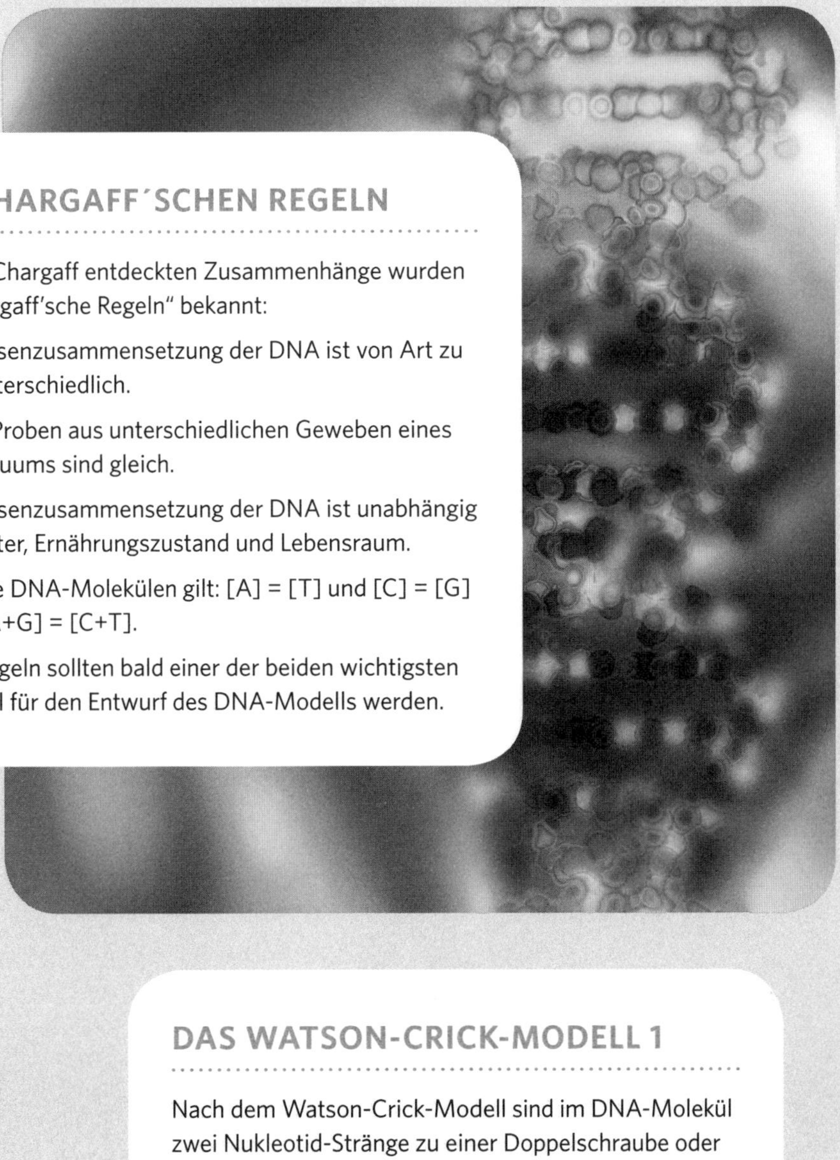

## DIE CHARGAFF´SCHEN REGELN

Die von Chargaff entdeckten Zusammenhänge wurden als „Chargaff'sche Regeln" bekannt:

- Die Basenzusammensetzung der DNA ist von Art zu Art unterschiedlich.
- DNA-Proben aus unterschiedlichen Geweben eines Individuums sind gleich.
- Die Basenzusammensetzung der DNA ist unabhängig von Alter, Ernährungszustand und Lebensraum.
- Für alle DNA-Molekülen gilt: [A] = [T] und [C] = [G] und [A+G] = [C+T].

Diese Regeln sollten bald einer der beiden wichtigsten Schlüssel für den Entwurf des DNA-Modells werden.

## DAS WATSON-CRICK-MODELL 1

Nach dem Watson-Crick-Modell sind im DNA-Molekül zwei Nukleotid-Stränge zu einer Doppelschraube oder Doppelhelix um eine gemeinsame Achse gewunden. Das Molekül ähnelt einer verdrillten Strickleiter. Die beiden Stränge sind um etwa 3/8 Windungen gegeneinander versetzt, so ziehen an den Flanken der Doppelhelix eine breite und eine schmale Furche entlang. Der Durchmesser der Doppelwendel beträgt 2 nm, der Abstand zwischen benachbarten Nukleotiden 0,34 nm, die Länge einer Schraubenwindung beträgt 3,4 nm.

## DAS WATSON-CRICK-MODELL 2

Die Holme der Leiter sind lange unverzweigte Ketten, in denen sich Zucker- und Phosphatmoleküle abwechseln. Die beiden Stränge verlaufen in entgegengesetzter Richtung. sie sind antiparallel zueinander. Die Sprossen der Leiter werden von den Basen gebildet. An jedem Zuckermolekül hängt eine Base. Die Basen stehen rechtwinklig zur Achse, weisen in das Innere der Helix und verbinden die beiden Ketten miteinander.

## DAS WATSON-CRICK-MODELL 3

In der Doppelhelix stehen sich die Basen der beiden Stränge gegenüber. Je zwei gegenüberliegende Basen bilden untereinander Wasserstoffbrücken aus: Gestalt und Ladungsverteilung der Moleküle lassen jeweils nur *eine* Möglichkeit der Paarung zu: Adenin paart sich stets mit Thymin, Guanin mit Cytosin. Man spricht von der Paarung komplementärer Basen: Adenin ist komplementär zu Thymin, Guanin zu Cytosin. Adenin und Thymin sind durch zwei, Guanin und Cytosin durch drei Wasserstoffbrücken verbunden. Schwache Bindungen zwischen den übereinander liegenden Basen stabilisieren die Doppelhelix.

## DNA

1. Aus welchen Bausteinen sind Nukleinsäuren aufgebaut?

______________________________________________

2. Wer hat die Struktur der DNA aufgeklärt?

☐ **A** Thomas Hunt Morgan
☐ **B** Francis Crick und James Watson
☐ **C** Walter Sutton und Theodor Boveri

3. Wie lauten die Chargaff´schen Regeln zur DNA?

______________________________________________

4. Durch welche Art von Bindungungen werden die beiden Stränge der DNA-Doppelhelix zusammengehalten?

☐ **A** Van-der-Waals-Bindungen
☐ **B** kovalente Bindungen
☐ **C** Wasserstoffbrückenbindungen

## LÖSUNGEN

**1.** Ribose, Basen, Phosphat • **2.** B • **3.** Sie ist artspezifisch, in allen Zellen eines Individuums identisch, unabhängig vom Alter, [A] = [T], [G] = [C], [A+G] = [C+T] • **4.** C

Um die Information der DNA zur Ausbildung eines Merkmals umzusetzen, muss die Zelle zunächst Proteine aufbauen. Die **Proteinbiosynthese** wird von der DNA indirekt über Botenmoleküle gesteuert, die man **Ribonukleinsäuren** nennt (RNS; international RNA = *Ribonucleic Acid*).

Die Information in der Zelle fließt stets in gleicher Richtung: **DNA → mRNA → Protein**. Diese Aussage wird bisweilen als „**Dogma der Molekularbiologie**" bezeichnet.

## DNA UND RNA

**RNA und DNA** unterscheiden sich in mehreren Aspekten:

1. RNA enthält den Zucker **Ribose** statt der Desoxyribose.
2. Die Base Thymin ist durch Uracil ersetzt. **Uracil** hat dieselben Paarungseigenschaften wie Thymin.
3. RNA ist **einsträngig**, sie bildet keine Doppelhelix.
4. RNA-Moleküle sind **kleiner** und beweglicher.
5. Ein DNA-Molekül wird so alt wie eine Zelle, RNA ist **kurzlebiger**.

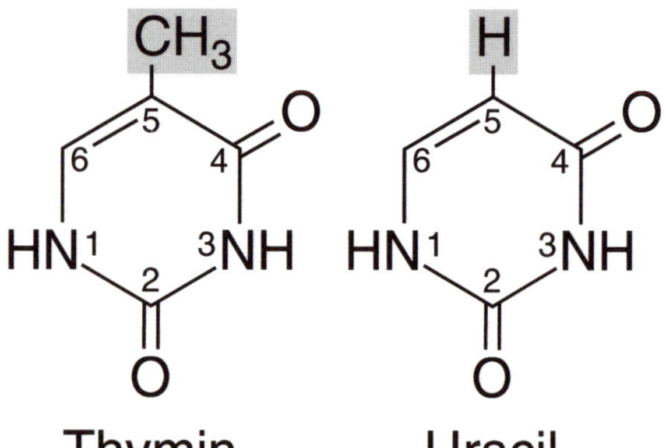


Thymin Uracil

## DIE TRANSKRIPTION

Erster Akt der Proteinbiosynthese ist die Transkription, das ist der Vorgang, durch den genetische Information von der DNA auf die mRNA übertragen wird. Die Transkription ähnelt der Synthese eines neuen DNA-Strangs bei der Verdoppelung der Doppelhelix, im Gegensatz zu dieser wird aber nur ein Strang - der codogene Strang oder *template*-Strang - der DNA abgelesen.

Die Transkription wird üblicherweise in drei Phasen unterteilt:

Initiation: Zu Beginn der Transkription bindet das Enzym RNA-Polymerase an eine Stelle der DNA, die Promotor genannt wird. Das Enzym entwindet einen Teil der Doppelhelix. Die beiden DNA-Stränge trennen sich.

Elongation: Die RNA-Polymerase wandert auf der DNA in Richtung des 5'-Endes. Der codogene DNA-Strang (der template-Strang) dient ihr als Matrize für die Bildung eines komplementären RNA-Moleküls. Nach den Regeln der Basenpaarung ordnen sich die Nukleotide an der DNA an. Die Polymerase fügt sie zu einem mRNA-Strang zusammen.

Termination: Wenn die RNA-Polymerase auf ein Stoppcodon trifft, wird der Ablesevorgang abgebrochen. RNA und Polymerase lösen sich von der DNA, die Doppelhelix schließt sich wieder.

## MUTATIONEN

Die identische Replikation der DNA läuft sehr präzise ab, trotzdem können sich gelegentlich Fehler einschleichen, so dass der neugebildete DNA-Abschnitt andere Nucleotide enthält als der abgelesene. Solche „Druckfehler" im genetischen Text, die zur Entstehung neuer Allele in einem Genlocus führen, nennt man Punktmutatitionen oder Genmutationen.

## MUTATION UND EVOLUTION

Mutationen gehören zu den wichtigsten Erscheinungen in der Natur, sie machen die Evolution möglich. Die meisten Mutationen wirken sich auf das betroffene Lebewesen negativ aus. Allerdings sind Mutationen in der Regel rezessiv, so dass ihre Wirkung nur dann zum Tragen kommt, wenn sie homozygot vorliegen.

## WIRKUNG VON MUTATIONEN

Der einfachste Fall einer Genmutation ist ein einfacher Basenaustausch. Mutiert eine Nucleotidsequenz, die ein bestimmtes Polypeptid codiert, kann sich in diesem Molekül eine Aminosäure verändern, und durch einen solchen Wechsel können sich die Eigenschaften des betreffenden Proteins tiefgreifend wandeln. Drastischer als Basenaustauschmutationen wirken sich Rastermutationen aus. Sie verändern das Leseraster der RNA bei der Translation. Mutationen in Keimzellen werden an die Nachkommen weitergegeben und können bei diesen eine Erbkrankheit bedingen. Mutationen in Körperzellen (somatische Mutationen) sind an der Zellalterung und an der Bildung von Tumoren beteiligt.

## TRANSKRIPTION UND MUTATION

1. Wie unterscheiden sich die Arten von Nukleinsäuren voneinander?

____________________________________________

2. Was bezeichnet das „Dogma der Molekularbiologie"?

____________________________________________

3. Welche Funktion hat die Transkription im Zellgeschehen?

____________________________________________

4. Was trifft zu?

- ☐ **A** Bei der Transkription wird der codogene Strang der DNA abgelesen.
- ☐ **B** Die Transkription endet am Promotor.
- ☐ **C** Die RNA-Polymerase wandert in Richtung des 3'-Endes der DNA.

5. In welche Phasen wird die Tanskription üblicherweise unterteilt?

**1.** ______________ **2.** ______________ **3.** ______________

## LÖSUNGEN

**1.** RNA: Ribose statt Desoxyribose, Uracil statt Thymin, einsträngig, viel kleiner und kurzlebiger als DNA • **2.** Information in der Zelle fließt immer von DNA über RNA zum Protein • **3.** erster Schritt der Proteinbiosynthese • **4.** A • **5.** Initiation, Elongation, Termination

Die Transkription ist der erste Schritt der Proteinsynthese. Sie beginnt mit der Bindung der RNA-Polymerase an den Promotor, eine spezifische Basensequenz der DNA. Das Enzym entwindet einen Teil der Doppelhelix, die beiden Stränge weichen auseinander. Einer der beiden Einzelstränge wird abgelesen, das Enzym RNA-Polymerase schreibt die in der DNA gespeicherte Information in die mRNA (Boten-RNS) um. Die RNA-Polymerase wandert auf der DNA, bis sie auf ein Stoppcodon trifft.

## ACHTUNG: BENNENUNG!

Die Unterschiede zwischen Basen, Nukleosiden und Nukleotiden spiegeln sich in der Nomemklatur wider:

Nukleoside wie Thymidin, Cytidin, Uridin, Adenosin und Guanosin bestehen aus einer Base (Thymin, Cytosin, Uracil, Adenin, Guanin) und dem Zucker Ribose.

Desoxy-Nukleoside besitzen anstelle der Ribose die Desoxyribose. Sie heißen z. B. Desoxy-Thymidin (d-Thymidin) oder Desoxy-Adenosin (d-Adenosin).

Nukleotide bestehen aus Nukleosiden und einer Phosphatgruppe: Adensin-Monophosphat (AMP) oder Guanosin-Monophosphat (GMP).

Nukleosid-Triphosphate sind die Reaktionspartner der mRNA-bildenden Transkriptasen: ATP (Adenosin-Triphosphat), GTP, UTP und CTP.

Desoxy-Nukleosid-Triphosphate wie dATP, dGTP, dTTP und dCTP (Desoxy-Cytidin-Triphosphat) sind die Substrate der DNA-Polymerase bei der Replikation der DNA und der Reversen Transkriptase beim Bau eines DNA-Strangs.

## REVERSE TRANSKRIPTASE IN VIREN

Die Reverse Transkriptase wurde zuerst in Retroviren entdeckt. - Zur Gruppe der Retroviren gehört auch das HIV - das *Human Immunodeficiency Virus*. Retroviren bauen ihr eigenes Erbgut in das Genom der Wirtszelle ein. Da das Viruserbgut aus RNA besteht, das des Wirts aber aus DNA, muss vor dem Einbau die Virus-RNA in DNA umgeschrieben werden. Das Enzym, das das Umschreiben von RNA in DNA ermöglicht, ist die Reverse Transkriptase. Die Reverse Transkriptase erfüllt damit eine entscheidende Funktion bei der Vermehrung des Virus.

## ARBEITSWEISE DER REVERSEN TRANSKRIPTASE

Die Reverse Transkriptase (RT) wird auch RNA-abhängige DNA-Polymerase genannt. Noch im Cytoplasma der Wirtszelle beginnt die Reverse Transkriptase des HIV, das RNA-Erbgut in DNA zu übersetzen. Die Bausteine der DNA findet das Enzym in der befallenen Zelle. Zunächst entsteht ein Doppelstrang aus einem RNA-Strang - dem Viruserbgut - sowie einem DNA-Strang. Ein Doppelstrang aus RNA und DNA eignet sich aber nicht zum Einbau in das Erbgut der Wirtszelle. Der RNA-Strang muss durch einen DNA-Strang ersetzt werden. Auch dieser Schritt wird von der Reversen Transkriptase bewerkstelligt. Sie besitzt die Fähigkeit, RNA abzubauen, die sich in einem RNA-DNA-Doppelstrang befindet. Nach Abbau der RNA erfolgt - ebenfalls durch die Reverse Transkriptase - die Synthese eines zweiten DNA-Strangs. Es entsteht ein DNA-Doppelstrang, auf dem alle Informationen des Viruserbguts enthalten sind.

## DIE BEHANDLUNG VON AIDS

Es gibt derzeit kein Medikament, das AIDS-Kranke vollständig heilen kann. Es ist aber möglich, durch Medikamente, die die Virusvermehrung hemmen, das Leben zu verlängern. **Azido-Thymidin (AZT)** wurde 1987 als erstes Medikament gegen HIV eingeführt. Seine Wirksamkeit ist auch heute noch hervorragend, sie ist allerdings von schweren **Nebenwirkungen** begleitet. Anfangs wurde vor allem eine gelegentlich auftretende schwere Anämie als wichtigste Nebenwirkung erkannt. AZT durchdringt Zellwände und **inhibiert** nach der Umwandlung in AZT-Triphosphat die Reverse Transkriptase-Reaktion in der Zelle.

AZT-Triphosphat entfaltet seine Wirkung nun auf zweierlei Art:

- Als konkurrierendes Substrat (Nukleosid-Analogon) inhibiert es die Reverse Transkriptase des HIVirus durch kompetitive Enzymhemmung.

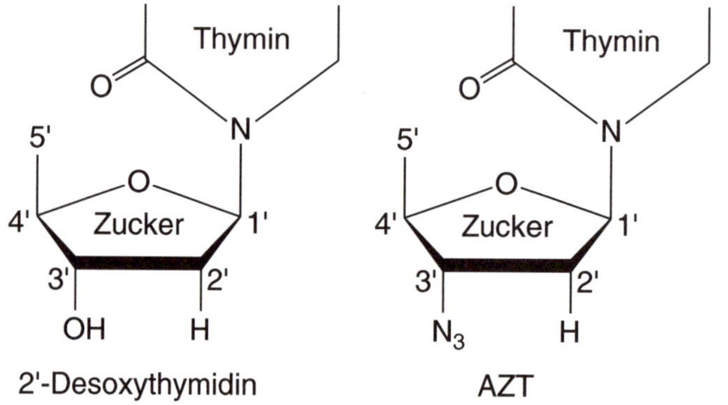


- Entscheidender Faktor ist der **Kettenabbruch**. Durch den Einbau in die DNA stoppt es die DNA-Synthese des Virus. Letzteres hat seine Ursache im Fehlen einer 3`-Hydroxygruppe im AZT, was das Anfügen weiterer Nukleotide in die DNA-Kette unmöglich macht.

Auch im Zellkern konkurriert AZT mit dem natürlichen Thymidin um das aktive Zentrum der DNA-Polymerase, ist allerdings 100-mal weniger effektiv als bei der Hemmung der Reversen Transkriptase.

## REVERSE TRANSKRIPTION

1. Gegen welches „Dogma“ verstößt die Reverse Transkriptase? In welcher Weise?

______________________________

2. Welche Funktion hat die Reverse Transkriptase in Retroviren?

______________________________

3. Welche enzymatischen Fähigkeiten besitzt die Reverse Transkriptase?

**1.** ______________ **2.** ______________

**3.** ______________

4. Wie wirkt das AIDS-Medikament Azido-Thymidin (AZT)?

______________________________

## LÖSUNGEN

**1.** Gegen das „Dogma der Molekularbiologie“, dass genetische Information immer in Richtung DNA → RNA → Protein fließt. Reverse Transkription transkribiert RNA in DNA. • **2.** Reverse Transkription ist die Voraussetzung dafür, dass das (aus RNA bestehende) Genom des Virus in die Wirts-DNA eingebaut werden kann. • **3.** Synthese eines gemischten RNA-DNA-Doppelstranges, Abbau des RNA-Strangs, Synthese des zweiten DNA-Strangs • **4.** AZT inhibiert die Reverse Transkriptase durch kompetitive Hemmung und bewirkt zudem Kettenabbrüche.

Die Replikation nach dem semikonservativen Prinzip wurde schon von Watson und Crick postuliert, da sie aus der DNA-Doppelstrang-Konstruktion der Erbinformation ableitbar ist. Bei jeder Zellteilung wird die genetische Information in Form von DNA an die neu entstehenden Zellen weitergegeben.

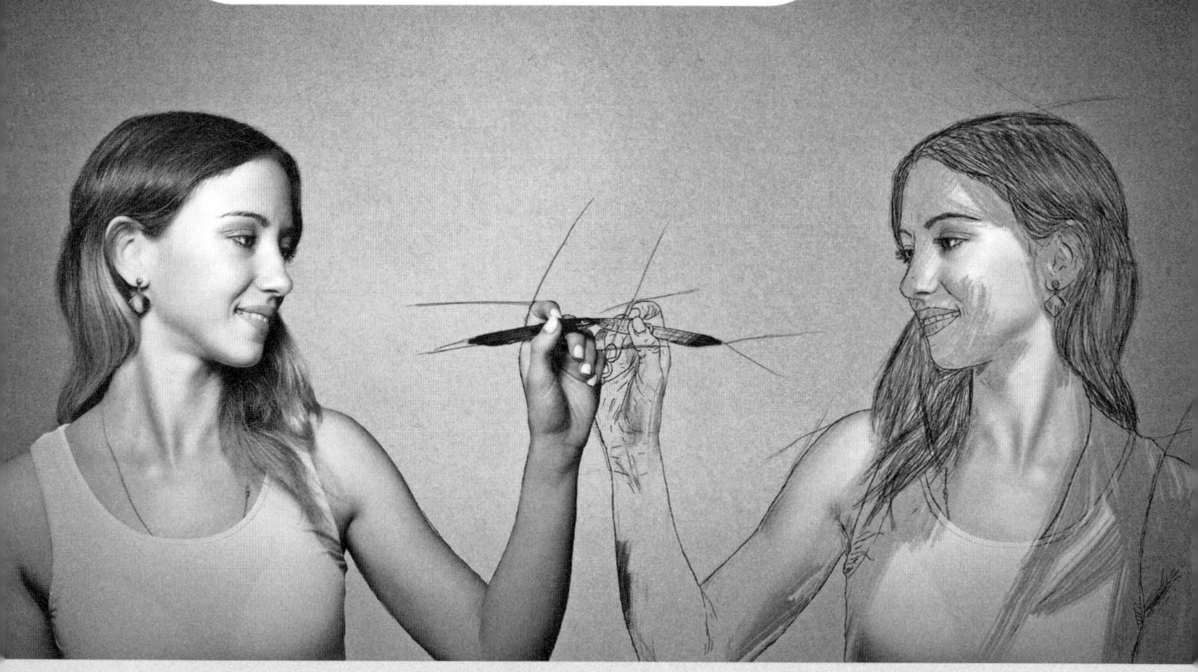

## DAS PRINZIP DER REPLIKATION

Das DNA-Molekül trägt die einzigartige Möglichkeit zur identischen Replikation in sich; es kann sich selbst exakt verdoppeln. Die Tatsache der semikonservativen Replikation der DNA wurde 1958 durch Meselson und Stahl beweisen.

Die genetische Information ist in der Doppelhelix zweifach vorhanden. Kennt man die Basensequenz eines Stranges, so kann man auch die Basenfolge des anderen Stranges angeben. Dieser Sachverhalt wird bei der Verdoppelung der DNA ausgenützt: Ein Strang ist die Vorlage für die Bildung des anderen.

GENETIK

## DER ABLAUF DER REPLIKATION

Die Doppelspirale windet sich auf. Die beiden Stränge weichen auseinander; eine Replikationsgabel entsteht. Jeder Arm dient als Matrize für einen neuen Tochterstrang: Freie Nukleotide heften sich jeweils an die komplementäre Base. Die Basen werden miteinander verknüpft und bilden einen neuen Strang. An jedem der beiden Einzelstränge wird ein komplementärer neuer Strang synthetisiert. So entstehen zwei exakte Kopien des ursprünglichen Moleküls.

Die Replikation wird durch das Enzym DNA-Polymerase katalysiert. Substrate der Polymerase sind – neben dem DNA-Strang – die vier Desoxynukleosid-Triphosphate. Die Nukleotide liegen im Protoplasma als Triphosphate vor: dATP (desoxy-Adenosin-Tri-Phosphat), dGTP, dCTP und dTTP. Sie tragen zunächst also drei Phosphatgruppen an jedem Zuckermolekül.

## REPLIKATION IN ZWEI RICHTUNGEN

Die DNA-Polymerase kann sich nur vom 3'-Ende des Strangs in Richtung auf das 5'-Ende zu bewegen. An einem der Stränge, dem Leitstrang, wandert sie in der Richtung der sich öffnenden Replikationsgabel und baut dabei einen fortlaufenden Tochterstrang auf. Am Folgestrang wandert die Polymerase in Gegenrichtung, sie bewegt sich von der Replikationsgabel weg. Der Tochterstrang wird hier diskontinuierlich, Stück für Stück, gebildet. Das Enzym DNA-Ligase fügt die Teilstücke, die Okazaki-Fragmente, zu einem durchgehenden Strang zusammen. Jeder der beiden neuen Doppelstränge enthält einen elterlichen und einen neu synthetisierten Strang.

## PRÄZISION DER REPLIKATION

Die hohe Genauigkeit, mit der die DNA-Replikation erfolgt, ist auf die hohe Substratspezifität der DNA-Polymerase zurückzuführen. Diese wandert an der DNA-Matrize entlang und heftet an jedes Nukleotid ein neues Nukleotid mit der komplementären Base. Passende Nukleotide werden – unter Abspaltung von Diphosphat – an den entstehenden Strang gebunden. Danach prüft das Enzym, ob das eingefügte Nukleotid korrekt ist. Ist dies nicht der Fall, so wird es wieder entfernt.

Die Replikation der DNA beginnt bei Eukaryoten gleichzeitig an zahlreichen Stellen, die Replikations-Ursprünge sind über die Chromosomen verteilt. Sie findet während der Synthese-Phase (S-Phase) des Zellzyklus statt.

## REPLIKATION DER DNA

1. Welche Bedeutung hat DNA-Replikation für die Lebewesen?

______________________________

2. Was trifft auf Replikation zu?

☐ **A** DNA wird nur in 3'-5'-Richtung repliziert.
☐ **B** Einziges beteiligtes Enzym ist die DNA-Polymerase.
☐ **C** DNA wird sowohl kontinuierlich wie diskontinuierlich repliziert.

3. Was sind die Substrate der DNA-Polymerase?

______________________________

4. Warum ist der DNA-Doppelstrang Voraussetzung, dass bei semikonservativer Replikation das genetische Material der Tochterzellen identisch ist?

______________________________

## LÖSUNGEN

**1.** Sie sichert die identische genetische Ausstattung der Tochterzellen. • **2.** A, C • **3.** DNA und die Desoxynukleosidtriphosphate dATP, dGTP, dTTp, dCTP • **4.** In der Elternzelle ist die genetische Information in beiden Einzelsträngen enthalten und identisch.

Die Information in der Zelle fließt (mit ganz wenigen Ausnahmen) stets in gleicher Richtung: DNA → mRNA → Protein. Diese Aussage wird bisweilen als „Dogma der Molekularbiologie" bezeichnet.

Um die Information der DNA zur Ausbildung eines Merkmals umzusetzen, muss die Zelle zunächst Proteine aufbauen. Die Proteinbiosynthese wird von der DNA indirekt über Ribonukleinsäuren (RNA = *Ribonucleic Acid*) gesteuert.

Der erste Schritt der Proteinbiosynthese ist die Transkription, das ist der Vorgang, durch den genetische Information von der DNA auf die mRNA übertragen wird. Die Transkription ähnelt der Synthese eines neuen DNA-Strangs bei der semikonservativen Replikation der Doppelhelix, im Gegensatz zu dieser wird aber nur ein Strang – der codogene Strang – der DNA abgelesen. Ein Transkriptionsfaktor ist ein Protein, das die Aktivität der RNA-Polymerase kontrolliert. Es reguliert die Genexpression auf der Ebene der Transkription. Transkriptionsfaktoren können an die DNA binden und den Promotor aktivieren oder reprimieren. Es gibt auch Transkriptionsfaktoren, die nicht unmittelbar an die DNA, sondern an andere DNA-bindende Proteine binden. Allgemeine Transkriptionsfaktoren sind für jede Transkription notwendig, spezifische Transkriptionsfaktoren vermitteln der Polymerase, welches Gen aktiviert werden soll. Sie sind nur in den Zellen vorhanden, in denen das Gen, das sie regulieren, aktiviert oder reprimiert werden soll.

Die Translation ist der Vorgang, bei dem die genetische Information von der mRNA auf ein Protein übertragen wird. Orte der Translation sind die Ribosomen.

Im Anschluss an seine Synthese wird das Protein vielfach bearbeitet. Teile werden entfernt, Aminosäuren können verändert, Kohlenhydrate oder Lipide angeheftet werden oder das Protein wird durch Acetylierung, Methylierung oder Phosphorylierung aktiviert.

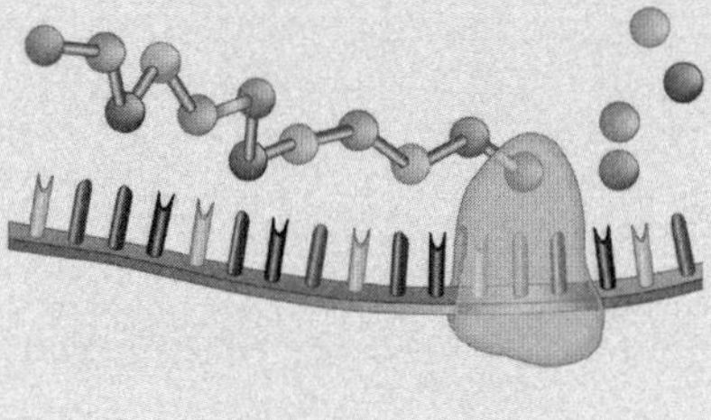

Auf allen diesen Ebenen wird die Genexpression gesteuert. Das Phänomen der Differenzierung ist ein Ausdruck differenzieller Genexpression.

## EIN LEBENSWICHTIGER TRANSKRIPTIONSFAKTOR

Das **Tumorsuppressorprotein p53** ist ein Transkriptionsfaktor. Es reguliert nach einer Schädigung der DNA die Expression von Genen, die an der Kontrolle des Zellzyklus, an der Einleitung des programmierten Zelltods (der Apoptose) oder an der DNA-Reparatur beteiligt sind. Der Verlust der p53-Funktion spielt daher eine kritische Rolle bei der **Entstehung von Krebs**, ist jedoch nicht der Auslöser für das unkontrollierte Wachstum von Zellen. Das Tp53-Tumorsuppressor-Gen auf dem Chromosom 17 kodiert für das Protein p53. Der Name des Proteins weist auf das Molekulargewichte von 53 kDa hin. Das Protein p53 ist in der Zelle instabil, wird aber laufend synthetisiert.

Kommt es in der DNA jedoch zu einem Schaden, der eine Replikation oder eine Mitose fehlerhaft ablaufen lassen würden, so wird p53 stabilisiert, wodurch es sich in der Zelle akkumulieren kann.

Diese Akkumulation hat mehrere Folgen: DNA-Reparatur-Mechanismen werden eingeleitet, der Zellzyklus wird gestoppt.

Wird p53 jedoch zu stark angehäuft, so wird die Apoptose eingeleitet. Demnach ist p53 eine Art Bremse, die Zellen vom unkontrollierten Wachstum und weiterer Schädigung abhält.

Ein **Defekt** des Proteins p53 hat demnach eine **enorme Wirkung**. Einer Mutation im Gen Tp53, das für p53 kodiert, lässt das Protein schadhaft und inaktiv werden. Es ist weder ein Anhalten des Zellzyklus zur DNA-Reparatur, noch die Einleitung der Apoptose möglich. Die Zellen beginnen sich auch mit Schäden in der DNA unkontrolliert zu teilen, es kommt zu **Tumorbildung**.

Menschen die mit einer Mutation von Tp53 geboren werden, haben schon in frühester Kindheit Tumoren wie Brustkrebs, Leukämie, oder Hirntumore. Trotz Defekten in der DNA während des embryonalen Wachstums teilen sich die Zellen weiter, die Schäden häufen sich an. Da jede Röntgenuntersuchung oder Chemotherapie die Mutationsrate erhöhen, ist nicht nur die Behandlung, sondern schon die Diagnose dieser Patienten schwierig.

Andere Ursachen für Schäden an p53 sind Oncoviren, die p53 hemmen oder dessen Abbau beschleunigen.

Auch durch chemische Stoffe kann p53 geschädigt werden, zum Beispiel durch das im Tabakrauch enthaltene Benzopyren oder durch Aflatoxin.

## MUTATION UND KREBS

1. Was ist ein Transkriptionsfaktor?

________________________________________

2. Welche Stoffgruppe vermittelt zwischen DNA und Proteinen?

________________________________________

3. Was trifft auf Transkriptionsfaktoren zu?

- ☐ **A** Sie binden an den Promotor.
- ☐ **B** Sie steuern die Ablesung von Genen.
- ☐ **C** Sie sind Teil des Translationsvorganges.

4. Bei Schäden an der DNA häuft sich der Transkriptionsfaktor p53 an. Welche Folgen hat die Akkumulation dieses Suppressorproteins?

**1.** ____________________ **2.** ____________________

5. Was bewirkt ein defektes p53-Protein?

________________________________________

## LÖSUNGEN

**1.** Ein Protein, das die Aktivität der RNA-Polymearase steuert • **2.** Die Boten-Nukleinsäuren (mRNAs) lesen die genetische Information der DNA ab und bringen sie zum Proteinsynthese-Apparat an den Ribosomen. • **3.** A, B • **4.** DNA-Reparatur-Mechanismen werden eingeleitet, der Zellzyklus wird gestoppt. Bei stärkerer Akkumulation wird der Zelltod eingeleitet • **5.** Da weder Reparatur noch Zelltod bewirkt werden können, werden Zellen mit schadhafter DNA unkontrolliert vermehrt. Es kommt zur Tumorbildung.

## BESONDERHEITEN DER BAKTERIEN

Für **Genetiker** ist die Erforschung der Bakterien informativ, weil ihr Erbmaterial einfach gebaut und organisiert ist und weil sie leicht zu kultivieren sind. In Bezug auf ihren **Stoffwechsel** sind die Bakterien die vielseitigste und variabelste Gruppe von Organismen: Unter ihnen gibt es aerobe und anaerobe, Saprophyten, Symbionten, Parasiten, chemosynthetisch und photosynthetisch aktive Arten.

Bakterien kennen **keine Sexualität** – es gibt weder Meiose noch Befruchtung. Doch haben sie Alternativen entwickelt, um ihr Erbgut zu mischen und zu erneuern: Sie können durch **parasexuelle Prozesse** Erbmaterial austauschen. Dabei kann die DNA auf Bakterien der eigenen Art, aber auch auf Bakterien von anderen Arten übertragen werden.

Sexualität ist gekennzeichnet durch Meiose und Befruchtung. Genetische Rekombination **ohne** Meiose und Befruchtung bezeichnet man als **Parasexualität**.

## DIE ENTDECKUNG DER KONJUGATION

Bei der **Konjugation** wird Erbmaterial einer Spenderzelle auf eine Empfängerzelle übertragen.

Die Genetiker: Joshua Lederberg und Edward L. Tatum isolierten 1946 zwei Mangelmutanten von *E.coli*: Der Stamm ***arg*** kann Histidin, aber kein Arginin herstellen, Stamm ***his*** produziert Arginin, aber kein Histidin. Sie mischten Kulturen dieser beiden Stämme. Nach einiger Zeit fanden sie, dass Nachkommen aus dieser Mischkultur auf Minimalmedium wuchsen; sie konnten also sowohl Arginin als auch Histidin herstellen. Diese Fähigkeiten gaben sie an ihre Nachkommen weiter: Sie hatten Erbmaterial ausgetauscht.

## ABLAUF DER KONJUGATION

Bei der Konjugation treten Bakterien über einen schlauchförmigen Fortsatz (Pilus) in Kontakt miteinander. Über den Pilus werden DNA-Stränge oder auch kleine ringförmige DNA-Moleküle, die Plasmide, von einem Donor- auf ein Rezeptor-Bakterium übertragen.

Bakterien mit F-Plasmid, einem kleinen DNA-Ring, sind Donoren ($F^+$); Zellen ohne dieses Plasmid ($F^-$) sind Rezeptoren. Baut eine $F^+$-Zelle ihr F-Plasmid in ihr Chromosom ein, so wird sie zur Hfr-Zelle (*High Frequency of Recombination*). Der Ring des Chromosoms öffnet sich, das Chromosom wird linear. Hfr-Zellen geben bei der Konjugation ihr Chromosom ganz oder teilweise an das $F^-$-Bakterium weiter: Zwei Bakterien (Hfr und $F^-$) legen sich aneinander. Die Hfr-Zelle bildet über einen Pilus eine Plasmabrücke, ein Strang ihrer DNA öffnet sich. Das DNA-Stück beginnt sich an der Schnittstelle zu verdoppeln. Der Tochterstrang wandert zur Empfänger-Zelle ($F^-$-Zelle) und ersetzt in dieser den homologen Abschnitt des alten Strangs. Wenn sich die Empfängerzelle teilt, erhält eine der Tochterzellen die ursprüngliche Genaustattung der Empfängerzelle (z.B. a-b-c-), die andere ist eine Rekombinante (a+b+c).

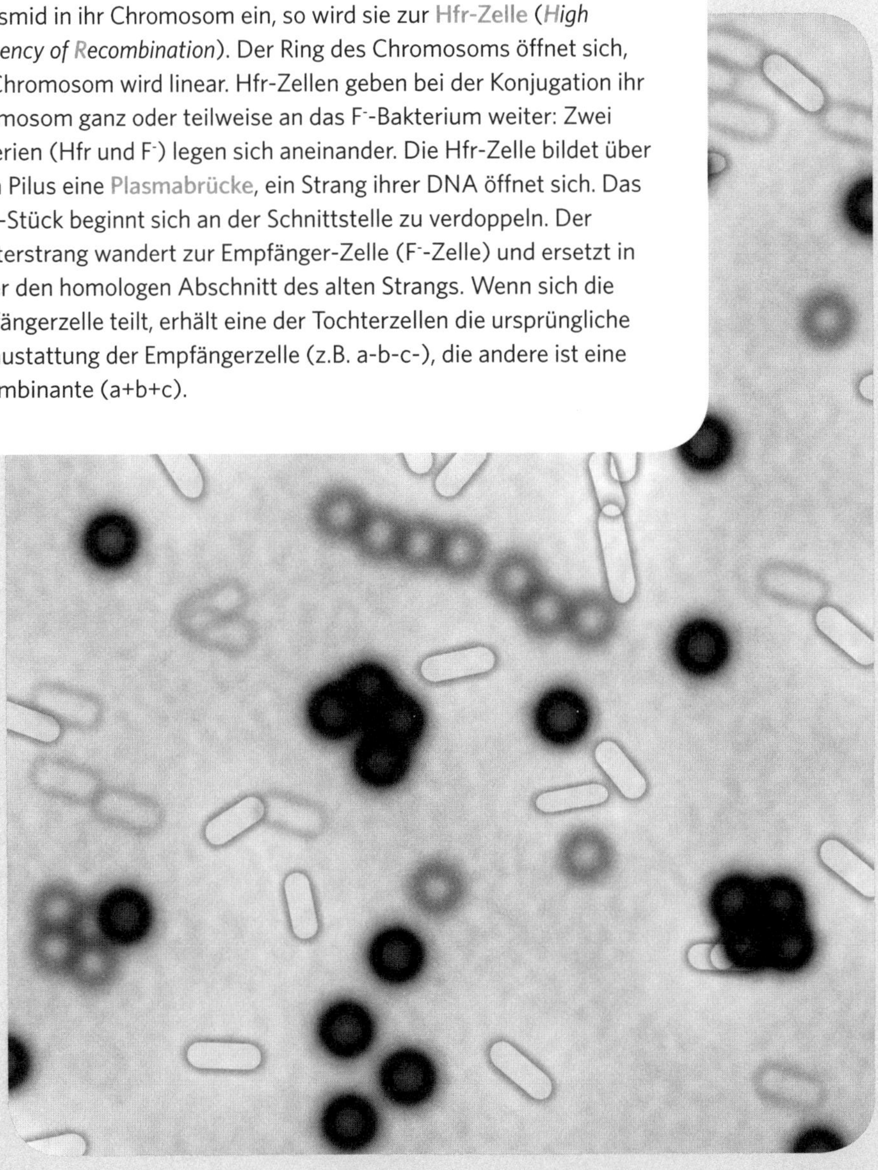

## RESISTENZ UND VERBREITUNG

Gene, die in ihrer DNA die Information für die Resistenz von Bakterien gegen Antibiotika tragen, sind oft Bestandteil von Plasmiden. Harmlose Bakterien, die gegen ein Antibiotikum resistent sind, können ihr Plasmid an pathogene Bakterien weitergeben. Dieser Vorgang spielt vor allem in Krankenhäusern eine wichtige Rolle. Dort treten gehäuft auch multiresistente Stämme auf. So können Bakterien der Art *Staphylococcus aureus* Vereiterungen hervorrufen, die nur mit Antibiotika bekämpft werden können. Die multiresistenten Linien dieser Stämme können nicht mehr bekämpft werden und rufen tödliche Infektionen hervor.

## GENKARTIERUNG

Wegen der Zeitabhängigkeit der Übertragung kann man ermitteln, in welcher Reihenfolge sich auf der Bakterien-DNA spezielle Gene befinden. Das ursprünglich ringförmige Chromosom des Spender-Bakteriums hat sich geöffnet und wurde linear als das F-Plasmid ins Chromosom eingebaut wurde. Die Gene liegen hintereinander auf dem linearen Chromosom des Hfr-Bakteriums und wandern nacheinander in fester Reihenfolge in das Empfänger-Bakterium. Wird die Konjugation früh unterbrochen, so sind nur wenige Gene zum Empfänger gelangt – und zwar diejenigen mit geringem Abstand vom Konjugationsstartpunkt; bei späterer Unterbrechung dagegen sind es viele. Wenn eine Serie gleicher Ansätze zu unterschiedlichen Zeiten geschüttelt wird, so kann man die Reihenfolge der Gene ermitteln, wenn man nachprüft, welche Gene in welchem Ansatz schon gewandert sind.

## KONJUGATION UND GENKARTIERUNG

1. Bakterien haben keine Sexualität. Welche sexuellen Vorgänge in Eukaryoten fehlen ihnen?

___

2. Was trifft zu?

- ☐ **A** Bei Bakterien gibt es keinen Austausch genetischen Materials.
- ☐ **B** Bakterien können eigenes genetisches Material auf Bakterien einer anderen Art übertragen.
- ☐ **C** Konjugation ist ein parasexueller Vorgang.

3. Wie wird eine Bakterienzelle mit F-Plasmid zu einer Hfr-Zelle?

___

4. In Krankenhäusern treten öfter Bakterien auf, die gegen mehrere Antibiotika resistent sind. Wie kann es zu Multiresistenz kommen?

___

## LÖSUNGEN

**1.** Meiose, Befruchtung • **2.** B, C • **3.** durch Einbau seines F-Plasmids ins Chromosom • **4.** Durch Plasmide wird die Resistenz von Bakterien einer (harmlosen) Art auf solche einer anderen (pathogenen) Art übertragen. Wenn der Empfänger schon gegen ein Antibiotikum resistent war, kann er damit eine weitere Resistenz erwerben.

## DIE REGULATION DER TRYPTOPHAN-SYNTHESE

L-Tryptophan ist eine essentielle Aminosäure, sie kann vom menschlichen Körper nicht aufgebaut werden. Das Darmbakterium *E.coli* kann Tryptophan (Trp) aus einer einfachen Vorstufe selbst herstellen, tut dies aber nur dann, wenn in seiner Nahrung kein Tryptophan vorhanden ist.

Die fünf Gene, die die zur Synthese nötigen Enzyme codieren, liegen auf dem Chromosom des Bakteriums eng beieinander; sie werden gemeinsam abgelesen,sie bilden eine so genannte Transkriptionseinheit. Bei der Transkription entsteht ein mRNA-Molekül, das in fünf Enzym-Proteine übersetzt wird. Schalter ist das Operatorgen; es kontrolliert den Zugang der RNA-Polymerase zu den Strukturgenen. Zusammen mit dem Promotor, der die Ablesehäufigkeit bestimmt, und den Strukturgenen bildet dieser DNA-Abschnitt das trp-Operon. Das Operon kann durch ein Repressor-Protein abgeschaltet werden. Bindet der Repressor an den Operator, so ist der Zugang der RNA-Polymerase zum Promotor blockiert, die Gene werden nicht abgelesen. Der Repressor des Tryptophan-Operons ist nur in Verbindung mit Tryptophan aktiv und an den Operator gebunden. Ist kein Tryptophan vorhanden, so wird der Repressor inaktiv, die Enzymsynthese beginnt.

Die Regulation der Tryptophan-Synthese ist ein Beispiel für eine Endproduktrepression.

Die Zellen verschiedener Gewebe enthalten die gleichen Gene, stellen aber teilweise unterschiedliche Proteine her. Offensichtlich sind einige Gene aktiv, während andere ruhen. Für die Entwicklung eines Organismus ist es notwendig, dass die Aktivität einzelner Gene exakt aufeinander abgestimmt wird, damit die erforderlichen Proteine zum richtigen Zeitpunkt und in der benötigten Menge zur Verfügung stehen.

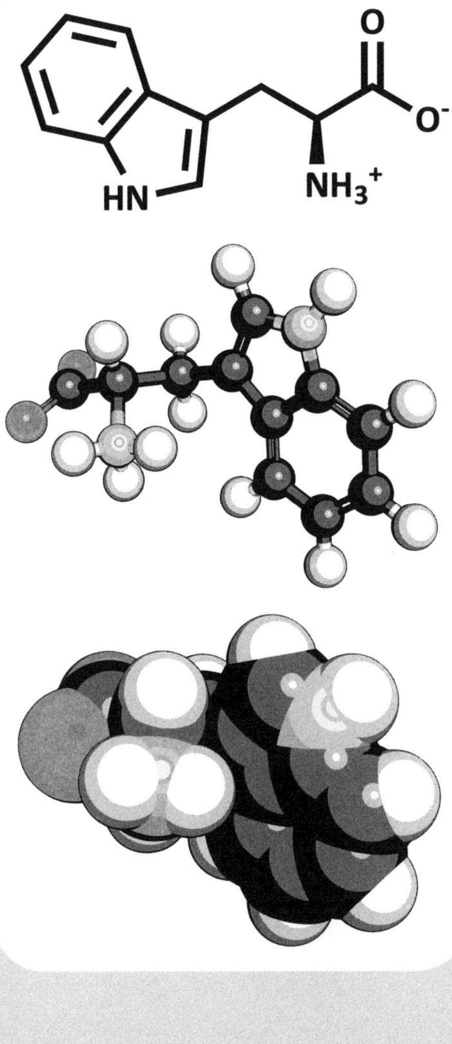

## EIN MODELL ZUR REGULATION DER GENE

Francois Jacob und Jacques Monod entwickelten 1961 ein Modell für die Regulation der Genaktivität bei *E.coli*. Nach seinen Entdeckern wird das Schema auch als Jacob-Monod-Modell bezeichnet.

Nach diesem Modell wird die Aktivität der Gene auf der Ebene der Transkription reguliert. Neben den Struktur-Genen, die für ein Enzym codieren, liegt ein DNA-Abschnitt, den man als Promotor bezeichnet. Am Promotor heftet sich die RNA-Polymerase – das Enzym, das die Synthese der RNA katalysiert – an die DNA und beginnt mit der Transkription. Zwischen Promotor und Struktur-Gen liegt oft ein weiterer DNA-Abschnitt, der Operator. An den Operator kann sich ein Protein, der Repressor, anlagern, der die Transkription blockiert. Der Repressor z. B. der Tryptophan-Synthese lagert sich jedoch nur dann an den Operator, wenn er mit einem Tryptophan-Molekül verbunden ist; anders ausgedrückt: wenn aus dem inaktiven Apo-Repressor durch Anlagerung des Co-Repressors ein aktiver Holo-Repressor geworden ist. So wird erreicht, dass bei Anwesenheit von Tryptophan keine Enzyme zur Tryptophan-Synthese hergestellt werden. Das ist ein wichtiger Beitrag zur Ökonomie der Zelle.

Das Repressor-Protein wird von einem Gen codiert, das man Regulator nennt. Das Regulatorgen des *trp*-Repressors liegt in einiger Entfernung vom *trp*-Operon (dem DNA-Abschnitt, auf dem alle Gene zur Tryptophan-Synthese liegen) entfernt. Die Transkription des Regulatorgens führt zu einer mRNA, die in das Repressor-Protein übersetzt wird. Regulatorgene werden zwar mit einer niedrigen, aber kontinuierlichen Rate abgelesen, einige Repressormoleküle befinden sich also immer in der Zelle.

## DAS LAC-OPERON

Das Lac-Operon von *E.coli* ist ein Modellbeispiel für die Regulation abbauender Stoffwechselvorgänge.

Nur wenn dem Bakterium Laktose (Milchzucker) angeboten wird, stellt es die drei Enzyme Z, Y und A für den Abbau der Laktose her. Diese Enzyme werden durch die Gene LacZ, LacY und LacA codiert, die nebeneinander auf dem Chromosom liegen. Zusammen mit dem Promotor- und dem Operator-Gen bilden sie das Lac-Operon.

Wenn Laktose in die Zelle aufgenommen wird, bindet sie an den Lac-Repressor und ändert dessen Form so, dass er von der DNA abfällt. Jetzt kann die RNA Polymerase auf der DNA entlang wandern; die drei Struktur-Gene werden abgelesen und übersetzt, die gebildeten Enzyme verarbeiten die Laktose.

Ist die Laktose verbraucht, so nimmt der Repressor seine ursprüngliche Konformation ein und bindet sich an den Operator. Die RNA-Polymerase kann zwar noch an den Promotor binden, sich aber nicht mehr bewegen. Die Transkription unterbleibt, die Enzyme Z, Y und A werden nicht hergestellt. Laktose-abbauende Enzyme werden also nur in Anwesenheit von Laktose hergestellt. Es gibt noch eine Bedingung, die erfüllt sein muss, bevor der Laktose-Abbau eingeleitet wird: Die nächstliegende Energiequelle für *E.coli* ist Glucose. Gibt man einem Bakterium sowohl Glucose als auch Laktose, so stoppt es den Abbau der Laktose. Das Lac-Operon wird nur dann aktiv, wenn Laktose die einzige Energiequelle ist.

Häufig werden mehrere Struktur-Gene gemeinsam reguliert. Ein solches System aus Promotor, Operator und einer Reihe von Strukturgenen heißt Operon.

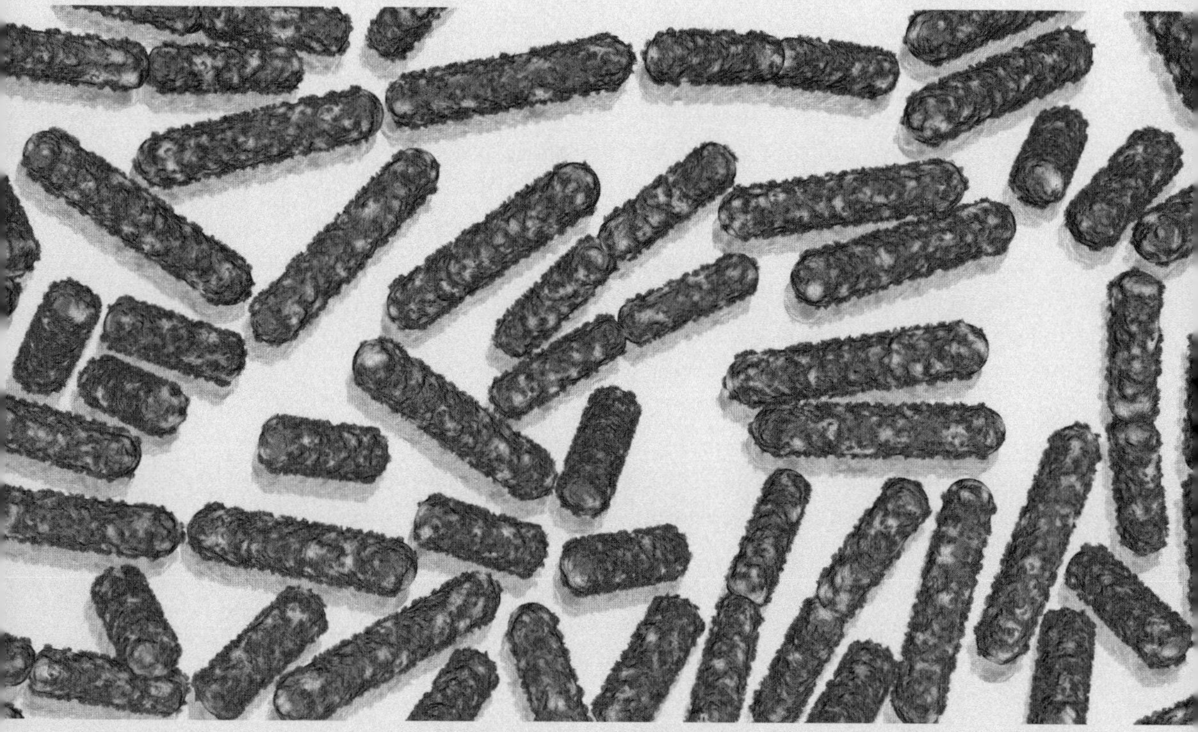

## JACOB-MONOD-MODELL

1. Nennen Sie je ein Beispiel der Regulation abbauender und aufbauender Stoffwechselwege.

**1.** ______________________ **2.** ______________________

2. Was ist und wie funktioniert eine Transkriptionseinheit?

______________________________________________

3. Zu welchen Stoffgruppen gehören Tryptophan und Laktose?

**1.** ______________________ **2.** ______________________

4. Skizzieren Sie das Jacob-Monod-Modell der Genregulation bei Bakterien.

______________________________________________

## LÖSUNGEN

**1.** Tryptophan-Synthese, Laktose-Abbau • **2.** Mehrere Gene, die gemeinsam als ein RNA-Molekül abgelesen werden. Ihre Ablesung wird dann auch gemeinsam reguliert. • **3.** Aminosäuren, Kohlenhydrate • **4.** Promotor, Operator und Strukturgene bilden eine funktionelle Einheit. An den Operator können sich Proteine anlagern, die die Ablesung der Strukturgene steuern. Diese Proteine hemmen oder befördern in Kombination mit einem Stoffwechselprodukt die Bindung der RNA-Polymerase.

## PCR

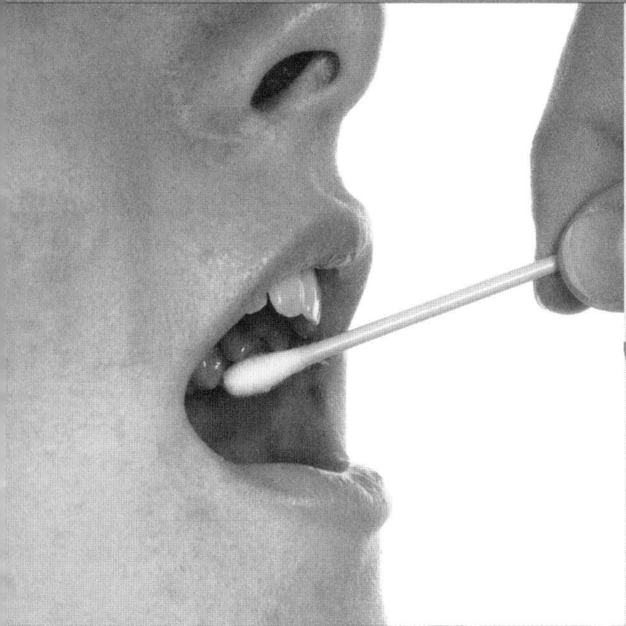

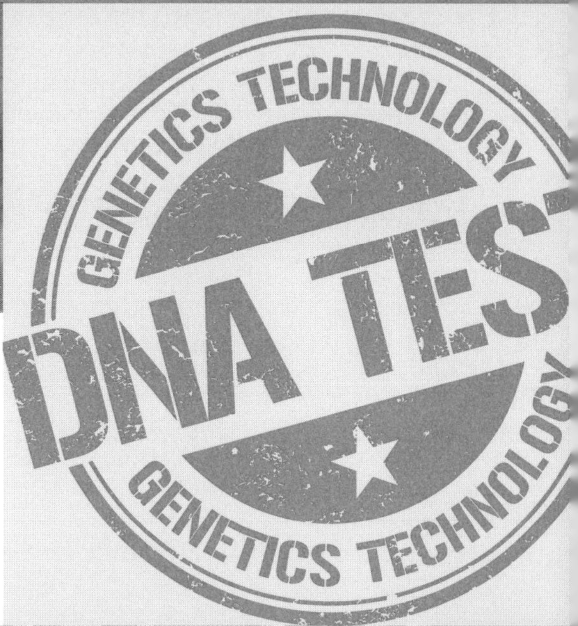


Eine technische Anwendung der semikonservativen DNA-Vermehrung ist die Polymerase-Ketten-Reaktion. Sie ermöglicht – ausgehend von einem einzigen DNA Molekül – eine milliardenfache Vervielfältigung eines DNA-Abschnitts.

Oft liegen für eine DNA-Bestimmung nur ein paar Blutstropfen oder ein wenig Speichel vor. Darin sind zu wenige DNA Moleküle für eine Analyse enthalten. Daher muss ein DNA-Abschnitt vor einer Sequenzanalyse vervielfältigt werden. Die schnellste Methode, ein DNA-Stück identisch zu vermehren, ist die Polymerase-Ketten-Reaktion (*polymerase chain reaction* = PCR). Der Erfinder KARY B. MULLIS ging von der Replikation der DNA aus. Dabei wird die DNA in Einzelstränge gespalten, so dass eine DNA Polymerase komplementäre Nukleotide anlagern und zu einem neuen Strang verbinden kann.

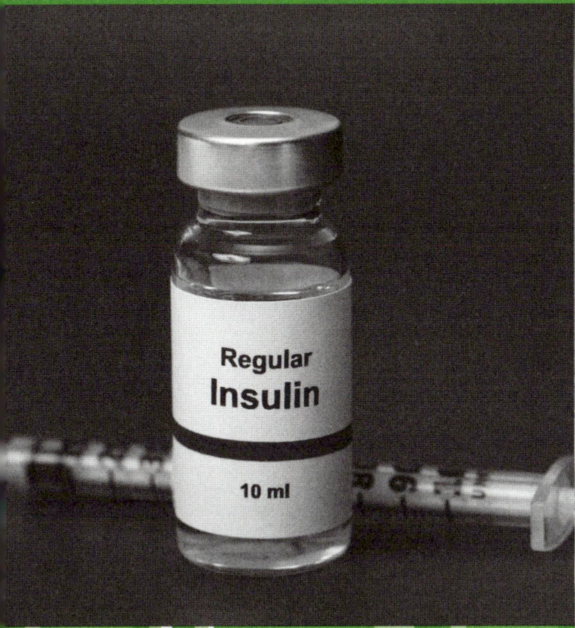

## DAS PRINZIP DER PCR

Die Polymerase-Ketten-Reaktion erlaubt die Vermehrung von doppelsträngigen DNA-Molekülen mit Hilfe eines Enzyms, das die Reihenfolge der Nukleotide abliest und beide komplementären Stränge dazu synthetisiert: die Taq-Polymerase. Die Auftrennung der doppelsträngigen DNA in **Einzelstränge**, die Denaturierung, gelingt auch ohne Enzyme, indem man die DNA auf etwa 95°C erhitzt.

An diesen Einzelsträngen, die als Matrize (*Template*) bezeichnet werden, können nun die komplementären Stränge aufgebaut werden, wenn man die vier Nukleotidbausteine und DNA-Polymerase zusetzt. Man verwendet dazu die hitzestabile Taq-DNA-Polymerase von *Thermus aquaticus*, einem Bakterium, das in heißen Quellen lebt. Allerdings beginnt die Taq-Polymerase nicht an DNA Einzelsträngen.

## EIN PRIMER ALS ANSATZSTELLE

Die Taq-Polymerase benötigt als Ansatzstelle für die Replikation ein kleines Stück Doppelstrang am 3′-Ende. Dieser Abschnitt wird erzeugt, indem man zwei Primer zugibt. Primer sind kurze, synthetische DNA-Stücke, die jeweils komplementär zu einem bestimmten Abschnitt der beiden DNA-Einzelstränge passen. Sie lagern sich bei ca. 50°C an. Anschließend wird das Gemisch auf 72°C geheizt, damit die Taq-Polymerase den komplementären Strang synthetisiert. Die **Synthese** beginnt am Primer.

Nach diesem ersten Replikationsvorgang werden wieder nacheinander 95°C, 50°C und 72°C eingestellt. Damit wird die DNA erneut verdoppelt.

Durch häufige **Wiederholung** des Prozesses – typischerweise durchläuft ein Ansatz 25 - 50 Zyklen bei automatisierten Verfahren – entsteht eine große Anzahl **identischer Kopien** der eingesetzten DNA. Bei zyklischem Erhitzen und Abkühlen läuft die PCR automatisch ab. Bereits bei 20-maliger Wiederholung, d.h. in einem Zeitraum von nur einer Stunde, erhält man von einem DNA-Doppelstrang $2^{20}$ = 1.048.576 Kopien, in 30 Zyklen etwa 1 Milliarde! So liegt genügend Material für weitere Analysen vor.

Für einen PCR-Ansatz benötigt man neben der DNA-Matrize:

- zwei Primer (20 - 30 Nukleotide lange DNA-Einzelstränge),
- die vier Nukleosid-triphosphate dATP (= desoxy-Adenosin-triphosphat), dTTP, dGTP, dCTP,
- eine hitzestabile DNA Polymerase (taq-Polymerase)
- $Mg^{2+}$-Ionen; Puffer-Lösung.

Zur Herstellung des Primers wird die Nukleotidabfolge kleiner Bruchstücke an den beiden Enden der DNA-Kette entschlüsselt. Man baut die zu diesen Stücken komplementären Oligonukleotide auf chemischem Weg auf.

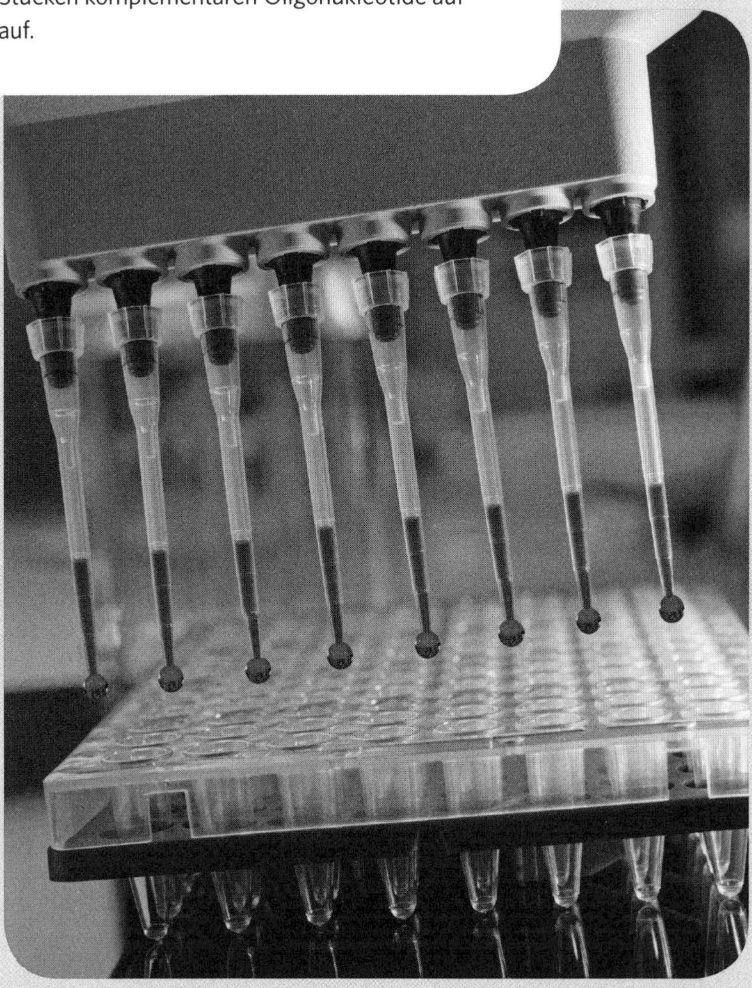

## DER ABLAUF DER PCR

Bei einer Temperatur von 95°C („Schmelztemperatur der DNA") wird die DNA-Doppelhelix in zwei Einzelstränge aufgetrennt: Denaturierung der DNA. Bei Temperaturen kurz unter dem Siedepunkt ist die thermische Energie so hoch, dass Wasserstoffbrücken nicht mehr beständig sind. (3)

Bei Temperaturen von 50 - 60°C lagern sich die Primer an das zu vervielfältigende DNA-Stück an: Primerhybridisierung. (1)

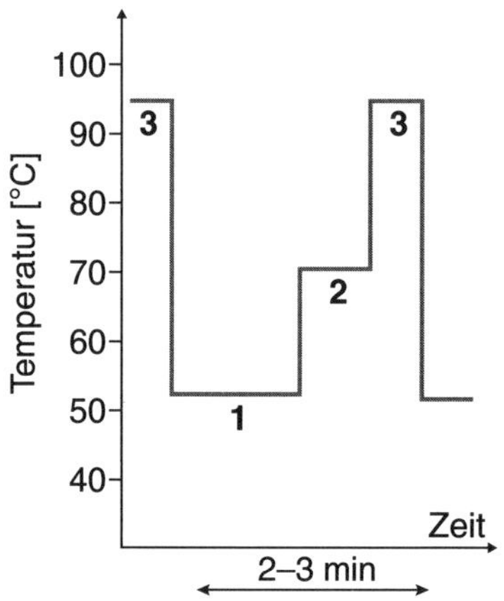


Bei 72°C liegt die optimale Temperatur zum Verlängern der Kette: Katalysiert durch die taq-Polymerase lagern sich an den DNA-Einzelstrang - beginnend am jeweiligen Primer - die Nukleotide an. Sie werden miteinander verknüpft und bilden zusammen eine DNA-Doppelhelix: Elongation. (2)

Bei 95°C wird diese DNA-Doppelhelix wieder in zwei Einzelstränge aufgetrennt: Denaturierung der DNA. Der nächste Zyklus hat begonnen. (3)

## PCR

1. Was ermöglicht die Polymerase-Kettenreaktion?

2. Was wird für einen PCR-Ansatz benötigt?

3. Welche Eigenschaft der Taq-Polymerase macht sie für das PCR-Verfahren besonders geeignet?

4. Welche Funktion haben die Primer? Wie werden sie gewonnen?

5. Wieviele Kopien einer DNA erhält man nach 30 Zyklen der PCR?

## LÖSUNGEN

**1.** die beliebige Vervielfältigung von DNA-Proben • **2.** DNA-Probe, Primer, Nucleosid-Triphosphate, DNA-Polymerase, $Mg^{2+}$-Lösung, Puffer • **3.** Sie ist äußerst hitzestabil • **4.** Sie sind Ansatzstellen für die Replikase; sie werden chemisch synthetisiert. • **5.** ca. 1 Milliarde

Der genetische Fingerabdruck (DNA fingerprint) nutzt die Variabilität der Erbsubstanz zur Identifikation von Personen oder zur Suche nach bestimmten Genen.

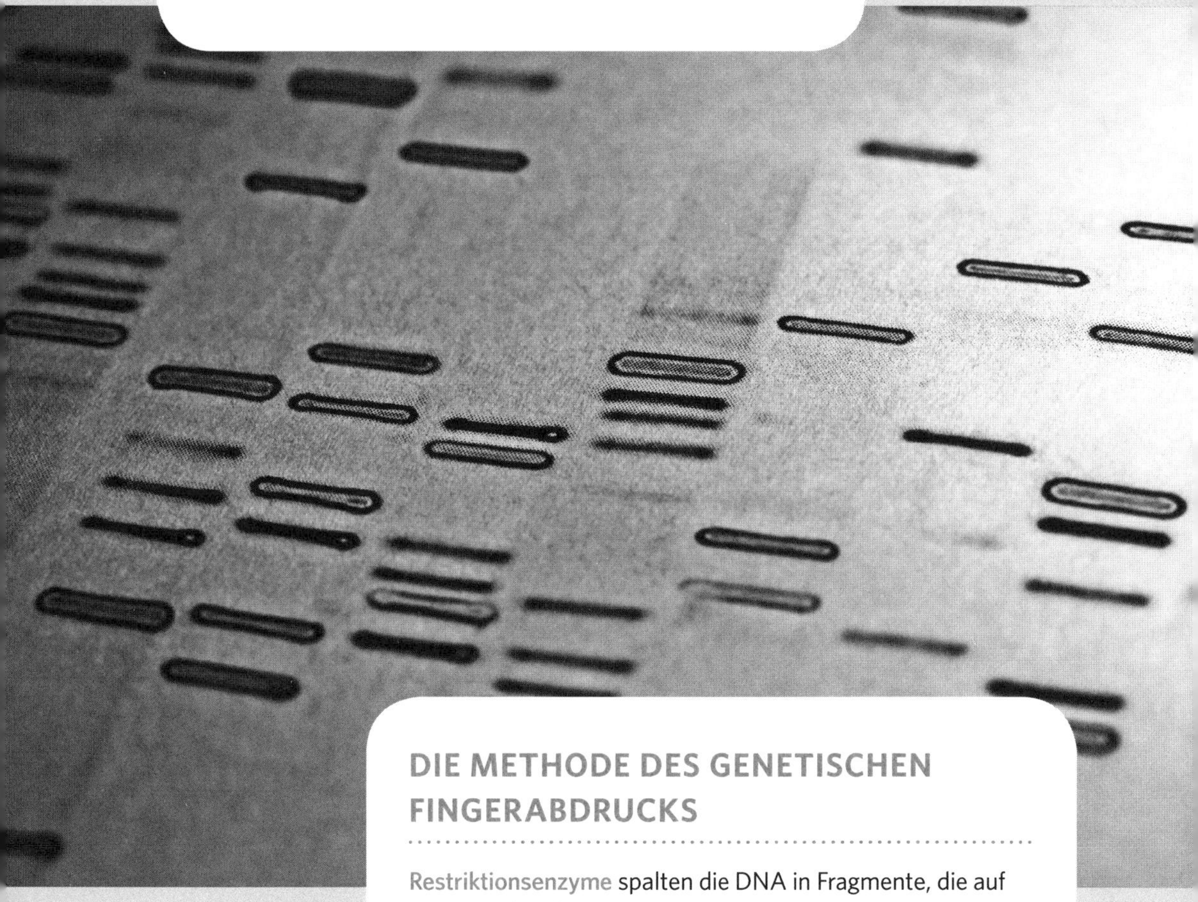

## DIE METHODE DES GENETISCHEN FINGERABDRUCKS

Restriktionsenzyme spalten die DNA in Fragmente, die auf ein Gel gebracht werden und sich im elektrischen Feld voneinander trennen lassen. Lange Bruchstücke wandern nur ein kurzes Stück, kurze wandern weiter. Die Fragmente bilden Banden im Gel, die durch spezielle Methoden sichtbar gemacht werden. Das so erzeugte Bandenmuster kennzeichnet jedes Individuum eindeutig. Die DNA eines jeden Menschen ergibt unterschiedliche Fragmente. Weil die Banden nach den Mendel´schen Regeln vererbt werden, kann man die Banden von Eltern und Kindern einander zuordnen.

## DIE DURCHFÜHRUNG

Ein DNA-Profil kann in fünf aufeinanderfolgenden Schritten erstellt und gedeutet werden:

1. Schritt: Mit Hilfe von Restriktions-Enzymen oder durch das PCR-Verfahren werden DNA-Fragmente hergestellt
2. Schritt: Die DNA Fragmente werden durch Gel-Elektrophorese aufgetrennt.
3. Schritt: Die DNA wird aus dem Gel entfernt und einsträngig gemacht.
4. Schritt: Ausgewählte Fragmente werden sichtbar gemacht.
5. Schritt: Die Bandenmuster werden verglichen und gedeutet.

## DIE GENETISCHE GRUNDLAGE DER DNA-FINGERABDRUCK-ANALYSE

Die Basenfolge im Genom der Menschen ist zu 99% bei allen Menschen gleich. Aber im Bereich der **Minisatelliten-DNA** gibt es eine hohe Variabilität: Hypervariable DNA-Abschnitte kommen etwa 50-mal im Genom des Menschen vor. In diesen Abschnitten gibt es **Wiederholungssequenzen**, kurze Basenfolgen die mehrfach wiederkehren – von Mensch zu Mensch in unterschiedlicher Zahl; ein Mensch kann an einer bestimmten Stelle 12 haben, ein anderer 30 Wiederholungen. Daher sind diese Wiederholungssequenzen unterschiedlich lang; sie lassen sich also im Gel sehr einfach unterscheiden. Die Wiederholungssequenzen nennt man „*Variable Number Tandem Repeats*" (VNTRs) oder Str-Gene („*Short-Tandem-Repeat-Gene*").

**VNTR-Regionen** sind DNA-Abschnitte, die **nicht** in RNA transkribiert werden, sie haben keinen Informationsgehalt. Diese nichtcodierenden Anteile sind persönlichkeitsneutral, von ihnen sind keine Rückschlüsse auf besondere Veranlagungen, Erbkrankheiten, Herkunft oder Charaktermerkmale möglich.

VNTR-Regionen sind kurze Basenfolgen, die sich von Mensch zu Mensch in unterschiedlicher Zahl wiederholen und daher unterschiedlich lang sind. Sie lassen sie sich in der Gel-Elektrophorese sehr einfach unterschieden.

Weil es verschiedene VNTR-Gene gibt, ist die Wahrscheinlichkeit, dass zwei nicht verwandte Personen das gleiche Bandenmuster haben extrem klein.

## DIE TRENNUNG DER DNA-FRAGMENTE DURCH GEL-ELEKTROPHORESE

Um die DNA-Fragmente aufzutrennen und nach ihrer Größe zu sortieren nutzt man den Umstand, dass DNA eine Säure ist: Sie ist elektrisch polar und wandert daher im elektrischen Feld. Weil die DNA negativ geladen ist, wandert sie im Gel zur positiven Elektrode. Als Trägermedium für die Wanderung der DNA-Moleküle wird ein Gel aus Polyacrylamid oder Agarose verwendet. Durch kleine Poren Im Gel wandern die DNA-Stränge hindurch, wenn elektrische Spannung angelegt ist. Je länger die DNA-Stränge sind, desto langsamer wandern sie. Die Streifen, an denen die DNA-Stränge im Gel liegen, werden als Banden bezeichnet. Sie werden durch unterschiedliche Techniken sichtbar: So lassen sich die DNA-Banden anfärben oder durch Sonden autoradiografisch nachweisen.

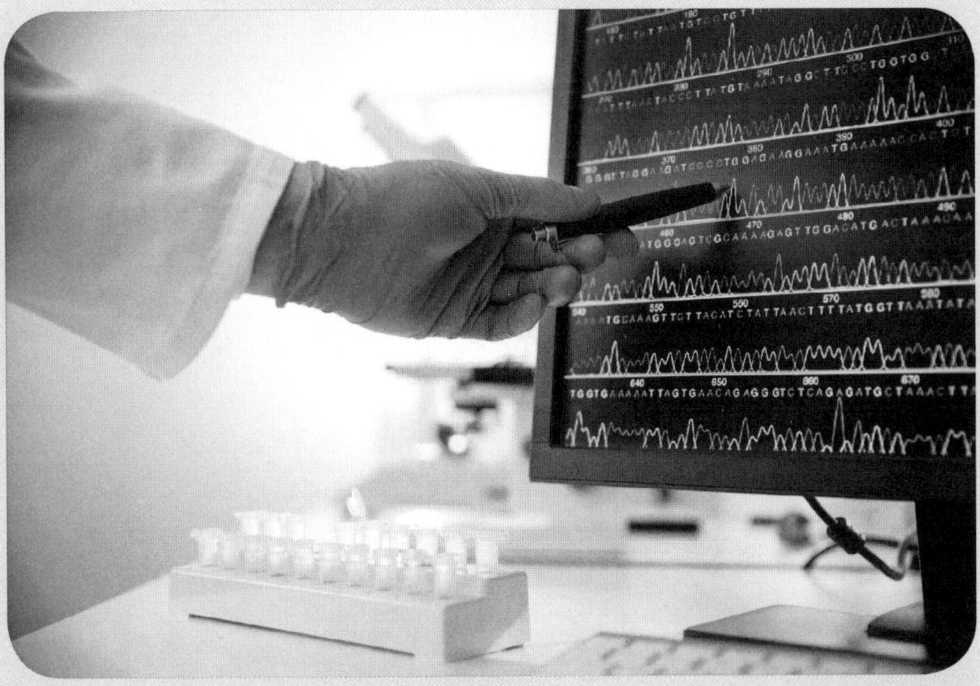

## DIE ERKENNUNG DER FRAGMENTE

Wie findet man nun die Wiederholungssequenzen, die im Gel versteckt sind wie Stecknadeln im Heuhaufen? Um sie erkennen und unterscheiden zu können, werden **radioaktiv markierte** Oligonukleotide – das sind kurze DNA-Einzelstränge mit ca. 15 - 25 Basenpaaren – hinzugefügt. Diese Markersonden sind **komplementär** zu einer der interessierenden Wiederholungssequenzen und binden ausschließlich an Fragmente, die diese Wiederholungssequenz enthalten.

Durch **Autoradiographie** werden die VNTRs sichtbar gemacht: Wo die Sonde gebunden wird, schwärzt sie durch ihre Strahlung einen darunter liegenden Röntgenfilm und ruft die charakteristischen Balkenmuster hervor.

Zur Überprüfung des Ergebnisses kann die Sonde abgespült werden. Mit einer anderen Sonde wird nun eine andere Wiederholungssequenz aufgespürt. In der Gerichtsmedizin prüft man üblicherweise mit mehreren Sonden, von denen jede für eine andere Sequenz spezifisch ist.

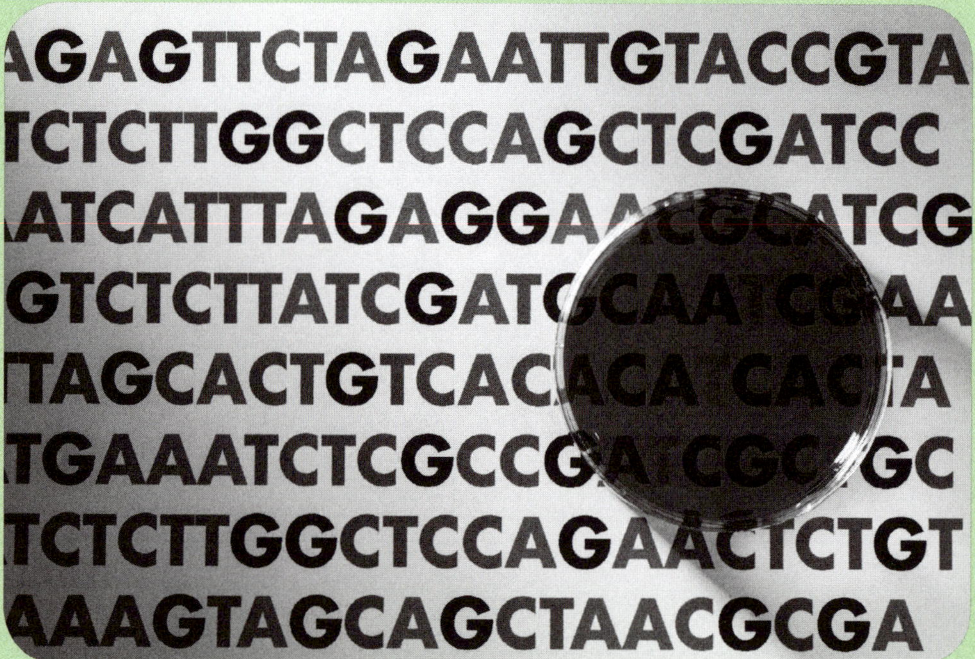

## DNA-FINGERABDRUCK

1. Beschreiben Sie den Ablauf einer DNA-Profilanalyse.

**1.** ____________________ **2.** ____________________

**3.** ____________________ **4.** ____________________

**5.** ____________________

2. Was trifft zu?

- ☐ **A** Das Bandenmuster jedes Individuums ist einmalig.
- ☐ **B** Je länger die DNA-Stücke sind, umso schneller wandern sie in der Elektrophorese.
- ☐ **C** Zur Herstellung der Fragmente wird Taq-Polymerase verwendet.

3. Für welche Proteine codieren VNTR-Regionen der DNA?

______________________________________________

## LÖSUNGEN

**1.** Produktion von DNA-Fragmenten, Auftrennung der Fragmente durch Gelelektrophorese, Extraktion der DNA-Fragmente und Auflösen in Einzelstränge, Erkennbarkeit herstellen (Färben oder radioaktive Markierung), Vergleichen und Deuten der Bandenmuster • **2.** A • **3.** VNTR-Regionen werden nicht transkribiert und codieren nicht für Proteine

Kartoffeln sind nicht nur ein wichtiges Nahrungsmittel, sondern auch ein bedeutender Lieferant der industriellen Stärkeproduktion. Herkömmliche Kartoffeln produzieren ein Stärkegemisch aus Amylopektin und Amylose. In vielen technischen Anwendungen wird nur das Amylopektin benötigt; eine Trennung des Stärkegemischs ist jedoch sehr aufwändig. Amflora ist eine gentechnisch veränderte Kartoffel, die eine für technische Anwendungen optimierte Amylopektin-Stärke bildet. Der Amylose-Gehalt wurde auf 4 bis 6 % gesenkt. Diese neue Sorte hilft Material, Energie, Kosten zu sparen, die Belastung der Umwelt wird deutlich reduziert. Die Züchtung der neuen Kartoffelsorte gelang durch Anwendung der „Antisense-Technik".

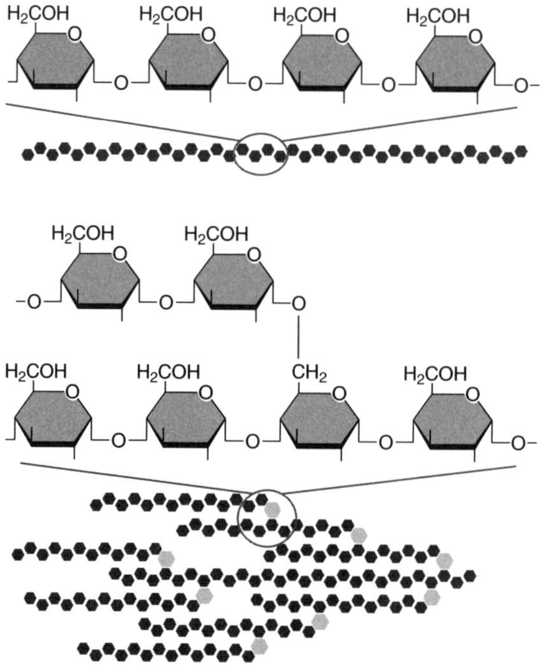


Amylose (oben) und Amylopektin

Die Stärke-Synthase (GBSS) der Kartoffel ist für die Bildung der Amylose verantwortlich. Züchtungsziel war, das Gen, das die Bildung der Stärkesynthase codiert, auszuschalten oder aber die Funktion des Proteins zu zerstören. Mit herkömmlichen Züchtungsmethoden gelang es bisher nicht, die Bildung der Amylose in der Kartoffel entscheidend zu reduzieren.

## AUSSCHALTUNG EINES GENS DURCH ANTISENSE-METHODE

Erst durch die Antisense-Strategie konnte das Ziel, die Bildung der Stärke-Synthase auszuschalten, erreicht werden. Wenn Zellen ein Protein bilden, dann wird die Information eines Gens als mRNA abgeschrieben (Transkription). Die Ribosomen, übersetzen diese RNA dann in Protein (Translation).

Die einzelsträngigen mRNAs sind das Ziel der Antisense-Strategie. Um zu verhindern, dass die Ribosomen die Information der mRNA in ein Protein übersetzen, wird bei der Antisense-Strategie ein komplementäres - gegensinniges („*antisense*") - Gen in die Pflanzenzelle eingebracht. Dessen mRNA lagert sich als passendes Gegenstück an die mRNA des Proteins an und blockiert sie auf diese Weise. Den RNA-Doppelstrang (dsRNA), kann die Zelle nicht in Protein übersetzen. Die Information zur Herstellung des Enzyms wird schon im Vorfeld abgefangen. So wird die Aktivität eines Genes verringert oder unterdrückt.

Wichtig ist nun, dass das Antisense-Gen gleichzeitig mit dem Gen für die Stärke-Synthase aktiv wird. Für diese Regulation ist der Promotor verantwortlich. Der Promotor der Stärke-Synthase musste vor das Antisense-Gen gesetzt werden. In eine Kartoffelline, die für die Produktion von Stärke Verwendung findet, brachten Wissenschaftler dieses Gen gemeinsam mit einem Marker-Gen ein. Dieser Marker erlaubt es, unter einer Vielzahl von Zellen diejenigen auszuwählen, die das neue Gen enthalten. Die so gentechnisch veränderten Pflanzen zeigten im Mikroskop, dass ihre Stärkekörner keine Amylose enthalten. Ein einfacher Test kann das beweisen: Stärke, die Amylose enthält, färbt sich in einer jodhaltigen Lösung blau, während Amylopektin alleine sich rot färbt.

## DER KOMPLEXE MECHANISMUS

Der exakte Mechanismus der Antisense-Methode ist komplizierter als zunächst vermutet: Heute weiß man, dass der Antisense-Technik der Mechanismus der RNA-Interferenz zugrunde liegt. In der Zelle gibt es den Enzymkomplex Dicer - zu deutsch „Häcksler". Diese Enzyme zerlegen doppelsträngige RNA (dsRNA), in kurze RNA-Stücke mit einer Länge von 21 bis 23 Basenpaaren, die man als siRNA (*small interfering* RNAs) bezeichnet. Ein weiteres Enzym bildet mit einem Strang der siRNA den Risc-Komplex. Dieser bindet an den komplementären Abschnitt der mRNA und zerschneidet sie. Die zerschnittene m-RNA ist instabil und wird schnell abgebaut. Die Expression eines Gens ist damit unterbunden. Da dieser Vorgang nach der Transkription stattfindet, wird er als post-transkriptionales *Gene Silencing* (PTGS) bezeichnet.

Den Mechanismus der RNA-Interferenz gibt es bei Pflanzen, Pilzen und Tieren. Er dient dazu, nur diejenigen Gene in Proteine zu übersetzten, die auch in der betreffenden Zelle benötigt werden. Aber auch zur Abwehr fremder RNA greift die Zelle auf die RNA-Interferenz zurück: Bei der Vermehrung vieler Viren entsteht doppelsträngige RNA. Sie wird in den Zellen als Fremdkörper erkannt und zerlegt. Man vermutet, dass die RNA-Interferenz ein natürlicher Verteidigungsmechanismus der Zellen gegen Angriffe von Viren ist.

Die Aufklärung der Vorgänge rund um die RNA-Interferenz bei Pflanzen, Tieren und Menschen ist Gegenstand zahlreicher Forschungsprojekte. Mit dem Einsatz der RNA-Interferenz lässt sich die Produktion jedes Proteins ausschalten. Durch die Zugabe von künstlich hergestellter siRNA, deren Sequenz zu einem ausgewählten Gen passt, kann dieses Gen gezielt ausgeschaltet werden.

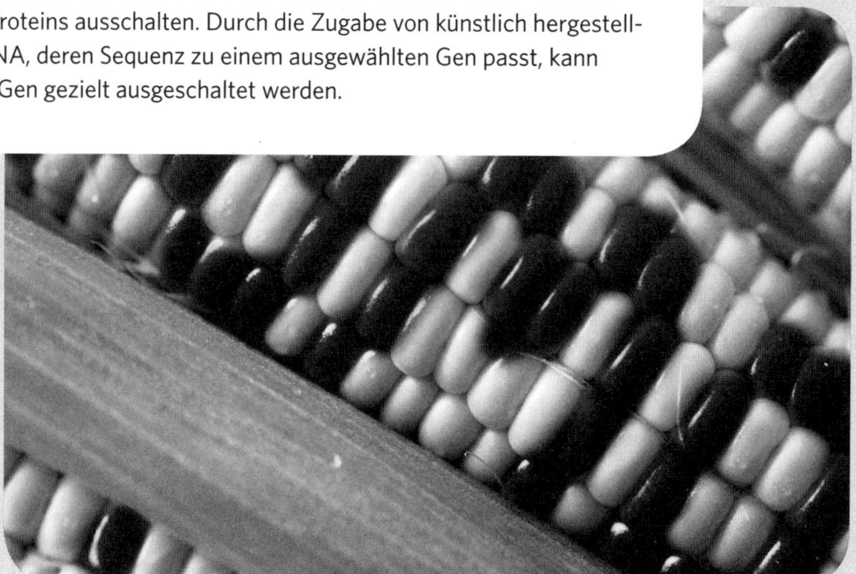

## ANTISENSE-TECHNIK

1. Was unterscheidet Amylose und Amylopektin? Wie lassen sich die beiden Stärkebestandteile im Test nachweisen?

2. Was trifft zu?

☐ **A** Die Antisense-Technik verhindert die Produktion eines Proteins durch Inaktivierung der betreffenden RNA.
☐ **B** Bei der Amflora-Kartoffel wird das Protein Stärke-Synthase zerstört..
☐ **C** Für technische Anwendungen wird hauptsächlich Amylopektin benötigt.

3. Was ist das Prinzip der Antisense-Strategie?

4. Was versteht man unter RNA-Interferenz?

## LÖSUNGEN

**1.** Amylose ist eine lineare Kette von Glucose-Einheiten, Amylopektin ist verzweigt. Bei Zugabe von Jodlösung wird Amylose dunkelblau, Amylopektin rot • **2.** A, C • **3.** Um ein Gen unwirksam zu machen, wird ein komplementäres Gen in die Zelle eingeschleust. Bei gleichzeitiger Ablesung lagern sich die gegenläufigen mRNAs zu einem doppelsträngigen RNA-Molekül zusammen, das nicht in ein Protein übersetzt wird • **4.** Doppelsträngige RNA wird in der Zelle zerstückelt, wird dadurch instabil und schnell abgebaut.

Die Bauchspeicheldrüse (oder das Pankreas) vereinigt in sich zwei Organe mit unterschiedlicher Funktion:

Der größte Teil der Zellen produziert den Bauchspeichel, der wichtige Verdauungsenzyme enthält (vor allem Proteinasen wie Trypsin oder Chymotrypsin). Die Enzyme werden in den Zwölffingerdarm abgegeben.

Die Langerhans-Inseln geben die Hormone Insulin, Glukagon und Somatostatin an kleine Venen ab, durch die das Blut zur Leber fließt.

Insulin ist ein Protein-Hormon, das in der Lage ist, den Blutzuckerspiegel im Körper zu senken. Mangelnde oder fehlende Insulinproduktion in den Inselzellen der Bauchspeicheldrüse führt zu Diabetes. Die Gentechnik hat Wege gefunden, Bakterienzellen zu „überreden", das für Diabetiker lebenswichtige Insulin herzustellen. Vorher standen zur Behandlung nur Insuline zur Verfügung, die aus Bauchspeicheldrüsen von Schweinen, Rindern oder anderen Schlachttieren gewonnen wurden und die sich in ihrer Primärstruktur vom Insulin des Menschen geringfügig unterscheiden.

## DIE FUNKTION VON INSULIN

Steigt der Blutzuckerspiegel über den Normwert zwischen 80 und 120 g/l an, so geben die Langerhans-Inseln das Hormon Insulin ans Blut ab. Die Membranen aller Körperzellen tragen an ihren Oberflächen Rezeptoren, die das Insulin binden und mit einer Erhöhung der Glucose-Permeabilität antworten. Glucose wird vermehrt aus dem Blut aufgenommen und in den Zellen zu Glykogen kondensiert. Glykogen ist im Gegensatz zur Glucose osmotisch inaktiv und daher als Speicherform des Zuckers geeignet. Insulin senkt den Blutzuckerspiegel, steuert auch die Speicherung von Fett, regt die Proteinsynthese an, hemmt den Abbau von Proteinen und erhöht die Rückresorption der Glucose in der Niere. Es sorgt dafür, dass der Körper in Zeiten des Überflusses Nährstoffe speichert.

## WERKZEUGE DER GENTECHNIK

Gentransfer ermöglicht die Herstellung transgener Organismen: Ein Gen wird aus einem Spender-Organismus isoliert, auf einen Wirtsorganismus übertragen und in diesem vermehrt. Das Erbmaterial kann dabei über Artgrenzen hinweg übertragen werden.

Die wichtigsten Werkzeuge der Gentechnik sind Restriktionsenzyme, DNA-Vektoren und geeignete Wirtsorganismen.

Restriktionsenzyme oder Endonukleasen sind Enzyme, die aus der DNA gezielt kurze Stücke ausschneiden. Jedes Restriktionsenzym schneidet die DNA an festliegenden Stellen; sie schneiden sequenzspezifisch. Erkennungssequenz des Enzyms Eco R1 (Restriktionsenzym 1 aus dem Bakterium *E.coli*) ist die Basenfolge GAATTC: Dies ist eine Palindrom-Sequenz: Strang und Gegenstrang haben - in 5'-3'-Richtung gelesen - dieselbe Abfolge. Die beiden Stränge werden versetzt abgeschnitten, dabei entstehen „klebrige Enden": Treffen zwei dieser klebrigen Enden zusammen, so werden sie durch die Wasserstoffbrücken zwischen den komplementären Basen zusammengehalten. Klebrige Enden trennen sich beim Erwärmen, heften sich beim Abkühlen aber wieder aneinander. Enzyme (Ligasen) schweißen das Rückgrat der Stränge wieder zusammen.

Ein Vektor ist ein Vehikel, eine Träger-DNA, in welche die Fremdgene (die „Passagier-DNA") eingebaut werden, um sie in den Empfänger einzuschleusen. Als Vektoren werden Bakterien und Viren, meist aber Plasmide eingesetzt.

Wirtsorganismen sind die Empfänger der DNA. Der Empfänger vermehrt die Fremdgene zusammen mit seinem eigenen Erbmaterial und stellt das erwünschte Genprodukt her: ein Hormon, ein Medikament oder ein Nahrungsmittel. Er kann auch zur Zucht neuer Sorten dienen. Als Wirtsorganismen dienen Bakterien und Pilze („graue Gentechnik"), Pflanzen („grüne Gentechnik") oder Tiere („rote Gentechnik").

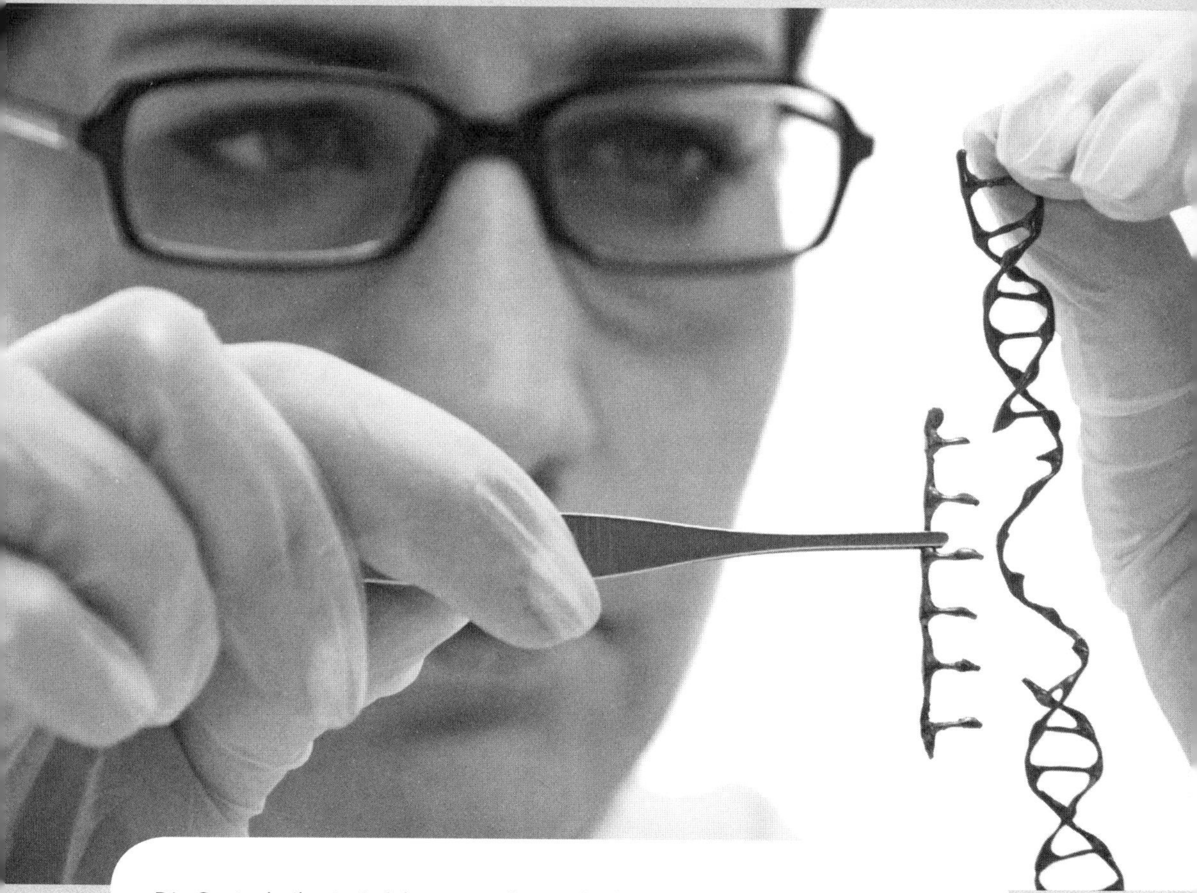

Die Gentechnik – in Anlehnung an das englische *„gene technology"* auch Gentechnologie genannt – ermöglicht die gezielte Veränderung des Erbgutes von Organismen durch die Addition synthetischer oder artfremder Gene zu neuen Rekombinanten. Gentransfer ermöglicht die Herstellung transgener Organismen. Ein Gen wird aus einem Organismus isoliert, auf einen anderen Organismus übertragen und in diesem vermehrt. Erbmaterial kann dabei über Artgrenzen hinweg übertragen werden. Dabei können Struktur- und Regulatorgene neu kombiniert werden. Die Methoden der Gentechnik haben zu einem Durchbruch in der biologischen und medizinischen Grundlagenforschung geführt.

## ZIELE DER GENTECHNIK

- Erforschung, Herstellung und Prüfung von **Medikamenten** und **Impfstoffen** gegen bisher schwer oder nicht therapierbare Krankheiten.
- Lösung lebens- und gesundheitsbedrohender Probleme wie Krebs, Alzheimer-Syndrom, AIDS, Arterioklerose, für die es bisher wenig oder keine Hoffnung gab.
- Schnelle und sichere Diagnose von **Erb- und Infektionskrankheiten**.
- Untersuchung der Entstehung und Ausbreitung von **Infektionskrankheiten** und Einblick in biochemische Defekte bei **Erbkrankheiten**, so z.B. bei der Cystischen Fibrose.
- Aufklärung von **Entwicklungsvorgängen** und Entwicklungsstörungen.
- Lösung von quantitativen und qualitativen **Ernährungsproblemen**. Die Züchtung von Kulturpflanzen und Nutztieren ist schon immer auf Qualitätsverbesserung, Ertragssteigerung und Verbesserung der Widerstandsfähigkeit ausgerichtet. Die Gentechnik stellt Methoden bereit, diese Ziele effektiver als bisher zu erreichen.
- Biologischer **Abbau** oder Konzentrierung von Umweltchemikalien durch gentechnisch veränderte Mikroorganismen.

## RISIKEN DER GENTECHNIK

Gentechnik ist auch mit Risiken verbunden:

- Die Freisetzung von Lebewesen mit neukombinierten Eigenschaften könnte unerwartete Konsequenzen in der Umwelt haben. Störungen des ökologischen Gleichgewichts oder Veränderungen des Genpools von Populationen sind möglich.
- Die Übertragung von Genen durch Pollen auf verwandte Blütenpflanzen kann nicht ausgeschlossen werden. So könnte ein Merkmal, das nur bei der Kulturpflanze erwünscht ist, auf Wildpflanzen übertragen werden.
- Menschen und Tiere können Allergien gegen Produkte von transgenen Organismen ausbilden.
- Gefährliche Keime, vielleicht sogar neue Viren, könnten aus den Labors entweichen.
- Transgene Organismen können ihr Erbgut auf andere Lebewesen übertragen.
- Transgene Keime können zu militärischen Zwecken missbraucht werden.
- Genforscher könnten den Eigenwert von Tieren und Pflanzen missachten.
- Konzerne könnten die Kontrolle über die Gene vieler Nutzpflanzensorten gewinnen.

An die Sicherheitsstandards der gentechnischen Forschung sind hohe Anforderungen zu stellen.

Ein weiteres Problem der Gentechnik sind ungelöste ethische und juristische Fragen.

## EIN „GOLDENER REIS"

In den Ländern der Dritten Welt in denen Reis Grundnahrungsmittel ist, ist der Vitamin-A-Mangel weit verbreitet. Man schätzt dass jedes Jahr 350 000 Kinder durch Vitamin A-Mangel erblinden.

Forscher der ETH Zürich und der Universität Freiburg im Breisgau haben auf gentechnischem Weg den „Golden Rice" entwickelt, eine Reissorte, die Beta-Karotin, einen wichtigen Vorläufer von Vitamin A enthält. Damit der Reis Beta-Karotin erzeugen kann, wurden ihm drei neue Gene übertragen: Zwei aus Narzissen und eines aus einer Bakterienart (*Erwinia*). Neben den Strukturgenen, die für die Enzyme der Karotin-Synthese codieren, mussten auch Endosperm-spezifische Promotor-Gene ins Reis-Genom eingebracht werden. Endosperm-spezifische Promotorgene sorgen dafür, dass die Gene für die Synthese des Beta-Karotins im Endosperm des transgenen Reiskorns aktiv werden. Das Endosperm ist das Nährgewebe der Samen, das die Nährstoffe enthält.

## URSACHEN DER ERBLINDUNG

Die Sehfarbstoffe des Auges, das Rhodopsin und die Jodopsine, bestehen aus dem Protein Opsin und dem Farbstoff Retinal. Retinal kann durch einen Reaktionsschritt (Oxidation) aus Retinol - dem Vitamin A - hergestellt werden. Eine Unterversorgung an Retinol äußert sich in verminderter Nachtsicht, führt zu schnellerem Ermüden der Augen und Nachtblindheit. Wenn das Vitamin weitgehend oder ganz fehlt, wird kein Sehfarbstoff hergestellt, Betroffene erblinden.

## WERKZEUGE DER GRÜNEN GENTECHNIK

Die grüne Gentechnik bedient sich häufig der DNA-Transfermechanismen wie sie das Bodenbakterium *Agrobacterium tumefaciens* besitzt. Dieses Bakterium ist der Erreger des Wurzelkropfs, eines Tumors.

Dazu schleust das Bakterium sein Ti-Plasmid in die pflanzliche Zelle ein. Da nur wenige Bereiche des Ti-Plasmids für die Transferfunktion benötigt werden, wird dieses Plasmid als Vektor für Fremd-DNA genutzt. Dazu werden für den Transfer nicht benötigte Gene aus dem Plasmid entfernt. In diese Lücke werden die Fremdgene eingebaut, die in die Pflanzenzelle übertragen werden sollen. Das neu konstruierte Plasmid wird in das Agrobakterium transferiert, das nun seinerseits das Plasmid in die Pflanzenzelle transferiert.

Eine Alternative stellt die ballistische Methode (*particle gun*) dar. Bei dieser Methode wird DNA auf feine Goldpartikel aufgebracht. Die mit DNA beladenen Partikel werden mit hohem Druck auf die Pflanzenzellen geschossen. Einzelne Partikel dringen in die Zellen ein und es kann zur Rekombination der Fremd-DNA mit der DNA der Empfängerzelle kommen.

## GRAUE UND GRÜNE GENTECHNIK

1. Welche Funktionen hat die Bauchspeicheldrüse (Pankreas)?

___

2. Was trifft zu?

- ☐ **A** Insulin ist ein Verdauungsenzym.
- ☐ **B** Insulin erhöht den Blutzuckerspiegel.
- ☐ **C** Insulin ist ein Protein.

3. Was versteht man unter Gen-Transfer?

___

4. Was sind die wichtigsten Werkzeuge der Gentechnik?

___

5. Nennen Sie einige Ziel der Gentechnik.

___

## LÖSUNGEN

**1.** Sie produziert Verdauungsenzyme und Hormone. • **2.** C • **3.** Die Übertragung eines Gens von einem Spenderorganismus auf einen (evtl. artfremden) Wirtsorganismus • **4.** Restriktionsenzyme, DNA-Vektoren, geeignete Wirtsorganismen • **5.** Produktion von Hormonen, Vitaminen, Medikamenten; Diagnose und Erforschung von Erbkrankheiten und Entwicklungsstörungen; Abbau von Schadstoffen durch Mikroorganismen

# 5 NERVEN, SINNE, HORMONE

## Nervenzelle

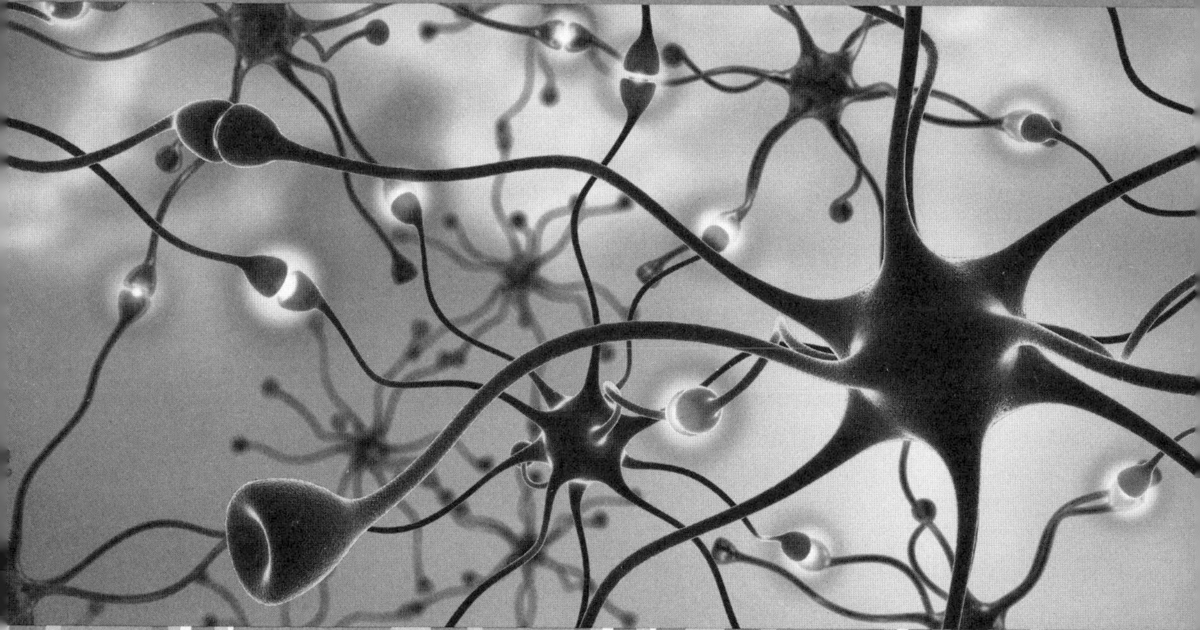

Nervenzellen oder Neuronen bilden den wichtigsten Bestandteil des Gehirns und sind in vieler Hinsicht die außergewöhnlichsten Zellen, die das Leben hervorgebracht hat. Die meisten Neuronen des Gehirns sind winzig klein, manche nicht größer als ein paar Millionstel Meter im Durchmesser, aber ihre Zahl ist ungeheuer groß. Ihre Hauptaufgabe besteht darin, Information zu verarbeiten und an andere Neuronen weiterzuleiten. Damit bilden sie die Grundlage für alle Sinnes- und Verhaltensleistungen.

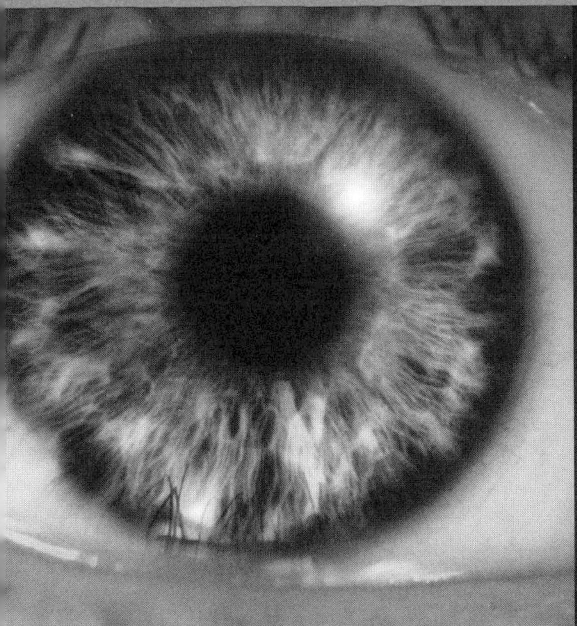

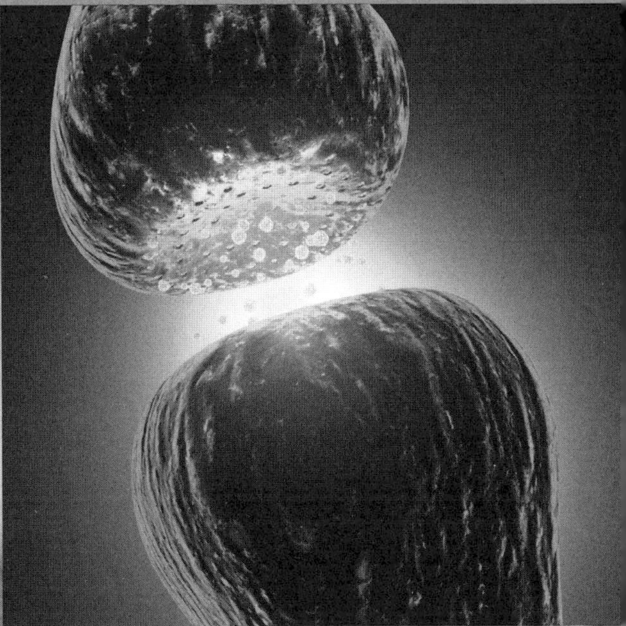

## BAU DER NERVENZELLE

Jede Nervenzelle (Neuron) hat eine andere, ihr eigene Gestalt. Als typische Nervenzelle gilt die multipolare Nervenzelle, wie sie im Vorderhorn des Rückenmarks vorkommt. Nervenzellen sind spezialisiert zur Aufnahme von Reizen, zur Erzeugung, Leitung und Verrechnung von Erregung.

Die multipolare Nervenzelle ist gegliedert in einen Zellkörper und Fortsätze.

Zentral liegt der Zellkörper (das Perikaryon / das Soma der Nervenzelle). Der ca. 250 µm große Zellkörper enthält den Zellkern. In den Nissl-Schollen – Ansammlungen von Ribosomen auf dem Endoplasmatischen Retikulum – findet die Proteinsynthese statt. Am Zellkörper findet die Informationsverarbeitung statt.

Damit möglichst viele Informationen aufgenommen werden können, ist die Oberfläche des Zellkörpers durch feine, reich verzweigte Verästelungen stark vergrößert. Das Neuron kann 10.000 und mehr Fortsätze bilden. Man nennt die feinen Fortsätze Dendriten. Dendriten dienen vor allem der Aufnahme von Erregung, die sie an den Zellkörper weiterleiten. Mit den Dendriten nimmt die Nervenzelle Informationen aus ihrer Umwelt auf.

## BAU DER NERVENZELLE

Der größere Fortsatz ist das **Axon**. Es kann bis zu 1 m lang sein. Der kegelförmige Ursprungsbereich des Axons ist der Axonhügel. Oft sind Axone von einer isolierenden Hülle umgeben, der Schwann´schen Scheide (Markscheide, Myelinscheide).

Die Verbindungsstelle des Axons zur nachfolgenden Zelle ist die Synapse. Eine **Synapse** besteht aus dem synaptischen Endknöpfchen der einen Nervenzelle, dem synaptischen Spalt und der Membran einer anderen Nervenzelle, einer Muskel- oder einer Drüsenzelle.

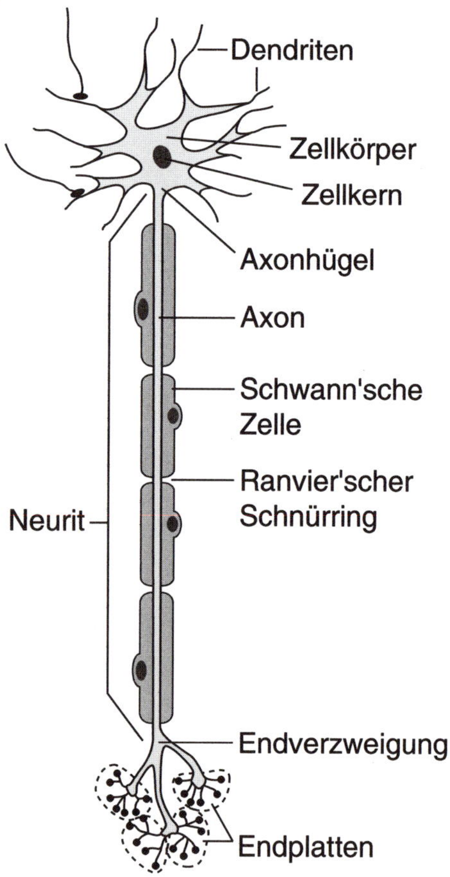


Schema einer bipolaren Nervenzelle

## MARKHALTIGE NERVENFASERN

Die größte Anzahl der Nervenfasern besitzt eine Markscheide aus Myelin, die in bestimmten Abständen (etwa alle 1 - 3 mm) von den sog. Ranvierschen Schnürringen unterbrochen ist. Diese Einschnürungen sind die Grenzen von jeweils zwei Schwannschen Zellen, die sich in der Embryonalzeit mehrmals um die Axone wickeln, so dass eine Hülle von lamellenartigem Aufbau entsteht. Der Vorteil dier markhaltigen Nervenfasern liegt in der viel größeren Leitungsgeschwindigkeit der Erregung (saltatorische Erregungsleitung), da die Entstehung eines neuen Aktionspotenzials auf die kleine Membranfläche des Schnürrings beschränkt ist, der vom Ionenstrom eines benachbarten Ranvier-Knotens erreicht und erregt werden kann. Somit findet das zeitintensive und Energie verbrauchende Entladen der Axonmembran nur hier statt.

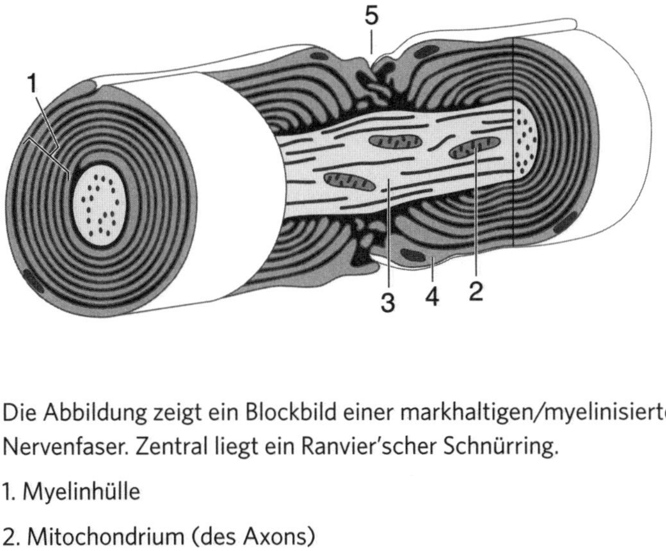


Die Abbildung zeigt ein Blockbild einer markhaltigen/myelinisierten Nervenfaser. Zentral liegt ein Ranvier'scher Schnürring.

1. Myelinhülle
2. Mitochondrium (des Axons)
3. Axoplasma/Axon
4. (Plasma der) Schwann'sche(n) Zelle
5. (Ranvier'scher) Schnürring

## VERSCHIEDENE TYPEN VON NERVENZELLEN

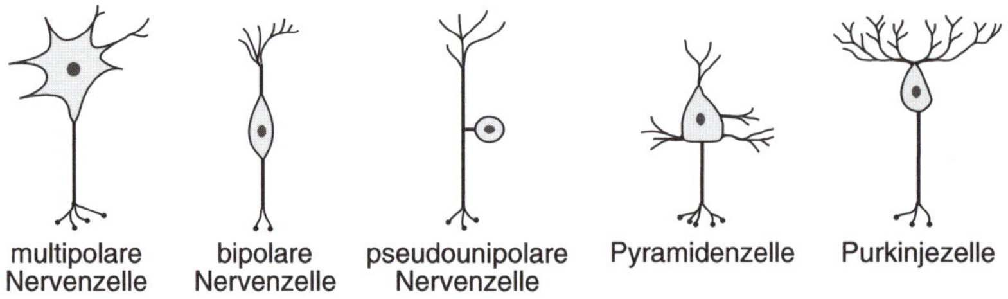


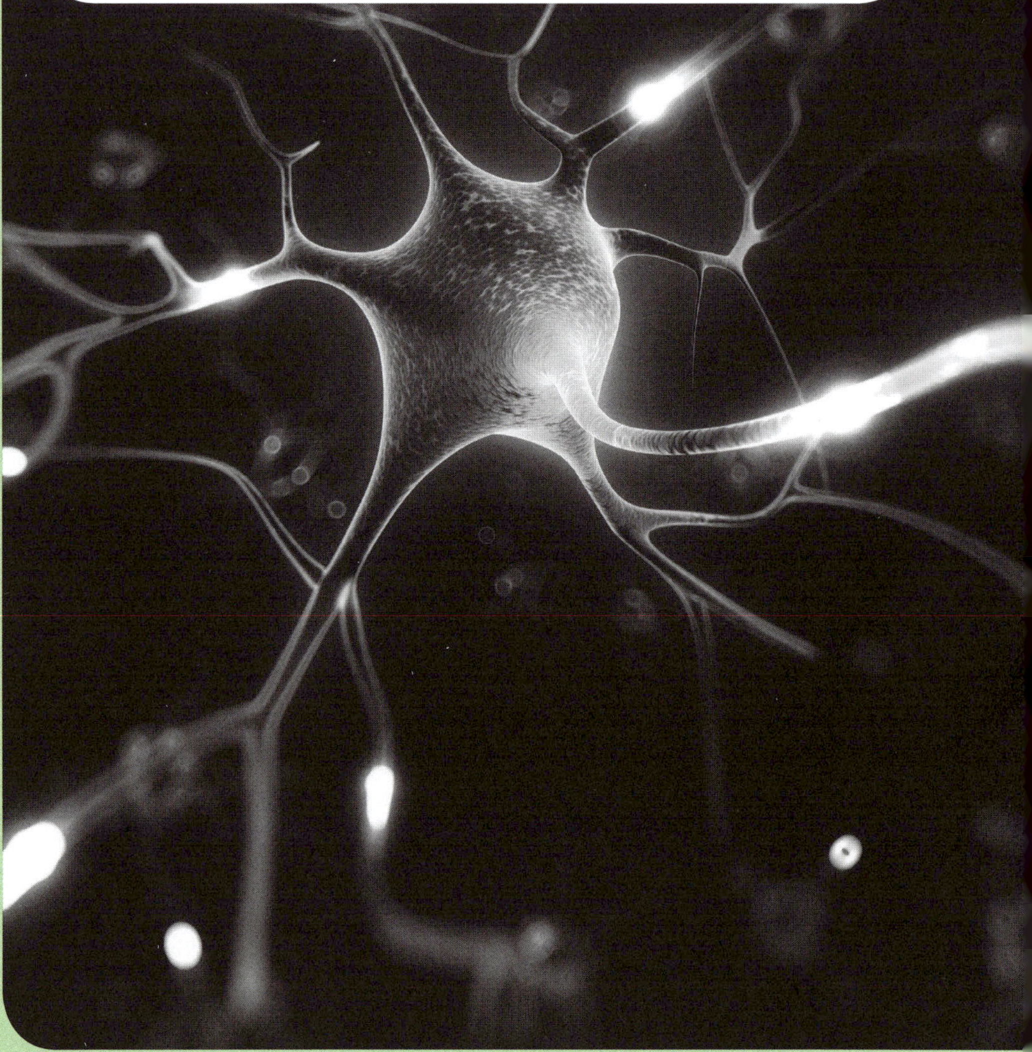

## NERVENZELLE

1. Was sind die wichtigsten Teile einer Nervenzelle?

**1.** ____________ **2.** ____________ **3.** ____________

2. Was ist und woraus besteht eine Synapse?

______________________________

3. Was ist korrekt?

☐ **A** Ranvier´sche Schnürringe sind die Grenzen zwischen Schwann´schen Zellen.
☐ **B** Marklose Nervenfasern leiten Erregung viel schneller als markhaltige.
☐ **C** Multipolare Nervenzellen sind Bestandteil des Rückenmarks.

4. Wie lang können Axone werden?

☐ **A** 0,1 mm
☐ **B** 2 cm
☐ **C** 100 cm

5. Was ist die Funktion von Dendriten?

______________________________

## LÖSUNGEN

**1.** Zellkörper, Axon, Dendriten • **2.** Verbindungsstelle eines Axons zur nachfolgenden Zelle; Endknöpfchen der Nervenzelle, synaptischer Spalt, Membran der nächsten Zelle • **3.** A, C • **4.** C • **5.** Sie nehmen Erregungen auf und geben sie an den Zellkörper weiter.

## DAS RUHEPOTENZIAL

Im Ruhezustand liegt über der Membran des Neurons eine Spannung, das Ruhepotezial. Das liegt an der Ionenverteilung zu beiden Seiten der Zellmembran.

Die wesentlichen Voraussetzungen für das Ruhepotenzial sind:

- eine semipermeable (selektiv durchlässige) Membran, die im Ruhezustand für Kalium-Ionen gut, für andere Ionen wenig durchlässig ist,
- eine ungleiche Ionenverteilung zu beiden Seiten dieser Membran, die durch die Arbeit der Natrium-Kalium-Pumpen zustande kommt.

Das Ruhepotenzial kann vereinfacht als Kalium-Diffusionspotenzial beschrieben werden: In der Nervenzelle besteht ein hoher Überschuss an Kalium-Ionen gegenüber dem Außenmedium. Einige dieser (positiv geladenen) Kalium-Ionen diffundieren durch die Zellmembran nach außen. Die (negativ geladenen) organischen Anionen können die Zellmembran nicht passieren, sie bleiben in der Zelle. Es entsteht also eine Spannung zwischen der positiv geladenen Außenseite der Membran und der negativ geladenen Innenseite. Diese Spannung bewirkt, dass Kalium-Ionen nach innen strömen. Es stellt sich ein Gleichgewichtszustand zwischen Aus- und Einstrom der Kalium-Ionen ein. Die Membranspannung, die in diesem Gleichgewichtszustand herrscht, ist das Ruhepotenzial. Das Zellinnere weist gegenüber dem Außenmedium eine Spannung von etwa - 60mV auf, die Ruhespannung oder das Ruhepotenzial.

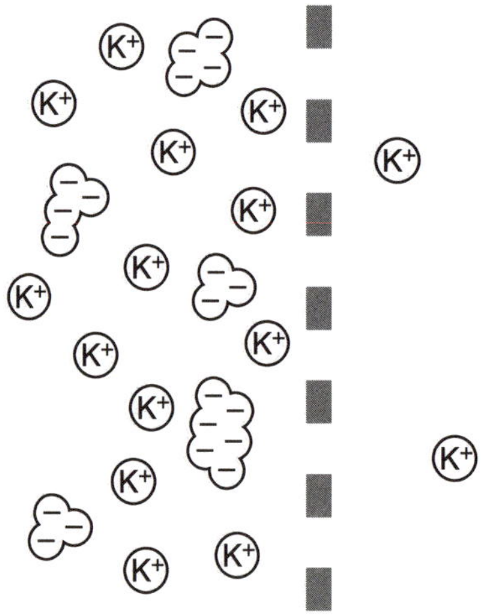


(Der Beitrag, den andere Ionen zum Ruhepotenzial leisten, ist vergleichsweise gering und wird hier vernachlässigt.)

## DIE ENTSTEHUNG DES RUHEPOTENZIALS

Wie andere Zellen ist das Neuron durch eine Biomembran gegen seine Umgebung abgegrenzt. Durch Kanäle in dieser Membran kann die Zelle mit ihrer Umgebung Stoffe austauschen. Diese Kanäle können als passive Kanäle (ohne Aufwendung von Energie) oder als aktive Kanäle fungieren (unter Aufwand von Energie); sie können für unpolare Teilchen, aber auch für geladene Teilchen ausgebildet sein; im letzteren Fall nennt man sie Ionenkanäle. Die meisten Ionenkanäle arbeiten streng selektiv; sie lassen nur bestimmte Ionen passieren. Es gibt $K^+$-Kanäle, $Na^+$-Kanäle, $Cl^-$-Kanäle und $Ca^{2+}$-Kanäle. Entweder ist der Durchmesser der Kanalpore zu eng für größere Moleküle oder Ionen oder die Polypeptidketten, die die Pore auskleiden, weisen geladene Bereiche auf. Diese wirken wie elektrostatische Barrieren.

Betrachten wir im Gedankenexperiment einen ungeladenen Ausgangszustand der Membran: Die Konzentration an positiven und negativen Ladungen ist auf beiden Seiten gleich, d.h. beide Räume sind elektrisch neutral. Die jeweiligen Ionensorten sind aber unterschiedlich verteilt: Im Zellplasma dominieren $K^+$-Ionen und organische (Protein-) Ionen, in der Interzellularflüssigkeit herrschen $Na^+$-Ionen und $Cl^-$-Ionen vor. Die Ionen sind also ungleich verteilt.

Um das Zustandekommen des Membranpotenzials zu verstehen, müssen wir zwei Gradienten für jeweils eine Ionensorte ($K^+$ oder $Na^+$) betrachten:

Betrachten wir zunächst die Diffusion der Kalium-Ionen:

- Der chemische Gradient (Diffusionsgradient) für $K^+$ ist von innen nach außen gerichtet und führt zu einem $K^+$-Ausstrom aus der Zelle.
- Der elektrische Gradient für $K^+$ ist dem Diffusionsgradienten entgegengesetzt und bewirkt einen $K^+$-Einstrom.

## DIE ENTSTEHUNG DES RUHEPOTENZIALS

Mit jedem $K^+$-Ion verlässt eine positive Ladung die Nervenzelle, und eine negative Ladung bleibt zurück. Die negativ geladenen Protein-Anionen können wegen ihrer Größe die Plasmamembran nicht passieren. $K^+$-Ionen strömen so lange aus der Zelle, bis sich ein Gleichgewicht zwischen dem nach außen diffundierenden $K^+$ und dem diesem Diffusionsbestreben entgegengesetzten elektrischen Gradienten ausgebildet hat. Die Verschiebung von Ionen über die Zellmembran verursacht eine Aufladung der Membran. Die Membran kann als Kondensator beschrieben werden: Wenn nämlich ein $K^+$-Ion aus der Zelle strömt, so wird auf der Außenseite eine überschüssige positive Ladung erscheinen, der an der Innenseite eine überschüssige negative Ladung entspricht. Dieses Potenzial ist dem weiteren Ausstrom von $K^+$-Ionen, dem Diffusionspotenzial entgegengesetzt.

Das Gleiche gilt für die Diffusion von $Na^+$- Ionen, allerdings mit zwei Einschränkungen:

- Die ruhende Membran ist für $Na^+$-Ionen 500- bis 1000-mal weniger durchlässig als für $K^+$-IOnen,
- die Diffusion der $Na^+$-Ionen ist der $K^+$-Ionen-Diffusion entgegengesetzt.

Wäre das Ruhepotenzial ein reines $K^+$-Gleichgewichtspotenzial, so würde es bei - 85 mV liegen. Da aber das $Na^+$-Gleichgewichtspotenzial dem $K^+$-Gleichgewichtspotenzial entgegengesetzt ist, liegt das Membranpotenzial um - 70 mV.

## ENTSTEHUNG DES RUHEPOTENZIALS

1. Was ist das Ruhepotenzial und was sind seine wesentlichen Voraussetzungen?

________________________________________

________________________________________

2. Charakterisieren Sie knapp das Kalium-Natrium-Potenzial.

________________________________________

3. Was trifft zu?

☐ **A** Die Membran der Neuronen ist für Kationen frei passierbar.
☐ **B** Proteinmoleküle können die Membran nicht passieren.
☐ **C** Im Ruhezustand herrschen im Zellplasma Kalium-Ionen, in der Interzellularflüssigkeit Natrium-Ionen vor.

## LÖSUNGEN

**1.** Es ist die Spannung über der unerregten Membran eines Neurons. Im Ruhezustand für Kalium-Ionen gut, für andere Ionen schlecht durchlässige semipermeable Membran; ungleiche Verteilung der Ionen auf beiden Seiten der Membran • **2.** Überschuss von Kalium-Ionen im Zellinneren gegenüber Außenmedium mit geringer Diffusion von Kalium nach außen, wodurch das Zellplasma negativ geladen wird. • **3.** B, C

## DIE ENTSTEHUNG EINES AKTIONSPOTENZIALS

Wird eine Nervenzelle erregt - durch einen Reiz oder durch eine andere Nervenzelle - so ist an der Membran eine kurzzeitige **Umpolung** messbar. Sie dauert etwa eine Millisekunde und lässt das Membranpotenzial von -70 bis -80 auf etwa +30 mV ansteigen.

Das Innere des Axons ist jetzt gegenüber der Umgebung **positiv** geladen: Auf einem gereizten Axon-Abschnitt haben sich Protein-Kanäle geöffnet, die $Na^+$-Ionen ungehindert durchtreten lassen. Sowohl das Konzentrationsgefälle wie auch das elektrische Feld bewirken einen schnellen Einstrom von $Na^+$-Ionen ins Axon, so dass sich bald auf der Innenseite der Membran mehr positiv geladene Teilchen befinden als außen. Die Membran ist umpolarisiert: Ein Aktionspotenzial ist entstanden.

Die Höhe des **Aktionspotenzials** ist unabhängig von der Stärke des Reizes. Ein Reiz verursacht entweder ein Akzionspotenzial in voller Höhe oder das Ruhepotenzial bleibt bestehen. Eine dritte Möglichkeit gibt es nicht: Das Aktionspotenzial ist ein **Alles-oder-Nichts**-Ereignis.

Nach kurzer Zeit schließen sich die $Na^+$-Kanäle wieder und kehren in den Ruhezustand zurück. Zeitlich verzögert öffnen sich spannungsgesteuert die $K^+$-Kanäle. $K^+$-Ionen strömen nach außen und stellen das Ruhepotenzial wieder her (**Repolarisation**). Für eine kurze Zeit verharren noch die $Na^+$-Kanäle in ihrer inaktiven Konformation (**Refraktärzeit**). Erst wenn das Ruhepotenzial wiederhergestellt ist, können sich die $Na^+$-Kanäle erneut öffnen.

Die Kalium-Natrium-Pumpe pumpt fortwährend eingedrungene Natriumionen aus der Zelle heraus und gleichzeitig Kaliumionen nach innen. Das ursprüngliche Konzentrationsungleichgewicht der Ionen wird wieder hergestellt.

## KANÄLE IN DER MEMBRAN

Die meisten Ionenkanäle sind im Ruhezustand geschlossen. Oft verhindert die Seitengruppe einer Aminosäure in der Wand des Kanaleingangs den Eintritt. Erst wenn der Kanal ein Signal erhält sich zu öffnen, dreht sich eine als Barriere wirkende Aminosäureseitenkette aus der Pore des Kanals heraus und gibt den Weg frei. Ein Signal für das Aufmachen kann das Anlagern eines Botenstoffs sein: eines Transmitters, eines Hormons oder eines Signalmoleküle aus der Zelle selbst. Ein anderes Signal ist eine Änderung der elektrischen Spannung über der Zellmembran, wie sie auftritt, wenn ein Aktionspotenzial entlang einer Nervenfaser weitergeleitet wird.

Aktionspotenziale kommen sowohl am Axon der Nervenzellen als auch an Muskelzellen vor.

## DER ABLAUF EINES AKTIONSPOTENZIALS

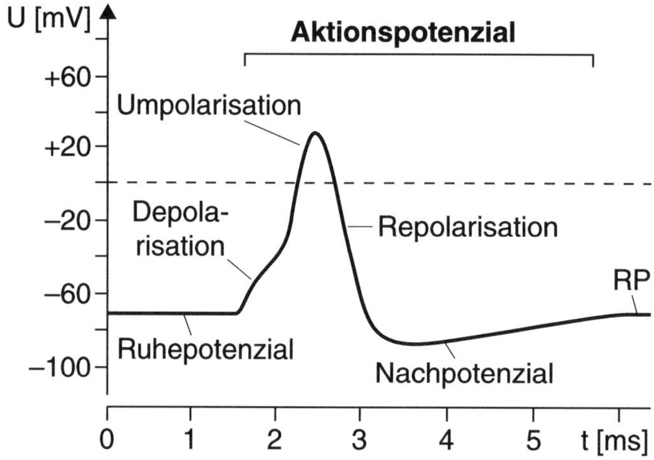

## AKTIONSPOTENZIAL

1. Wie verändern sich die Werte der Spannung über der Membran bei Umpolung?

___

2. Welche Vorgänge bewirken die Spannungsänderung?

___

3. Was trifft auf ein Aktionspotenzial zu?

☐ **A** Seine Höhe ist abhängig von der Stärke des Reizes.
☐ **B** Es dauert einige Sekunden.
☐ **C** Es stellt eine typische Sinuskurve dar.

4. Was bedeutet Repolarisation?

___

5. Welche Funktion hat die Kalium-Natrium-Pumpe?

___

## LÖSUNGEN

**1.** von ca. - 70 mV auf + 30 mV • **2.** Einstrom von Natrium-Ionen in die Zelle • **3.** keine der Angaben • **4.** die Wiederherstellung des Ruhepotenzials • **5.** Sie pumpt Na-Ionen aus der Zelle und K-Ionen hinein und stellt damit die ursprüngliche Ionenverteilung wieder her.

## ERREGUNGSLEITUNG IST EINE KETTENREAKTION

Beim Aktionspotenzial handelt es sich um ein Alles-oder-Nichts-Ereignis: Einmal in Gang gesetzt, kann es nicht mehr gestoppt werden, es setzt sich bis zum Ende des Axons fort.

Zunächst verändert sich das Membranpotenzial nur in der unmittelbaren Umgebung der gereizten Stelle. Die Natrium-Kanäle des Axons sind spannungsgesteuert. Solange über der Membran das Ruhepotenzial liegt, bleiben sie geschlossen. Überschreitet jedoch die Erregung den für das jeweilige Neuron typischen **Schwellenwert**, so registrieren benachbarte Ionenkanäle, dass sich die Spannung über der Zellmembran verändert hat. Sie öffnen ihre Poren, die Durchlässigkeit der Membran für Natrium-Ionen im bisher unerregten Membranabschnitt erhöht sich schlagartig. Ein **Aktionspotenzial** entsteht. Da die Kanäle entlang einer Nervenfaser dicht an dicht liegen, pflanzt sich das Signal als Kettenreaktion lokal begrenzter Spannungsänderungen rasch fort. Jedes Aktionspotenzial ist der auslösende Reiz für das Entstehen neuer Aktionspotenziale an benachbarten Membranstellen. Die Fortleitung des Aktionspotenzials geschieht durch ständige Neubildung. Auf diese Weise **wandert** die Erregung ohne Abschwächung mit einer Geschwindigkeit von bis zu 120 Metern pro Sekunde über das Axon. Die Größe des Aktionspotenzials von 100 bis 120 Millivolt bleibt über die volle Länge der Nervenfaser hinweg unverändert, weil der Alles-oder-Nichts-Impuls bei seiner Wanderung von der Zellmembran ständig wieder aufgebaut wird.

## ERREGUNGSLEITUNG IST GERICHTET

Etwa 1 Millisekunde nach dem Öffnen werden die Natrium-Kanäle spontan inaktiviert. Die Kanäle sind nun für Natrium-Ionen wieder unpassierbar und für kurze Zeit auch nicht bereit, sich wieder zu öffnen. Solange die Kanäle **inaktiviert** sind, ist also die Membran nicht erregbar. Das Axon befindet sich in der absoluten **Refraktärphase**.

Auf die absolute Refraktärzeit folgt eine relative Refraktärphase. Für etwa 2 Millisekunden ist die Erregungsschwelle der Axonmembran erhöht, nur eine starke Depolarisierung kann ein Aktionspotenzial auslösen.

Die Refraktärzeit sorgt dafür, dass die Erregung nur in der einmal eingeschlagenen **Richtung** weiterfließen kann. Sie gewährleistet den gerichteten Verlauf der Erregungsleitung.

Die Refraktärzeit ist der Zeitraum nach dem Durchgang eines Aktionspotenzials, in dem ein Membranbereich nicht erneut auf einen Reiz reagieren kann. Die Refraktärzeit begrenzt die maximale Frequenz der Aktionspotenziale eines Axons und verhindert die Ausbreitung der Erregung entgegen der Informationsrichtung.

Dicke Axone leiten mit höheren Geschwindigkeiten als dünne auf Grund des günstigeren Verhältnisses zwischen Membranfläche ($2\pi r \cdot d$) und leitendem Volumen ($\pi r^2 \cdot d$). Daher haben wirbellose Tiere sehr dicke Axone, wo sie eine hohe Leitungsgeschwindigkeit realisieren.

| Axon-Typ | Aα | Aβ | Aδ | C |
|---|---|---|---|---|
| Grafik | 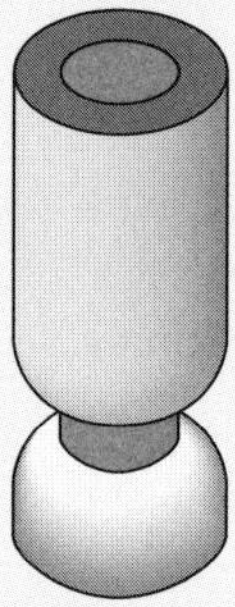 | 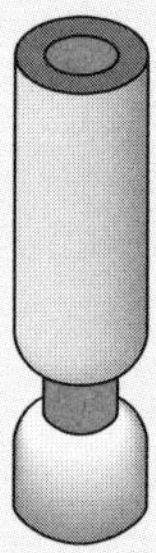 | 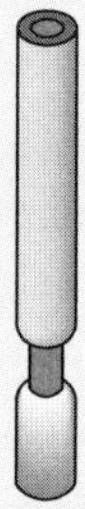 |  |
| Durchmesser [μm] | 13 - 20 | 6 - 12 | 1 - 5 | 0,2 - 1,5 |
| Geschwindigkeit [m/s] | 80 - 120 | 35 - 75 | 5 - 30 | 0,5 - 2 |

## HOHE LEITUNGSGESCHWINDIGKEIT DURCH SALTATORISCHE ERREGUNGSLEITUNG

Bei den höheren Wirbeltieren, also auch beim Menschen, sind die meisten Axone mit einer Myelinscheide ummantelt. Dies betrifft nicht nur Motoneurone, wie die menschlichen Arm- und Beinnerven, die zu den großen Muskeln ziehen, sondern auch die meisten Fasern innerhalb des Zentralnervensystems. Der hohe Fettanteil des Myelins lässt die so genannte Weiße Substanz in Gehirn und Rückenmark glänzend weiß erscheinen.

Die Markscheide wirkt wie eine elektrische Isolationsschicht. Nur an den Ranvier'schen Schnürringen lässt sie einen Kontakt zwischen der Axonmembran und der extrazellulären Flüssigkeit zu. Hierdurch wird die Leitungsgeschwindigkeit des Axons enorm gesteigert. Der durch eine Depolarisation ausgelöste Stromfluss kann nicht durch die isolierende Myelinscheide dringen und erregt die Membran nur an den Ranvier'schen Schnürringen, den freiliegenden Nervenfasermembranteilen zwischen den isolierenden Myelinscheiden. Lediglich an den Schnürringen wird das Nervensignal aktiv verstärkt. Das Überspringen der myelinisierten Bereiche wird saltatorische Erregungsleitung genannt. Durch die saltatorische Erregungsleitung wird die Leitungsgeschwindigkeit etwa um den Faktor 20 gegenüber einem unmyelinisierten Axon gleicher Dicke beschleunigt.

Saltatorische Erregungsleitung beschleunigt nicht nur die Fortleitung eines Signals, sie spart auch Energie. Im myelinisierten Bereich muss die $Na^+$-$K^+$-Pumpe nicht aktiv werden.

Die Rolle der Markscheide wird besonders deutlich, wenn sie geschädigt ist, wie beispielsweise bei der Multiplen Sklerose, einer der häufigsten Nervenerkrankungen. Durch den Zerfall der Markscheiden verlangsamt sich die Erregungsleitung, die Bewegungskoordination ist gestört.

## GESCHWINDIGKEIT VS. ENERGIEBEDARF

Im myelinfreien Axon ist die Signalleitung nur durch eine erhebliche Vergrößerung des Axondurchmessers zu beschleunigen: So leitet zum Beispiel ein myelinisiertes Axon mit einem Durchmesser von 12 µm (Frosch) ein Signal mit einer Geschwindigkeit von 25 Metern pro Sekunde. Eine ähnliche Geschwindigkeit erreicht auch ein markloses Riesenaxon des Tintenfisches. Dieses ist allerdings mehr als 40-mal so dick und verbraucht die 5000-fache Energie für die Erregungsleitung.

Das Riesenaxon hat einen deutlich höheren Energieverbrauch: Durch die ständige Arbeit der $Na^+$-$K^+$-Pumpen ist die Erregungsleitung sehr energiebedürftig. Die markhaltige Nervenfaser spart Energie trotz höherer Leitungsgeschwindigkeit. Im myelinisierten Bereich muss die $Na^+$-$K^+$-Pumpe nicht in Aktion treten, deren Arbeit ist auf die Schnürringe – also sehr kleine Abschnitte des Axons – begrenzt.

## ERREGUNGSLEITUNG, LEITUNGSGESCHWINDIGKEIT

1. Welcher Sachverhalt liegt der Erregungsleitung zugrunde?

_______________________________________________

2. Was versteht man unter Refraktärphase?

_______________________________________________

3. Was trifft nicht zu?

- ☐ **A** Das Aktionspotenzial schwächt sich bei der Weiterleitung ab.
- ☐ **B** Nach einem Aktionspotenzial sind die Natrium-Kanäle kurzfristig inaktiv.
- ☐ **C** Die Refraktärzeit bewirkt die Erregungsleitung in einer Richtung.

4. Was liegt der saltatorischen Erregungsleitung zugrunde?

_______________________________________________

5. Bei welcher Nervenerkrankung wird die Markscheide geschädigt? Was sind die Folgen?

_______________________________________________

## LÖSUNGEN

**1.** Ein Aktionspotenzial löst in unmittelbarer Nachbarschaft ein neues Aktionspotenzial aus. • **2.** die kurzzeitige Inaktivierung und Unerregbarkeit der Natrium-Kanäle • **3.** A • **4.** die abschnittweise Umhüllung des Neurons mit der Myelinhülle • **5.** Bei der Multiplen Sklerose verlangsamt sich die Bewegungsleitung, die Bewegungskoordination ist gestört.

# Die Natrium-Kalium-Pumpe

Ruhe- und Aktionspotenzial beruhen auf der ungleichen Verteilung von Ionen zu beiden Seiten der Zellmembran. Dieses Ungleichgewicht kommt durch die Arbeit der **Natrium-Kalium-Pumpe** zustande.

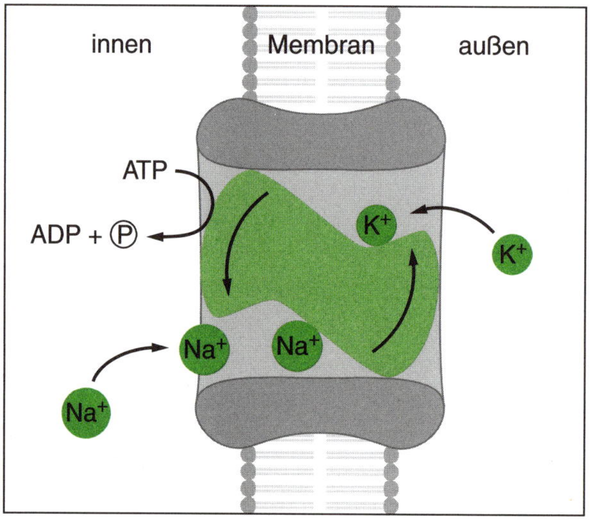

## DIE NA-K-PUMPE

Die Natrium-Kalium-Pumpe wird auch als $Na^+$-$K^+$-ATPase bezeichnet, denn der Transport der Natrium- und Kalium-Ionen ist unbedingt mit der Hydrolyse von ATP zu ADP und $P_i$ gekoppelt. ATP (Adenosintriphosphat) ist also der Energielieferant der Pumpenmoleküle. Wenn – etwa durch Vergiftung der Atmungskette – kein ATP mehr vorhanden ist, kommt es unmittelbar zum Stillstand der Ionenpumpen.

Die $Na^+$-$K^+$-ATPase ist ein **Transmembranprotein**. Auf ihrer zytoplasmatischen Seite (Innenseite) befinden sich selektive Bindungsstellen für $Na^+$ und ATP, auf der Außenseite befinden sich zwei Bindungsstellen für Kalium-Ionen. In der Regel transportiert das Enzym durch Konformationsänderungen drei $Na^+$-Ionen nach außen und zwei $K^+$-Ionen nach innen. Es handelt sich also um einen Gegentransport oder **Antiport**. Da beide Transporte gegen den Konzentrationsgradienten erfolgen, erfordern sie viel **Energie**. Sie benötigen bis zu 70 % des Gesamtenergieverbrauches einer aktiven Nervenzelle.

Pro Sekunde transportiert die ATPase etwa 300 $Na^+$-Ionen und 200 $K^+$-Ionen durch die Membran. Die meisten Nervenzellen besitzen pro 1 $\mu m^2$ Membranoberfläche (das ist eine Fläche von 0,001 • 0,001 mm) zwischen 100 und 200 solcher Ionenpumpen; an bestimmten Stellen kann dieser Wert zehnmal höher sein. Das bedeutet, dass eine einzige kleine Nervenzelle etwa eine Million $Na^+$-$K^+$-Pumpen besitzt, die pro Sekunde bis zu 200 Millionen $Na^+$-Ionen aus der Zelle heraustransportieren können.

Cyanide sind starke Gifte; bei einem erwachsenen Menschen beträgt die letale Dosis etwa 140 Milligramm $CN^-$. Cyanid ist ein Atemgift, durch die Hemmung der Atmungskette kommt die Zellatmung schnell zum Erliegen.

Werden Cyanid-Ionen einer Nervenfaser zugeführt, so sind zunächst noch Aktionspotenziale auslösbar, allerdings sinkt die Erregbarkeit schnell ab, auch das Ruhepotenzial wird schwächer.

## DIE WIRKUNG VON CYANID

Wirkt Cyanid auf ein Neuron, so wird die Atmungskette in den Mitochondrien vergiftet. Die Mitochondrien können kein ATP mehr herstellen. Die Vorräte an ATP in der Zelle sind sehr klein, die Natrium-Kalium-Pumpe arbeitet mit hohem Energieverbrauch. Ohne ATP kommt sie zum Stillstand. Auch wenn keine Aktionspotenziale ausgelöst werden, wird das Ionenungleichgewicht zwischen intra- und extrazellulärem Raum des Axons durch Leckströme abgebaut,. Die Membranspannung sinkt langsam ab und verschwindet.

Solange über dem Membran des Axons noch eine Membranspannung vorhanden ist, ist die Membran noch erregbar. Erst wenn diese unter einen kritischen Wert gesunken ist, so können keine Aktionspotenziale mehr ausgelöst oder geleitet werden.

Begründung: Die Erregbarkeit der Nervenzelle beruht auf der ungleichen Verteilung der Kationen zu beiden Seiten der Membran. Diese Ionenverteilung wird durch die Natrium-Kalium-Pumpe aufrechterhalten. Ist die Energiezufuhr unterbrochen, so arbeitet die Pumpe nicht mehr, die mit den Aktionspotenzialen verknüpften Ionenströme durch die Membran bauen das Ionenungleichgewicht schnell ab, die Membran ist nicht mehr erregbar.

Vor Entdeckung der Neurotransmitter war der Mechanismus der Erregungsübertragung vom Nerv zum ausführenden Organ vollkommen unbekannt.

## EIN BAHNBRECHENDER VERSUCH

Der Pharmakologe Otto Loewi erhielt 1936 den Nobelpreis für Medizin für einen bahnbrechenden Versuch, den er schon im Jahre 1921 gemacht hatte:

Er präparierte das schlagende Herz eines Frosches mit den zuführenden Nerven und brachte es in eine Nährlösung. Als er den Vagus – einen Gehirnnerv – reizte, sank die Frequenz des Herzschlags. Anschließend brachte Loewi ein anderes Froschherz in diese Lösung und beobachtete, dass sich auch dessen Schlagfrequenz erniedrigte.

Loewi konnte aus diesem Versuchsergebnis ableiten, dass ein Nerv durch die Vermittlung chemischer Stoffe eine Muskelbewegung (hier die des Herzens) beeinflussen kann.

Verallgemeinert kann man folgern:

Die Übertragung der Erregung vom Nerv zum Muskel beruht auf der Freisetzung eines chemischen Stoffes (eines Transmitters).

Otto Loewi's Arbeit wurde 1921 mit einer nur knapp vier Seiten langen Publikation „*Über humorale Übertragbarkeit der Herznervenwirkung*" eingeleitet und zeigte, dass die Impulsübertragung auf der Freisetzung eines chemischen Stoffes, eines Transmitters, beruhte.

## DAS VEGETATIVE NERVENSYSTEM

Zum vegetativen Nervensystem oder Eingeweidenervensystem gehören die Bahnen, die zu Drüsen, zum Herz und zur glatten Muskulatur ziehen und die zugehörigen Zentren in Gehirn und Rückenmark.

Atmung, Blutkreislauf, Verdauung, Exkretion, die Funktion der Geschlechtsorgane und die Regulation des Stoffwechsels und der Körpertemperatur sind Körperfunktionen, die zur Aufrechterhaltung des Lebens notwendig sind und weitgehend unabhängig von unserem Bewusstsein und Willen verlaufen. Alle diese Funktionen werden vom vegetativen Nervensystem gesteuert. Der Name „Autonomes Nervensystem" drückt aus, dass das System in der Regel **ohne willentliche Kontrolle** arbeitet. Das vegetative Nervensystem steht jedoch mit Gehirn und Rückenmark in enger Verbindung. Sinneseindrücke, Gedanken und Stimmungen wirken sich auf die Arbeit der inneren Organe aus.

Das vegetative System steuert die Organe nach dem antagonistischen Prinzip. Es besteht aus **zwei Komponenten**, dem sympathischen und dem parasympathischen System.

Während der **Sympathicus** bei Belastung des Organismus, bei Angriff, Flucht und Leistungssteigerung (*„fight or flight"*) aktiviert wird, steuert der **Parasympathicus** Schonung des Organismus, Ruhe und Erholung (*„rest and digest"*). Entsprechend werden Organe wie Herzmuskel und Atmungsorgane durch den Sympathicus aktiviert, durch den Parasympathicus gehemmt; die Tätigkeit der Verdauungsorgane dagegen vom Parasympathicus gesteigert, durch den Sympathicus vermindert.

Reizt man einen zum Herzen ziehenden Nerv des Sympathicus, so kann man eine Zunahme der Herzschlagfrequenz beobachten. Die Axone des Sympathicus haben also einen erregenden Einfluss auf die Herzmuskeln. Wiederholt man den gleichen Versuch, reizt diesmal aber einen Nerv des Parasympathicus, so kann man das Gegenteil beobachten. Die Herzschlagfrequenz nimmt deutlich ab. Offensichtlich haben die Axone des Parasympathicus einen hemmenden Einfluss auf die Herzmuskelzellen.

## FUNKTIONEN DES VEGETATIVEN NERVENSYSTEMS

**Beispiele** für die Aktivität des vegetativen Nervensystems sind

- der Anstieg der Herzaktivität und die Durchblutung der Muskulatur eines Läufers schon vor dem Start;
- die Sekretion von Speichel und Magensaft beim Gedanken an ein gutes Essen;
- die Veränderungen der Sexualorgane beim Anblick eines attraktiven oder nahestehenden Menschen des anderen Geschlechts.

## OTTO LOEWI

Otto Loewis Arbeit wurde 1921 mit einer nur knapp vier Seiten langen Publikation *Über humorale Übertragbarkeit der Herznervenwirkung* eingeleitet und zeigte, dass die Impulsübertragung auf der Freisetzung eines chemischen Stoffes, eines Transmitters, beruhte. Wie er den genannten Nachweis schließlich erbringen konnte, ist charakteristisch für seine Arbeitsweise: Seine bedeutenden Entdeckungen verdankte er oft intuitiven Geistesblitzen. So schildert er seinen entscheidenden Versuch: *„In der Nacht zum Ostersonntag dieses Jahres wachte ich auf, schaltete das Licht ein und kritzelte ein paar Notizen auf einen winzigen Streifen dünnen Papiers. Dann schlief ich wieder ein. Um sechs Uhr früh fiel mir ein, dass ich in der Nacht etwas überaus Wichtiges niedergeschrieben hatte, aber ich konnte mein eigenes Gekritzel nicht mehr entziffern. In der darauffolgenden Nacht, um drei Uhr früh, kam mir der selbe Gedanke noch einmal. Es war der Entwurf eines Experiments, das ermitteln sollte, ob die Hypothese über die chemische Transmission, die ich 17 Jahre zuvor aufgestellt hatte, korrekt war oder nicht."*

Loewi rannte in sein Labor und führte, in aller Frühe und ganz allein, den bahnbrechenden Versuch durch. Damit war erwiesen, dass durch die Nervenreizung ein chemischer Stoff entstanden war, der auf die beiden Herzen eine bestimmte Wirkung hatte. Skeptiker, die die Bedeutung von Loewis Erkenntnissen anzweifelten, verstummten bald. 1936 wurde ihm gemeinsam mit dem Engländer Henry Dale für seine *Entdeckungen in Bezug auf die chemische Übertragung der Nervenwirkung* der Nobelpreis für Medizin verliehen. Trotzdem wurde Loewi von den Nazis inhaftiert und schließlich aus Österreich vertrieben.

## DIE NATRIUM-KALIUM-PUMPE, ERREGUNGSÜBERTRAGUNG

1. In welcher Weise schädigt Cyanid die neuronale Tätigkeit?

___

2. Worauf beruht die Übertragung der Erregung vom Nerv zum Muskel?

___

3. Welche Körperfunktionen zählt man zu den Vitalfunktionen?

___

4. Was trifft auf das vegetative Nervensystem zu?

☐ **A** Es besteht aus zwei Komponenten, die sich gegenseitig verstärken.
☐ **B** Es besteht aus zwei Komponenten, deren Wirkungen entgegengesetzt sind.
☐ **C** Es beeinflusst Belastung und Schonung des Organismus.

## LÖSUNGEN

**1.** Cyanid blockiert die Atmungskette in den Mitochondrien. Deshalb fehlt ATP für die Na-K-Pumpe • **2.** Die Übertragung geschieht durch chemische Stoffe (Transmitter) • **3.** z. B. Atmung, Blutkreislauf, Regulation der Körpertemperatur • **4.** B, C

## BAU EINER NEURO MUSKULÄREN SYNAPSE

Die **motorische Endplatte** ist die Verbindungsstelle zwischen einer motorischen Nervenzelle und einer Muskelzelle. Sie dient der Steuerung (Innervation) der Muskulatur. Es handelt sich also um eine spezialisierte Synapse, deren ovale, zur Muskulatur hingewandte Oberfläche 4 bis 40 μm im Durchmesser groß ist. Typischerweise teilt sich ein motorisches Axon vor seinem Ende in viele Kollateralen, die alle als motorische Endplatten enden. Da diese alle gemeinsam erregt werden, sobald ein Aktionspotential im Axon ankommt, werden sie als funktionelle (motorische) **Einheit** zusammengefasst. Die Größe einer motorischen Einheit entscheidet, wie viele Muskelfasern sich gleichzeitig kontrahieren. Je differenziertere Bewegungen ein Muskel ausführt, desto kleiner sind die hier anzutreffenden motorischen Einheiten.

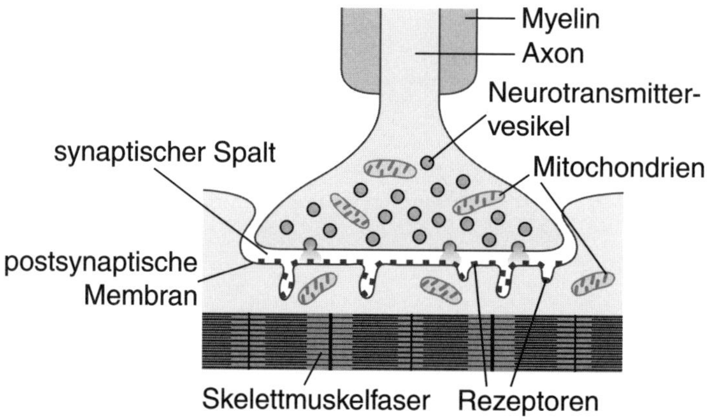

## DIE ARBEITSWEISE EINER NEUROMUSKULÄREN SYNAPSE

Wenn das Aktionspotenzial die Endigungen des Axons erreicht, erlischt es, löst aber einen anderen Prozess aus, die synaptische Übertragung:

1. Das in den Axon-Endknopf einlaufende Aktionspotenzial führt zu einem Kalzium-Ionen-Einstrom. Dieser bewirkt, dass zahlreiche Vesikel, 100 - 200 kleine membranumhüllte **Bläschen**, zur präsynaptischen Membran wandern und ihren Inhalt, Tausende von Botenstoffmolekülen (die Transmittersubstanz **Acetylcholin**), in den synaptischen Spalt entleeren.
2. Die Acetylcholin-Moleküle (pro Vesikel bis zu 10 000) diffundieren sehr rasch durch den synaptischen Spalt und binden an **Rezeptoren** in der Membran der nachgeschalteten Muskelzelle - der subsynaptischen Membran. Der Acetylcholin-Rezeptor der Skelettmuskelzellen ist ein Natrium-Kalium-Kanal, der sich bei Anlagerung des Botenstoffs Acetylcholin öffnet. $Na^+$-Ionen strömen ein, $K^+$-Ionen gleichzeitig nach außen. Durch den elektrischen Strom wird die Membran **depolarisiert**. Die Differenz zwischen der Ruhespannung und der sich einstellenden Membranspannung bezeichnet man als Endplattenpotenzial (EPP).
3. Das **Endplattenpotenzial** breitet sich passiv in die benachbarten postsynaptischen Membranbereiche des Muskels aus und führt dort zur Bildung eines Muskel-Aktionspotenzials, das in beide Richtungen über die Muskelfaser läuft.
4. Acetylcholin wird durch ein im Spaltraum vorhandenes **Enzym**, die Acetylcholinesterase, zu den unwirksamen Spaltprodukten Cholin und Essigsäure gespalten. Die Ionenkanäle schließen sich dadurch sehr rasch wieder.
5. Essigsäure und Cholin wandern zurück in den Axon-Endknopf und werden erneut zu **Acetylcholin** verknüpft und in den Vesikeln gespeichert.
6. Da die Vesikel nur im Axon-Endknopf vorhanden sind, die chemisch gesteuerten Ionenkanäle dagegen nur in der subsynaptischen Membran, kann die Erregung nur in einer Richtung - vom Axon zur Muskelfaser - geleitet werden. Die Synapse wirkt als Ventil.

## KREISLAUF DES ACETYLCHOLINS

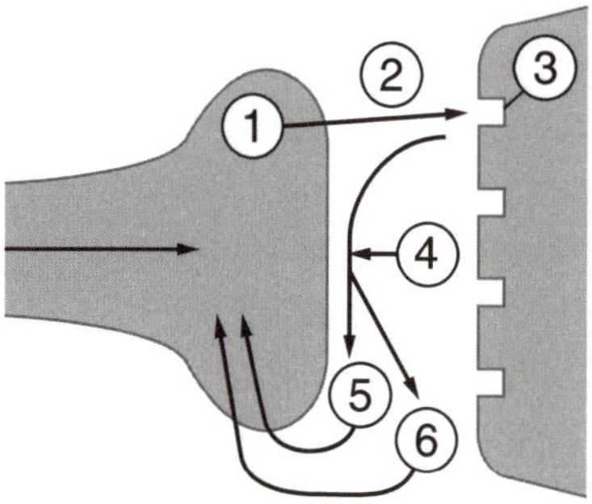


1 Ausschüttung aus den präsynaptischen Bläschen

2 Diffusion durch den synaptischen Spalt

3 Reaktion mit den Rezeptoren der subsynaptischen Membran

4 Hydrolyse durch die Cholinesterase

5 und 6 Wiederaufnahme von Ethansäure und Cholin in die Präsynapse

**Synapsengifte** haben eine große Bedeutung für die Erforschung der Ionenkanäle und der Erregungsleitung.

| Name des Giftes | Wirkungsort | Wirkung an der Synapse | Wirkung im Körper |
|---|---|---|---|
| Curare (Pfeilgift) | subsynaptische Rezeptoren für Acetylcholin | blockiert den Rezeptor für Acetylcholin, keine Öffnung der Ionenkanäle. | Lähmungen der Skelettmuskulatur; Atemlähmung |
| Atropin | subsynaptische Rezeptoren für Acetylcholin | blockiert Synapsen des Herzens, der Eingeweide, der Irismuskeln im Auge | Blockade des Parasympathicus. Erweiterung der Pupillen, der Bronchien |
| Nikotin | Subsynapse, nikotinerger Acetylcholin-Rezeptor | in niedrigen Dosen Stimulierung der sympathischen Ganglien | Verengung von Blutgefäßen |
| Alkylphosphat (E 605) | synaptischer Spalt: blockiert Acetylcholinesterase | Dauerstimulation der Acetylcholin-Rezeptoren | andauernde Erregung, Krämpfe, Atemlähmung. |
| Botulinumtoxin, Botox *(Clostridium botulinum)* | synaptische Bläschen | keine Weiterleitung von Aktionspotenzialen, kein $Ca^{2+}$-Einstrom | Muskulaturhemmung (Zwerchfell) |
| Tetanustoxin *(Clostridium tetani)* | präsynaptische Vesikel | blockiert Transmitter-Ausschüttung hemmender Synapsen | Krämpfe und Lähmungserscheinungen, (Wund-) Starrkrampf |

## SYNAPSEN

1. Welche Bestandteile umfasst die motorische Endplatte?

**1.** ______________ **2.** ______________ **3.** ______________

2. Skizzieren Sie den Ablauf der neuro-muskulären Reizübertragung.

**1.** ______________ **2.** ______________ **3.** ______________

**4.** ______________ **5.** ______________

3. Was trifft auf die Synapsengifte zu?

☐ **A** Nikotin reizt parasympathische Ganglien.
☐ **B** Atropin bewirkt die Erweiterung von Pupillen und Bronchien.
☐ **C** Botulinustoxin hemmt die Weiterleitung von Aktionspotenzialen.

## LÖSUNGEN

**1.** Axon-Endknopf, synaptischer Spalt, postsynaptische Membran (Membran der Muskelzelle) • **2.** Aktionspotenzial führt zu Ca-Ionen-Einstrom, der Ausschüttung von Acetylcholin aus den präsynaptischen Bläschen in den synaptischen Spalt bewirkt; Diffusion der Acetylcholin-Moleküle durch den synaptischen Spalt und ihre Bindung an Rezeptoren der Muskelzell-Membran unter Depolarisierung (Endplatten-Potenzial); dadurch Auslösung eines Muskel-Aktionspotenzials; enzymatische Spaltung des Acetylcholins in seine Bausteine und damit seine Inaktivierung; Rücknahme von Essigsäure und Cholin in den Axon-Endkopf • **3.** A

## DEFINITION VON DROGEN

Nach Definition der Weltgesundheitsorganisation ist jeder Wirkstoff, der physische und/oder psychische Funktionen in einem lebenden Organismus zu verändern vermag, eine **Droge**. Zu den Drogen zählt man legale Drogen wie Alkohol, Nikotin und Medikamente und illegale Drogen wie Heroin, Kokain und Haschisch. Das **Betäubungsmittelgesetz** (BtMG) nennt weit über 100 Stoffe und Zubereitungen, die aus pflanzlichen oder chemischen Grundstoffen gewonnen werden.

Häufig werden Drogen zunächst zur Herbeiführung eines Rauschs, einer Bewusstseinserweiterung aufgenommen. Später werden sie konsumiert, weil der Betroffene abhängig geworden ist. Abhängigkeit bzw. **Sucht** ist der gewohnheitsmäßige und zwanghafte Gebrauch von Drogen. Merkmale einer Sucht sind die vermeintliche Unfähigkeit, ohne den Suchtstoff zu leben, und das starke Bedürfnis nach einer immer höheren Dosis. Jede Droge birgt das Risiko, davon abhängig zu werden.

Viele Drogen beeinflussen oder blockieren Vorgänge an den Synapsen, sie wirken ähnlich wie bekannte Synapsengifte:

| Wirkungsort | Wirkungsweise | Beispiele |
|---|---|---|
| Präsynapse | Blockierung der Transmitter-Ausschüttung | Botulismus; Tetanus-Toxin |
| | völliges Entleeren der Vesikel | Gift der Schwarzen Witwe |
| | Modulation der Neurotransmitterausschüttung | Opiate (Morphium, Heroin), Amphetamine |
| | Hemmung der Wiederaufnahme des Transmitters | Kokain |
| Synaptischer Spalt | Hemmung des Transmitter-spaltenden Enzyms | Organische Phosphate („E 605") |
| Subsynapse | Agonist des Transmitters | Nikotin, LSD, Cannabis (Hanf): Haschisch und Marihuana, Amphetamine (Ecstasy), Mescalin |
| | Antagonist des Transmitters | Curare (Pfeilgift), Bungarotoxin (ein Schlangengift ), Atropin (Gift der Tollkirsche), Coffein, Alkohol (Ethanol. bzw. dessen Abbauprodukt Ethanal). |
| | Modulation der postsynaptischen Rezeptoren | Valium, Barbiturate |

## DIE WIRKUNG VON KOKAIN

### Kokain

- stimuliert das sympathische Nervensystem. Bei höherer Dosierung treten Symptome wie Nervosität, Angstzustände und paranoide Stimmungen auf;
- es beschleunigt den Puls und steigert den Blutdruck, erhöht die Körpertemperatur und weitet die Pupillen,
- ruft extreme Bewusstseinshelle und ein Gefühl von Kraft und Tatendrang hervor,
- unterdrückt Schmerzen, Hunger, Durst und Müdigkeit,
- ist euphorisierend, hebt das Selbstbewusstsein und vermittelt Hochstimmung,
- wirkt berauschend und erzeugt Halluzinationen.

Die anregenden Wirkungen sind allerdings kurz; sie münden in Müdigkeit, Angst und Aggressionsneigung. Schon nach einer halben Stunde kann der Euphorie ein depressiver Zusammenbruch folgen. Dauerkonsum bewirkt Delirien, Depression, Bewusstseinstrübung und eine starke psychische Abhängigkeit.

**Kokainmissbrauch** führt zu psychischer und physischer Abhängigkeit von der Droge. Bei fortgesetztem Konsum führt Kokain zu einer veränderten Produktion von **Neurotransmittern**, z. B. von Dopamin. Folge einer Kokainsucht sind lebensgefährliche Gesundheitsschäden wie Herz-Kreislauf-Störungen oder Herzattacken.

## DIE FUNKTIONSWEISE VON KOKAIN

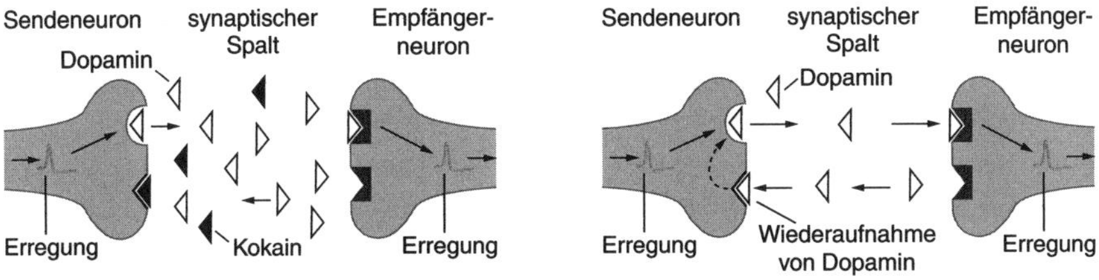


Die Grafiken zeigen die Erregungsübertragung an einer dopaminergen Synapse – einer Synapse, deren Transmitter das Dopamin ist. Die rechte Grafik zeigt, dass die Präsynapse bei Erregung Dopamin ausschüttet, das durch den synaptischen Spalt diffundiert, mit Rezeptoren der subsynaptischen Membran reagiert und an der postsynaptischen Membran eine Erregung auslöst. Die präsynaptische Membran nimmt das Dopamin wieder auf und speichert es für zukünftige Erregungsübertragungen.

Bei Anwesenheit von Kokain (linke Grafik) ist die Erregungsübertragung zunächst die gleiche: Dopamin wird ausgeschüttet, diffundiert und erregt die subsynaptische Membran. Allerdings ist die Aufnahme des Transmitters in die Präsynapse gestört, der Transmitter verbleibt im Spalt und kann immer wieder mit den Rezeptoren der Subsynapse reagieren. Bei wiederholten Impulsen an der Präsynapse steigt die Konzentration des Dopamins an, die Postsynapse wird wiederholt oder sogar dauernd stimuliert.

Die stimulierende Wirkung des Kokains ist durch eine erhöhte Transmitter-Konzentration im synaptischen Spalt zu erklären. Diese hat eine stärkere Depolarisation der postsynaptischen Membran und damit eine stärkere Erregung der nachgeschalteten Nervenzelle zur Folge.

Das menschliche Nervensystem ist ein komplexes Netz aus einigen Milliarden Nervenzellen.

Ein Neuron kann Erregungen von bis zu 100 000 anderen Neuronen erhalten (Konvergenz), andererseits seine Erregung an ebenso viele andere Neurone übermitteln (Divergenz). Synapsen zwischen Neuronen (neuro-neuronale Synapsen) in Gehirn und Rückenmark bezeichnet man als zentrale Synapsen.

Zentrale Synapsen sind Stellen, an denen die Erregung von einem Neuron auf ein anderes Neuron übertragen wird.

Nervenfasern anderer Neuronen enden gewöhnlich auf Dendriten des nächsten Neurons, man bezeichnet sie als axo-dendritische Synapsen. Manche Endknöpfchen enden auf dem Soma der Empfängerzelle, sie sind axo-somatisch. Seltener endet ein Axon am Axon einer anderen Zelle und bildet eine axo-axonale Synapse.

In ihrem Aufbau entsprechen zentrale Synapsen etwa den neuromuskulären Synapsen, auch sie übertragen die Erregung durch chemische Transmitter.

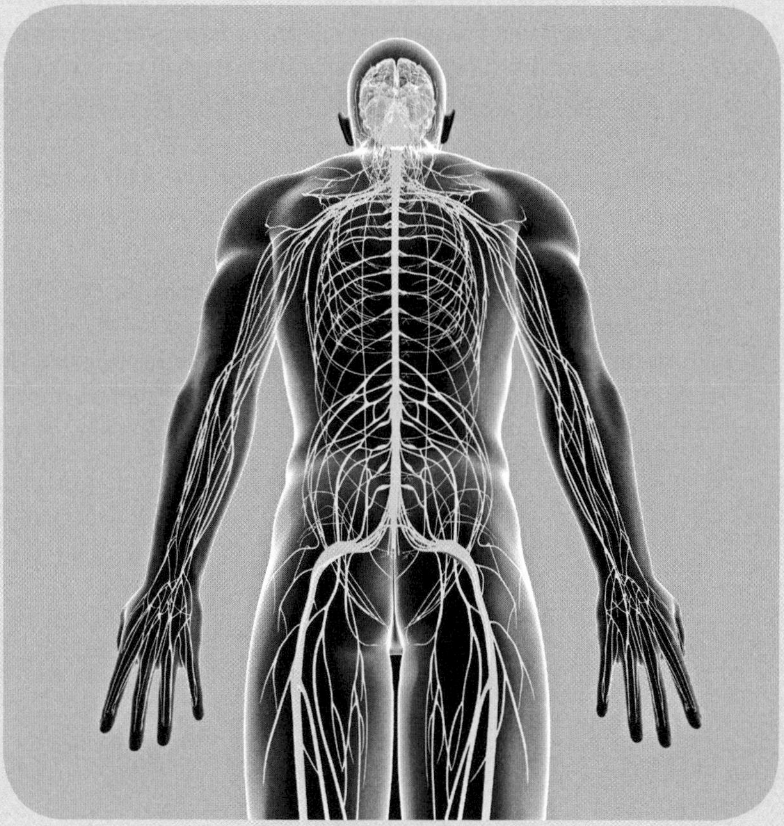

## VERSCHIEDENE POSTSYNAPTISCHE POTENZIALE

Die Membran postsynaptischer Neurone wird durch die Wirkung mancher Transmitter depolarisiert - es entsteht ein erregendes (exzitatorisches) postsynaptisches Potential (**EPSP**). Durch andere Transmitter kann sie jedoch hyperpolarisiert werden, ein inhibitorisches postsynaptisches Potential entsteht (**IPSP**).

## DER ABLAUF POSTSYNAPTISCHER POTENZIALE

Postsynaptische Potenziale (PSPs) sind **variabel**: Ihre Höhe hängt von der ausgeschütteten Transmittermenge ab. Von der Synapse bis zum Ursprung des Axons wird ein PSP ohne Verstärkung weitergeleitet. Die dabei auftretenden Leitungsverluste sind umso größer, je weiter die Synapse vom Axon-Ursprung entfernt ist:

Postsynaptische Potenziale folgen *nicht* dem Alles-oder-Nichts-Gesetz.

Ein EPSP steigt ungefähr 2 - 3 ms an und fällt dann im Verlauf von 10 - 12 ms wieder ab. Postsynaptische Potenziale breiten sich unter **Abschwächung** bis zum Axonhügel aus. Der Axonhügel ist die impulauslösende Region des Neurons. Hier entscheidet sich, ob ein Aktionspotenzial ausgelöst wird oder nicht. Nur **überschwellige** Potenziale werden in Aktionspotenziale umgesetzt.

## AKTIONSPOTENZIALE DURCH SUMMATION

Neurone im Gehirn müssen oft Erregungen miteinander verrechnen, die an vielen tausend Synapsen eintreffen. Dabei ist die Höhe jeder Potenzialänderung auch von der vorherigen Größe des Membranpotenzials abhängig. Das Verfahren dieser Verrechnung kann man mit einfachen Experimenten simulieren:

- mit Versuchen zur zeitlichen Summation: Mehrere Impulse treffen kurz hintereinander ein. Die so hervorgerufenen Änderungen des Membranpotenzials überlagern sich und können gemeinsam am Axonhügel ein Aktionspotenzial auslösen, auch wenn jedes einzelne unterschwellig ist. Voraussetzung ist die Aufeinanderfolge mehrerer EPSPs innerhalb weniger Millisekunden.
- mit Versuchen zur räumlichen Summation an erregenden Synapsen: Mehrere Impulse treffen an verschiedenen zentralen Synapsen gleichzeitig ein. Die an den einzelnen Subsynapsen erzeugten postsynaptischen Potenziale breiten sich über die Membran des Neurons aus und überlagern sich. Ist die Summe der Potenziale überschwellig, so entsteht am Axonhügel ein Aktionspotenzial. Voraussetzung der räumlichen Summation ist die gleichzeitige Erregung mehrerer Synapsen an einem Neuron.
- mit Versuchen zur Verrechnung erregender und inhibitorischer Synapsen: EPSPs und IPSPs werden an verschiedenen Orten des Neurons gleichzeitig ausgelöst und summiert.

## POSTSYNAPTISCHE POTENZIALE WERDEN VERRECHNET

In zentralen Synapsen führt erst die gleichzeitige oder schnell aufeinanderfolgende Tätigkeit mehrerer Synapsen zu einem überschwelligen EPSP und damit zu fortgeleiteter Erregung. Synapsen sind also nicht nur Kontaktstellen; sie sind auch die Rechenelemente des Nervensystems. Die Membran des Zellkörpers kann beliebig viele lokale Potenzialänderungen (EPSPs und IPSPs) addieren. Wenn die Summe das Schwellenpotenzial überschreitet, wird ein Aktionspotenzial ausgelöst. Das Ergebnis der Addition ist also immer eine Alles-oder-Nichts-Reaktion des Axons.

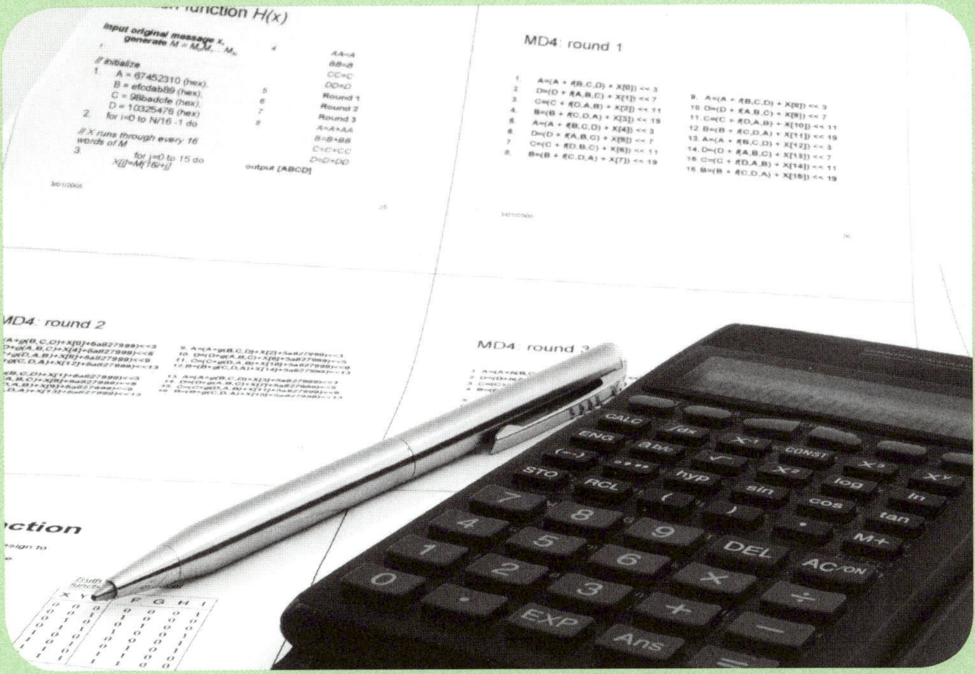

## NACHWEIS DER VERRECHNUNG DURCH EXPERIMENTE

In einem Experiment wird ein Axon A durch einen Reizgenerator mit drei aufeinanderfolgenden kurzen Impulsen elektrisch erregt. Vier Messanordnungen zeichnen die Reaktion dieses Axons (Oszilloskop 1) sowie einer nachgeschalteten Nervenzelle D (Oszilloskope 2 - 4) auf.

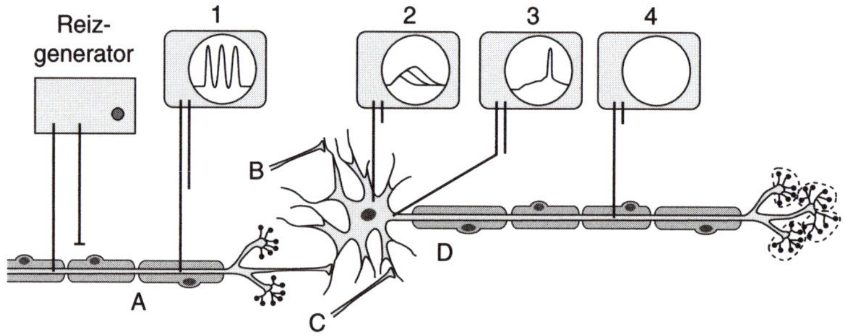


An den Dendriten der Zelle D wird durch Reizung der Zelle A ein exzitatorisches postsynaptisches Potenzial (EPSP) ausgelöst, dessen Verlauf an der Membran des Zellkörpers am Oszilloskop 2 verfolgt werden kann:

- Der Verlauf der Potenzialänderung am Zellkörper folgt nicht dem Alles-oder-Nichts-Gesetz, es ist gradiert.
- Die Dauer eines EPSPs am Soma ist deutlich länger als die eines Aktionspotenzials.
- Kurz hintereinander ausgelöste EPSPs werden addiert.
- Wenn am Axonhügel ein überschwelliges EPSP ankommt, so wird ein Aktionspotenzial ausgelöst (s. Oszilloskop 3).
- Oszilloskop 4 würde dann auch ein typisches Aktionspotenzial anzeigen:

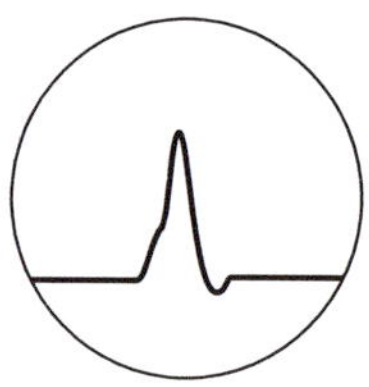

## DROGEN UND VERRECHNUNG

1. Nennen Sie Drogen, die als Synapsengifte wirken. Worauf beruht die Wirkung?

Präsynapse: ______________ Synaptischer Spalt: ______________

Postsynapse: ______________

2. Wie wirken postsynaptische Potenziale?

______________________________

3. Was trifft aufpostsynaptische Potenziale zu?

- ☐ **A** Sie dauern einige Millisekunden.
- ☐ **B** Sie folgend dem Alles-oder-Nichts-Gesetz.
- ☐ **C** Sie werden addiert.

4. Wie lassen sich die Überlagerungen von Potenzialen am Zellkörper und ihre Wirkungen am Axon experimentell nachweisen?

______________________________

## LÖSUNGEN

**1.** Kokain: Hemmung der Transmitter-Wiederaufnahme; E 605: Hemmung des transmitterspaltenden Enzyms; Cannabis: Agonist des Transmitters • **2.** erregend oder hemmend • **3.** A, C • **4.** durch Reizung eines Axons und der Messung von Potenzialen an verschiedenen Orten des nachgeschalteten Neurons

## DER BAU DER RETINA

Die Retina besteht aus Lichtsinneszellen und Nervenzellen. Die Zellen sind in drei Schichten angeordnet:

- Die **Fotorezeptoren: Stäbchen** sind Lichtsinneszellen, die das Hell-Dunkel-Sehen bei geringen Lichtintensitäten (skotopisches Sehen) vermitteln. Die **Zapfen** vermitteln das Farbensehen (photopisches Sehen). Es gibt drei Zapfentypen, die jeweils ein anderes Pigment tragen und in einem anderen Bereich des sichtbaren Spektrums ihre höchste Empfindlichkeit haben. Im Auge des Menschen sind – wie bei allen Wirbeltieren – die Lichtsinneszellen nicht dem Licht zugewandt. Das Licht muss die beiden anderen Zellschichten durchdringen, bevor es die Rezeptoren erregen kann. Man bezeichnet die Netzhaut der Wirbeltiere als inverse Retina.
- **Ganglienzellen** fassen die Erregungen der Stäbchen und Zapfen, mit denen sie verbunden sind, zusammen. Sie reagieren auf die Belichtung der Sensoren ihres rezeptiven Feldes, indem sie ihre Impulsfrequenz steigern oder senken. Ihre Axone bilden den **Sehnerv**. Die Amakrinen verknüpfen verschiedene Ganglienzellen. Sie haben viele verschiedene Funktionen. Eine davon ist, die Antworten mancher Ganglienzellen phasisch zu gestalten.
- Dazwischen liegt die Schicht der Bipolaren. Die **Bipolarzellen** verbinden die Rezeptoren mit den Ganglienzellen. Sie werden durch belichtete Zapfen teilweise hyperpolarisiert, teilweise depolarisert. **Horizontalzellen** bilden Synapsen mit benachbarten Sinneszellen und hemmen die Nachbarn einer belichteten Zelle. Sie spielen eine wichtige Rolle bei der Lateralen Hemmung.

Während die Zapfen der Fovea (der Sehgrube) meist über eine Bipolare mit einer Ganglienzelle verbunden sind (direkte Schaltung), sind am Rande der Netzhaut viele Rezeptoren (etwa 15 - 30 Stäbchen) mit einer Bipolaren, mehrere Bipolaren mit einer Ganglienzelle verbunden: konvergente Schaltung. Alle mit einer Ganglienzelle verbundenen Zellen – Stäbchen, Zapfen, Bipolare – bilden eine **rezeptive Einheit**. Je mehr Zellen zu einer solchen Einheit zusammengefasst sind, d.h. je größer das rezeptive Feld ist, desto grober wird das Raster, das die betreffende Netzhautstelle auflösen kann. Die 130 Mio. Stäbchen der Netzhaut sind auf eine Million Ganglienzellen verschaltet.

## DIE REZEPTIVE EINHEIT

Die Erregungen der zu einer rezeptiven Einheit gehörenden Rezeptoren werden i. A. nicht einfach addiert. Häufig sind die Zellen im Zentrum des rezeptiven Feldes durch erregende Synapsen mit der Ganglienzelle verbunden, die Zellen am Rande des Feldes dagegen über hemmende Synapsen: Laterale Hemmung oder laterale Inhibition. Bei gleichmäßiger Beleuchtung des ganzen Feldes ist die Ganglienzelle nicht oder nur wenig erregt. Sie spricht erst dann an, wenn das Feld ungleichmäßig beleuchtet ist. Die Wahrnehmung eines Objektes beruht stärker auf seinem Kontrast als auf der von ihm aufs Auge einfallenden Lichtmenge. Es ist die gegensätzliche Reaktion von Zentrum und Umfeld, die zur Kontrastverstärkung führt.

Im Zentralnervensystem ist die laterale Hemmung ein allgemeines Prinzip. Sie tritt in vielen Schaltkreisen auf. Das Ergebnis der lateralen Hemmung ist die Kontrastverstärkung, und damit die Herausbildung von Gestaltgrenzen, die als Grundlage der Orientierung dienen können.

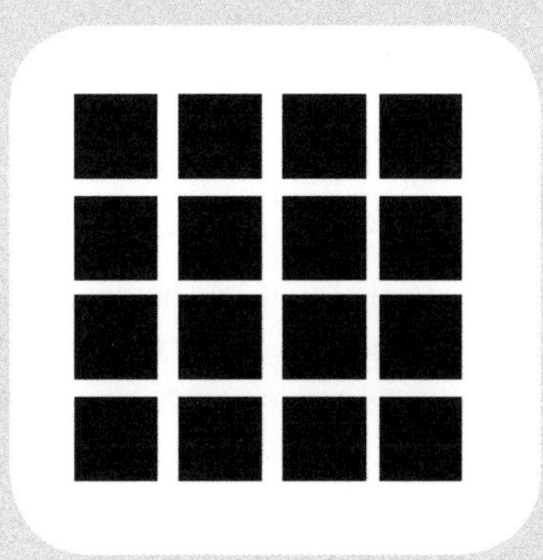

## UNTERSCHIEDLICHE REZEPTOREN

Jedes einzelne Aktionspotenzial hat eine unveränderliche Amplitude und eine konstante Geschwindigkeit.

Unterschiedlich starke Reize werden durch die Zahl der Impulse pro Zeiteinheit angezeigt. Auf eine Erhöhung der Reizintensität antwortet das Axon mit einer höheren **Impulsfrequenz**.

Sensoren übersetzen die Reizintensität in eine Impulsfrequenz. Das Axon arbeitet mit einem **Impulsfrequenzcode**. Maßeinheit für Frequenzen ist das Hertz (1 Hz = 1 $sec^{-1}$ = 1/sec). Bei einer Frequenz von 100 Hz leitet ein Axon 100 Impulse pro Sekunde.

Sensoren kann man nach ihrem Adaptationsverhalten in drei Typen einteilen:

**Tonische** Rezeptoren geben während der gesamten Dauer eines Reizes Signale weiter. Länger andauernde Reize werden als **Impulsfolgen** angezeigt. Je stärker der Reiz ist, desto höher ist die Impulsfrequenz: Man spricht von tonischer Codierung.

**Phasische** Rezeptoren reagieren nur auf Veränderungen. Sie signalisieren Anfang und Ende eines Reizes durch je eine kurze Impulsserie. Nicht Zustände sondern **Veränderungen** werden gemeldet. Phasische Codierung charakterisiert das Vater-Pacini-Körperchen der Haut.

**Phasisch-tonische** Rezeptoren zeigen einen neu einsetzenden Reiz durch eine sehr hohe Impulsfrequenz an. Bleibt der Reiz für längere Zeit gleich stark, so nimmt die anfänglich hohe Frequenz rasch ab auf ein konstantes Niveau. Dieses „Ermüden" von Sinneszellen nennt man **Adaptation**. Phasisch-tonische Codierung beobachtet man beim Meissner'schen Tastkörperchen.

## VERSCHIEDENE CODES

Ein Code ist eine Vorschrift, mit der Nachrichten oder Befehle zur Übertragung oder Weiterverabeitung für ein Zielsystem umgewandelt werden können.

Digitaler Code:

Eine Information wird weitergegeben als Folge einzelner Zeichen (Zahlen, Buchstaben, Spikes). Dazu muss die Information in einzelne Quanten zerlegt werden. Bei der digitalen Verarbeitung von Informationen spielen Binärcodes eine große Rolle: ja oder nein, Aktionspotenzial oder kein Aktionspotenzial.

Analoger Code:

Eine analog codierte Information wird repräsentiert durch eine physikalische Größe (Stoffmenge, Spannung), die sich kontinuierlich verändert. Die Information wird proportional zu ihrem Betrag auf dem Träger abgebildet.

Das Axon codiert eine Nachricht durch die Frequenz eines konstanten Signals. Der Impulsfrequenzcode ist ein digitaler Code.

Dendriten und Zellkörper verwenden analog codierte Signale: Die Höhe der EPSPs und IPSPs entspricht der jeweiligen Erregung. Auch die Synapse benutzt analoge Signale: Die Menge des ausgeschütteten Transmitters steht in unmittelbarem Zusammenhang mit der Stärke des Reizes.

In jeder Synapse wird digital codierte Information in ein analog codierendes System umgeformt. Im Axonhügel werden die analogen Signale wieder zu digitalen Signalen verwandelt:

| | | | | | | |
|---|---|---|---|---|---|---|
| Axon | | Synapse | | Zellkörper | | Axon |
| Impulsfrequenz | → | Transmittermenge | → | EPSP | → | Impulsfrequenz |
| digital | | analog | | analog | | digital |

Es ist dieser ständige Wechsel des Codes, die „duale Qualität der Codierung", die das Nervensystem so flexibel macht.

## EINE FOLGE UNTERSCHIEDLICHER CODIERUNGEN AM BEISPIEL

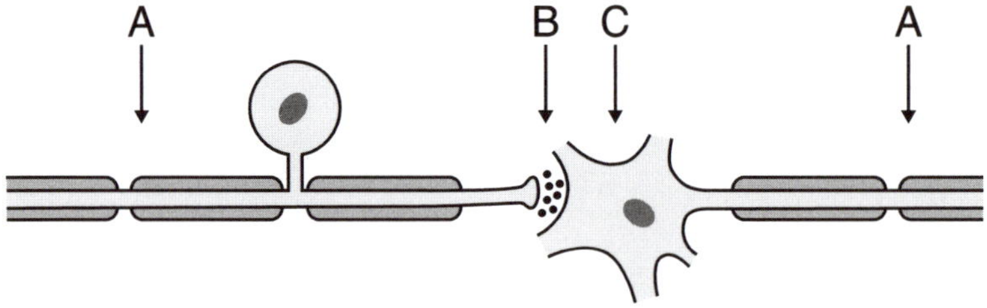


Reizstärke wird im Axon (A) durch die Frequenz der Aktionspotenziale codiert (Impuls-Frequenzcode), die Reizdauer meist durch die Dauer der Impulsserie (tonische Codierung), manchmal werden nur Anfang und Ende eines Reizes durch kurze Impulsfolgen angezeigt (phasische Codierung) oder aber das Einsetzen eines Reizes wird durch eine schnelle Impulsfolge angezeigt, die Fortdauer des Reizes durch eine Impulsfolge niedrigerer Frequenz (phasisch-tonische Codierung).

Im Synaptischen Spalt (B) werden Intensität und Dauer durch die Konzentration des Transmitters codiert (Konzentrationscode), wobei die Menge des Transmitters etwa proportional ist zur Impulsfrequenz des präsynaptischen Axons.

Im Soma (C) wird die Reizstärke durch die Amplitude der Depolarisierung bzw. Hyperpolarisation codiert, die Reizdauer durch die Dauer der De- bzw. Hyperpolarisierung.

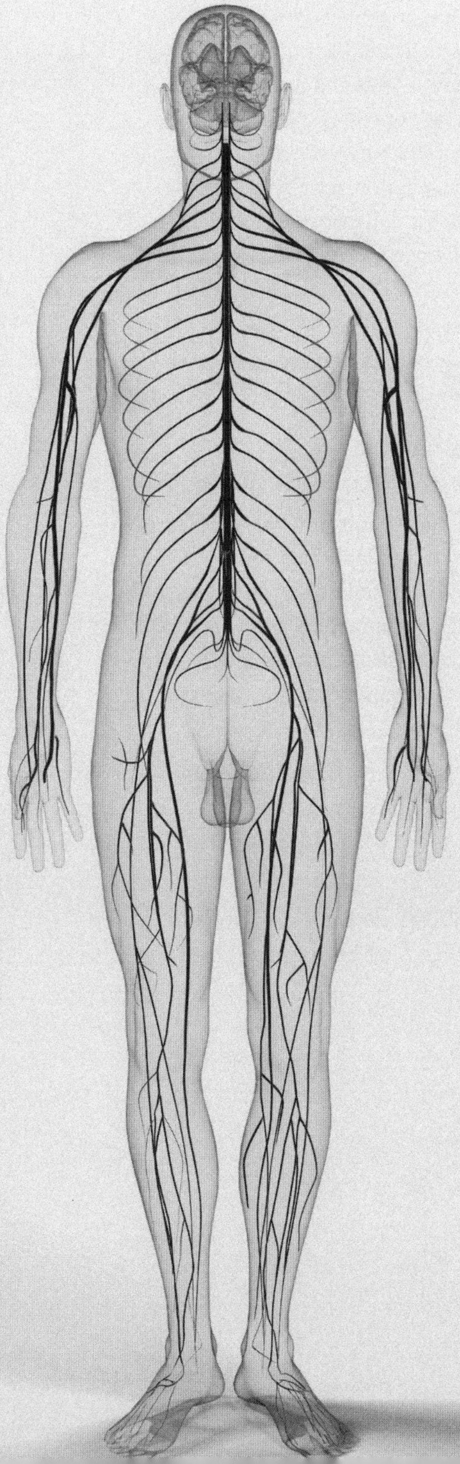

## DAS NERVENSYSTEM

Das Nervensystem hilft, die Funktionen der verschiedenen Organe zu koordinieren.

- Gehirn und Rückenmark bilden das Zentralnervensystem (ZNS). Im ZNS liegen die meisten Zellkörper der Nervenzellen. Ansammlungen von Zellkörpern bilden die graue Substanz; Bündel von markhaltigen Nervenfasern machen die weiße Substanz aus.
- Die aus Gehirn und Rückenmark austretenden Nerven stellen das periphere Nervensystem (PNS) dar. Man zählt zwölf Paare von Hirnnerven und 31 Paare von Spinal- oder Rückenmarksnerven.

Das Periphere Nervensystem umfasst Afferenzen oder sensible Bahnen, das sind Fasern, die von der Peripherie zum Zentrum leiten, und Efferenzen oder motorische Bahnen, deren Fasern die Nachrichten vom Zentrum zum Körper leiten.

## DAS RÜCKENMARK

Das Rückenmark eines Menschen ist 40-50 cm lang, sein Durchmesser entspricht etwa dem des Daumens. Es liegt im Wirbelkanal der Wirbelsäule. Das Rückenmark ist, wie das Gehirn, von drei Häuten umgeben: der harten Rückenmarkshaut, der Spinngewebehaut und der weichen Rückenmarkshaut. Zwischen den beiden letzteren befindet sich die Gehirn-Rückenmarksflüssigkeit. Zwischen den Wirbelkörpern verlassen die Spinalnerven das Rückenmark. Beim Menschen sind es 31 Paare. In der vorderen Wurzel eines jeden Spinalnervs ziehen motorische Fasern zu den Erfolgsorganen; die Zellkörper der Neuriten liegen im Vorderhorn der grauen Substanz. Die sensiblen oder afferenten Fasern von den Sinneszellen des Körpers treten über die hintere Wurzel ein. Dabei handelt es sich um pseudounipolare Nervenzellen, deren Zellkörper in den Spinalganglien liegen.

Das Rückenmark hat vorne und hinten je eine Längsfurche. Im Zentrum liegt der Rückenmarkskanal.

Er ist von der im Querschnitt schmetterlingsförmigen grauen Substanz umgeben. In den Vorderhörnern der grauen Substanz liegen die Zellkörper der motorischen Neurone. Ihre Axone bilden die vorderen Wurzeln der Spinalnerven. In den Hinterhörnen liegen sensible Neurone. Hier werden viele der durch die hintere Wurzel eintretenden Fasern umgeschaltet.

Die weiße Substanz wird vorwiegend von markhaltigen Nervenfasern aufgebaut, die nach oben und unten verlaufen oder als Spinalnerven austreten. Fast alle Bahnen wechseln in ihrem Verlauf die Körperseite – manche im Rückenmark, andere erst im Gehirn. Daher haben Schädigungen der linken Gehirnhälfte Ausfallerscheinungen auf der rechten Körperseite zur Folge.

## REFLEX

Schlägt man einer Versuchsperson, die mit frei hängendem Unterschenkel sitzt, auf die Kniesehne, so schnellt fast augenblicklich der Unterschenkel nach vorne: Diese Reaktion bezeichnet man als Kniesehnenreflex.

Ein Reflex ist eine unwillkürliche Antwort auf einen Reiz.

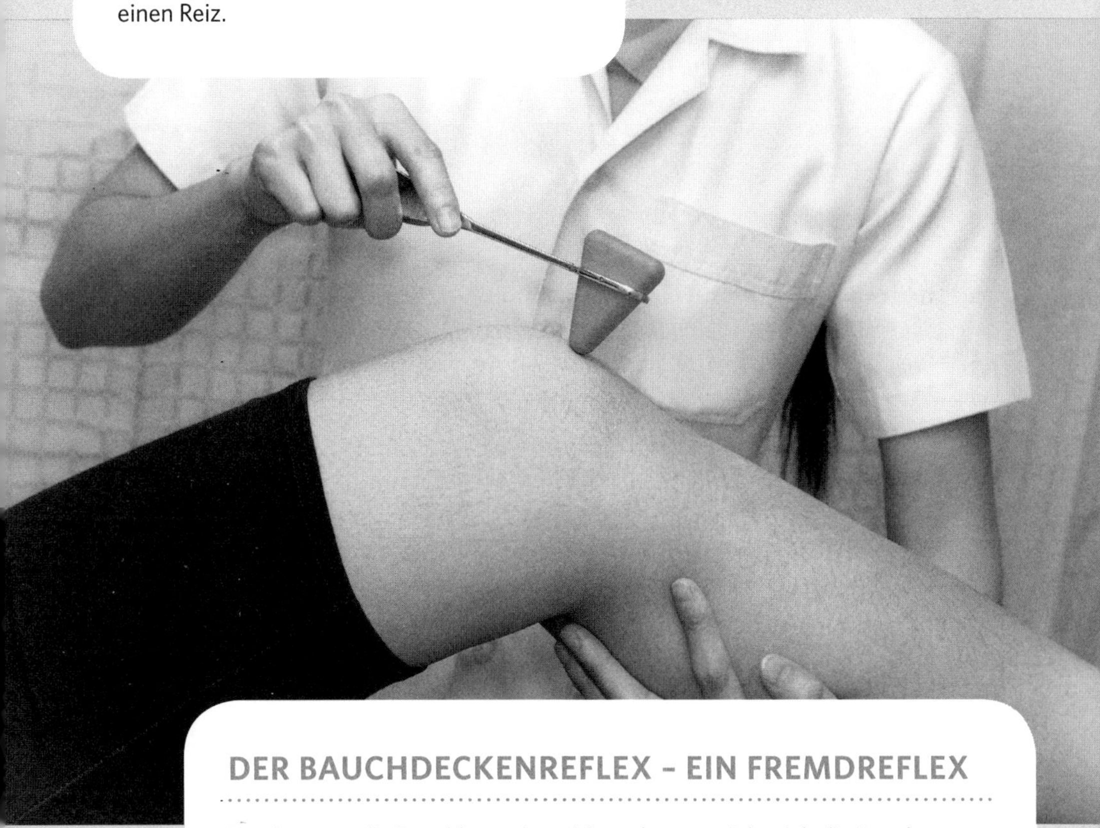

## DER BAUCHDECKENREFLEX – EIN FREMDREFLEX

Berührt man die Bauchhaut eines Menschen, so zieht sich die Bauchmuskulatur zusammen. Beim Bauchdeckenreflex liegen die Sensoren in der Haut, Effektor ist ein quergestreifter Muskel des Rumpfes. Beim Fremdreflex liegen Sensor und Effektor in unterschiedlichen Organen. Ein Fremdreflex ist ein Reflex, der einen Effekt an einer anderen Stelle als der reizauslösenden hervorruft. Im Reflexbogen der Fremdreflexe sind zwischen afferente und efferente Neurone mehrere Synapsen eingeschaltet, daher werden sie auch polysynaptische Reflexe genannt. Über Zwischenneurone kann ein sensibles Neuron mehrere Motoneurone gleichzeitig aktivieren.

Fremdreflexe sind teilweise **Schutzreflexe**: Bauchdeckenreflex, Husten- und Niesreflexe, Lidschluss-, Tränen- und Pupillenreflex. Andere sind für die **Nahrungsaufnahme** von Bedeutung: Schluck- und Speichelsekretionsreflex, bei Kleinkindern der Saugreflex.

## SCHEMA EINES FREMDREFLEXES

Bei Bestreichen der Fußsohle mit einer Nadel führen die Zehen eine Greifbewegung aus. Diese Bewegung erfolgt reflektorisch, man bezeichnet sie als **Fußsohlenreflex** oder Plantarreflex.

Das Schema zeigt den Weg der nervösen Verschaltung

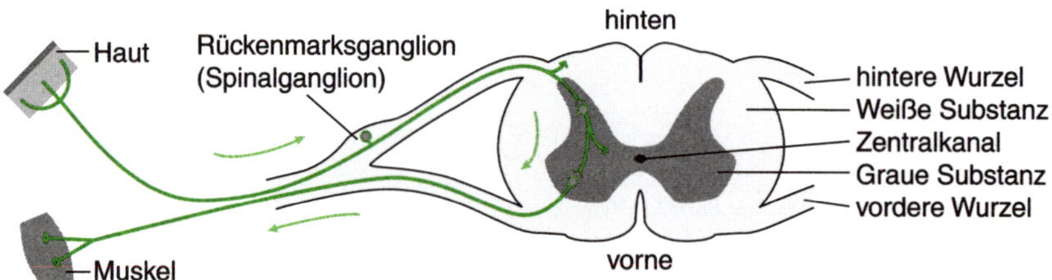


**Einfacher Reflexbogen**

## CODIERUNG IM NERVENSYSTEM, REFLEXE

1. Woraus besteht eine rezeptive Einheit der Netzhaut und welche Funktion hat sie?

______________________________

2. Wie wirken unterschiedlich starke Reize am Axon?

______________________________

3. Was trifft auf Sensoren zu?

☐ **A** Tonische Rezeptoren geben während der ganzen Reizdauer unabhängig von der Reizstärke Signale mit gleicher Impulsfrequenz ab.
☐ **B** Phasische Rezeptoren reagieren nur auf Veränderungen.
☐ **C** Phasisch-tonische Rezeptoren zeigen Adaptation.

4. Was unterscheidet Eigenreflexe und Fremdreflexe?

______________________________

## LÖSUNGEN

**1.** Fotorezeptoren und Bipolare; sie führt eine erste Verrechnung eingehender Erregungen durch • **2.** Sie verändern die Impulsfrequenz. • **3.** B, C • **4.** Beim Fremdreflex liegen Sensor und Effektor in unterschiedlichen Organen, beim Eigenreflex im selben Organ.

## DAS GEHIRN DES MENSCHEN

Das Gehirn des Menschen teilt man für eine erste Orientierung in drei Hauptregionen ein:

Das Vorderhirn umfasst Großhirn und Zwischenhirn. Das Großhirn macht 80 bis 85 % des gesamten Hirnvolumens aus. Die beiden Hemisphären überdecken die übrigen Gehirnteile.

Das Kleinhirn besteht wie das Großhirn aus zwei Hemisphären, deren Oberfläche eng gefurcht ist. Die Rinde aus grauer Substanz ist dick und kompliziert aufgebaut. Über die Brücke ist es mit dem Großhirn verbunden.

Als Stammhirn oder Hirnstamm fasst man das Verlängerte Mark oder Hinterhirn, die Brücke und das Mittelhirn zusammen.

Wie das Rückenmark, so wird auch das Gehirn von drei Häuten umgeben. Der mit Flüssigkeit gefüllte Zentralkanal des Rückenmarks setzt sich im Gehirn fort. Dort erweitert er sich zu den vier Gehirnventrikeln.

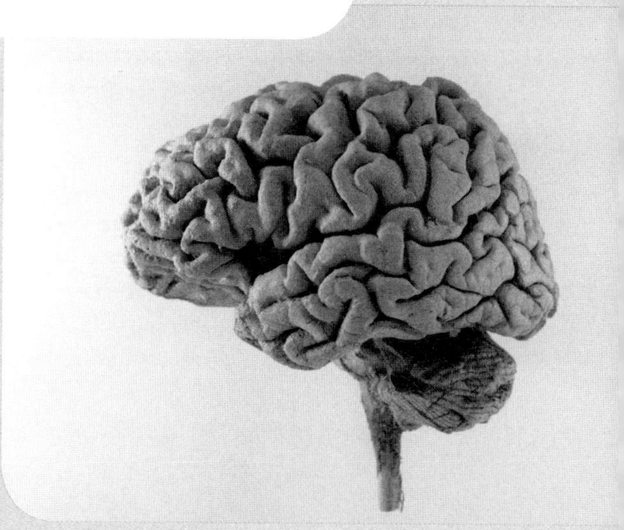

## GLIEDERUNG DES GROSSHIRNS

Das Großhirn des Menschen besteht aus zwei spiegelbildlichen Halbkugeln (**Hemisphären**), die durch ein dickes Bündel von Nervenfasern, den **Balken** oder das *Corpus callosum*, verbunden sind. Jede der Hemisphären ist in vier Lappen unterteilt.

Die Zellkörper der Neurone befinden sich zum größten Teil in der **Großhirnrinde**, dem **Cortex**. Die Rinde ist 2 - 3 mm dick, sie wird von sechs Lagen unterschiedlich aussehender Neuronen gebildet. Ihre Oberfläche ist stark gefurcht, was eine erhebliche Vergrößerung bewirkt.

Das **Mark** des Großhirns ist schneeweiß („weiße Substanz"). Es besteht aus markhaltigen Nervenfasern, die die Zellkörper der Rinde miteinander und mit der Peripherie verbinden. **Kommissuren** sind Fasern, die gleichartige Teile der beiden Hemisphären miteinander verbinden. Sie verlaufen größtenteils durch den Balken. **Assoziationsfasern** verknüpfen verschiedene Bereiche einer Hemisphäre. **Projektionsbahnen** verlaufen zu anderen Gehirnabschnitten und zum Rückenmark. Die sensiblen Fasern, die von den Sinnesorganen kommen, im Hirnstamm und meist auch noch im Thalamus umgeschaltet werden, enden zum größten Teil in den **sensorischen Rindenfeldern**, die auch als Wahrnehmungsfelder oder sensorische Projektionsfelder bezeichnet werden.

## AUGE UND SEHBAHN

Die Sehbahn ist die neuronale Verbindung des Auges mit dem Gehirn. Die ersten Umschaltungen der Sehbahn erfolgen schon in der Netzhaut. Die Rezeptoren der Netzhaut (Stäbchen und Zapfen) bilden das erste Neuron der Sehbahn. Von hier wird die Erregung auf die bipolaren Nervenzellen – das zweite Neuron der Sehbahn – weitergeleitet, die sie an die Ganglienzellen der Netzhaut – das dritte Neuron – weitergeben. Die Axone der Ganglienzellen verlassen das Auge in der Papille („blinder Fleck") und sammeln sich im Sehnerv (*Nervus opticus*). Jeder Sehnerv besteht aus rund 1 Million Fasern. In der Sehnervenkreuzung (*Chiasma opticum*) überkreuzen sich 50 % aller Fasern. Fasern der linken wie der rechten Gesichtsfelder beider Augen ziehen gemeinsam im optischen Trakt zum Thalamus. Hier werden die Fasern auf das vierte Neuron der Sehbahn umgeschaltet. Dessen Axone verlaufen als Sehstrang zur primären Sehrinde im Hinterhauptslappen der Großhirnrinde. Einige Fasern des Sehnervs ziehen ohne Umschaltung vom Thalamus zum Mittelhirn. Diese Anteile sind für die Akkomodation, den Pupillenreflex und die Richtungsbewegungen der Augen zuständig.

## SCHÄDIGUNGEN DER SEHBAHN

Schädigungen der Sehbahn führen zu Ausfällen des Gesichtsfeldes. Deshalb wird zur Diagnostik das Gesichtsfeld untersucht. Auch das Aussehen der Pupille wird beurteilt. Der tatsächliche Nachweis einer Sehbahnschädigung und ihrer Lokalisation wird aber über bildgebende Verfahren erbracht. Dazu wird ein Computertomogramm oder ein Kernspintomogramm angefertigt. Schädigungen der Sehbahn können verschiedene Ursachen haben. Dabei kommt es entweder zu einer Mangelversorgung mit Blut oder zu einem zu starken Druck auf die Sehbahn.

## BEISPIELE FÜR SCHÄDIGUNGEN

Durchblutungsstörungen, Blutungen, Tumore und Verletzungen können die Sehbahn - die Verbindung zwischen Auge und Gehirn - unterbrechen. Zur Diagnostik einer solchen Sehbahnläsion wird zunächst das Gesichtsfeld der betroffenen Person untersucht, aus den Ausfällen kann man auf den Ort der Unterbrechung schließen.

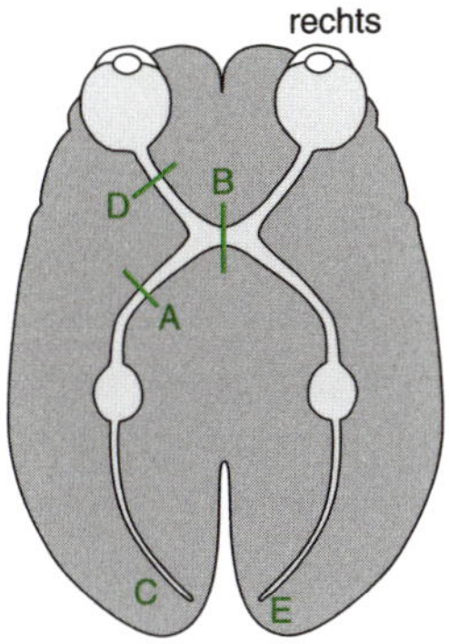


A sieht mit beiden Augen, kann aber jeweils nur noch Dinge auf der rechten Seite wahrnehmen, für Ereignisse auf der linken Hälfte ihres Gesichtsfelds ist sie blind. Bei A wurde der linke Ast der Sehbahn hinter der Sehnervenkreuzung (des optischen Trakts) geschädigt.

B hat die „Scheuklappenblindheit". Sie erkennt Gegenstände in der Mitte ihres Sehfeldes, randlich stehende Dinge werden durch eine schnelle Augenbewegung erfasst oder bleiben unbemerkt. Bei der Scheuklappenblindheit wurde die Sehnervenkreuzung durch einen Medianschnitt durchtrennt: Bahnen vom linken Auge ziehen weiter zur linken Hemisphäre, die vom rechten Auge zur rechten Hemisphäre, die kreuzenden Fasern fallen aus.

C ist „seelenblind". Er ist unfähig, irgendeinen gesehenen Gegenstand zu erkennen oder eine Person zu identifizieren, obwohl er sehen kann. Bei Seelenblindheit (optischer Agnosie) sind die optischen Erinnerungsfelder des Großhirns beidseitig ausgefallen: Die Erregungen von den Augen gelangen in die primäre optische Rinde, können aber nicht mit Erinnerungen verknüpft werden.

D sieht mit dem linken Auge nicht, obwohl beide Augen vollkommen intakt sind. Bei D ist der Sehnerv zwischen dem linken Auge und der Sehnervenkreuzung unterbrochen.

Bei E wurde festgestellt, dass Augen und Sehbahn vollkommen intakt sind. Trotzdem reagiert er nur auf Ereignisse, die sich im Gesichtsfeld links von seiner Nase abspielen; was auf der rechten Seite liegt, wird nicht bemerkt. Bei E ist das optische Rindenfeld (die primäre Sehrinde) der rechten Hemisphäre zerstört.

Das „Schlüssel-Schloss-Prinzip" beruht auf der Komplementarität bestimmter Moleküle, die zueinander passen wie ein Schlüssel in sein Schloss. Jedes Lebewesen verfügt über eine große Zahl von Molekülen, die eine spezifische Struktur besitzen, um mit dazu komplementären Molekülen in Wechselwirkung zu treten. Ladungen oder Teilladungen unterstützen durch anziehende oder abstoßende elektrische Kräfte den Effekt der Passform. Diese spezifischen Molekül-Interaktionen dienen ganz unterschiedlichen Aufgaben.

Enzyme arbeiten substratspezifisch. Eine exakte räumliche und elektrostatische Passung zwischen dem aktiven Zentrum und dem Substrat ist notwendig für ihre Funktion.

Antikörper des Immunsystems passen exakt zu ihren Antigenen. Die Antigen-Antikörper-Reaktion hilft beim Aufspüren feinster Unterschiede. Die Wirksamkeit des Immunsystems beruht auf dieser strukturellen Komplementarität.

Viren treten mit speziellen Molekülen auf ihrer Oberfläche mit ihren Wirtzellen in Kontakt. Nur wenn eine Zelle an ihrer Oberfläche einen passenden Rezeptor besitzt, kann sich das Virus anheften und die Zelle infizieren.

Hormone reagieren mit spezifischen Hormonrezeptoren ihrer Zielzellen.

Die Paarung komplementärer Basen ist Grundlage der Replikation, Transkription und Translation. Die komplementären Basen liegen in den Nukleinsäuren zumindest zeitweilig gepaart vor.

Synapsen arbeiten durch die Passung von Transmitter und Rezeptormolekül. Wenn beide miteinander reagieren, öffnet sich ein Ionenkanal.

**Sensoren** sind Energiewandler. Exterosensoren nehmen Reize aus der Umwelt auf, man findet sie im Auge, im Ohr, auf der Zunge, in der Nase und der Haut. Entero- oder Propriosensoren informieren das Nervensystem über Zustände im Körper. Beispiele sind die $CO_2$-Rezeptoren im Thalamus und die Muskelspindeln. Vater-Pacini-Körperchen in der Haut sind Exterosensoren, in inneren Organen wirken sie als Propriosensoren.

## REZEPTOREN REAGIEREN UNTERSCHIEDLICH

Sensoren kann man nach ihrem **Adaptationsverhalten** in drei Typen einteilen:

- **Tonische Rezeptoren** geben während der gesamten Dauer eines Reizes Signale weiter. Andauernde Reize werden als Impulsfolgen angezeigt. Je stärker der Reiz ist, desto höher ist die Impulsfrequenz. Die meisten Rezeptoren übersetzen die Reizintensität logarithmisch in die Impulsfrequenz.
- **Phasische Rezeptoren** reagieren nur auf Veränderungen. Sie signalisieren den Anfang, manchmal auch Anfang und Ende eines Reizes durch je eine kurze Impulsserie. Bei Dauerreizung fällt die Impulsfrequenz auf Null ab.
  Beispiele sind die Riech- und Tastsinneszellen.
- **Phasisch-tonische Rezeptoren** zeigen einen neu einsetzenden Reiz durch eine sehr hohe Impulsfrequenz an. Bleibt der Reiz für längere Zeit gleich stark, so nimmt die anfänglich hohe Frequenz rasch ab auf ein konstantes Niveau. Dieses „Ermüden" von Sinneszellen nennt man Adaptation. Phasisch-tonische Codierung beobachtet man bei Lichtrezeptoren, Schmeck- und Temperatursinneszellen und beim Schmerzsinn.

## UNTERSCHIEDLICHE REZEPTOREN IN DER NETZHAUT

In der Retina des Menschen befinden sich zwei Arten von **Photorezeptoren**: Rund 120 Mio. langgestreckte Stäbchen und 7 Mio. kürzere, dicke Zapfen.

Nach der **Duplizitätstheorie** des Sehens haben die beiden Rezeptortypen unterschiedliche Funktionen:

**Stäbchen** dienen dem Sehen in der Dämmerung, sie vermitteln nur Grauabstufungen.

**Zapfen** sind bei hellem Tageslicht aktiv, mit ihrer Hilfe können wir Farben unterscheiden.

## BELEGE DER DUPLIZITÄTSTHEORIE

Für die Duplizitätstheorie gibt es eine Reihe von Belegen:

1. Tiere mit überwiegend nächtlicher Lebensweise haben eine reine Stäbchenretina, sie sind farbenblind: so Igel, Maulwurf und Eulen. Tiere, die nur bei Tag aktiv sind, wie Eidechsen und Tagraubvögel, haben Zapfenretinen.
2. In der Dämmerung können wir keine Farben unterscheiden („Bei Nacht sind alle Katzen grau").
3. Die ungleiche Verteilung von Stäbchen und Zapfen auf der Netzhaut spiegelt sich in der ungleichen Sehschärfe bei Helligkeit und Dämmerlicht wieder.
4. Die direkte elektrische Ableitung von Stäbchen und Zapfen bei Farblicht ergab, dass Stäbchen einheitlich, Zapfen unterschiedlich reagieren.
5. Während alle Stäbchen denselben Farbstoff tragen, hat man drei verschiedene Zapfen-Opsine nachgewiesen.

## DAS STÄBCHEN - EINE LICHTSINNESZELLE

Beispiel einer Lichtsinneszelle ist ein Stäbchen aus der Netzhaut des Menschen. Das Stäbchen hat einen Durchmesser von etwa 3 µm. Es ist in ein Außensegment und ein Innensegment gegliedert, beide sind durch ein dünnes Cilium miteinander verbunden.

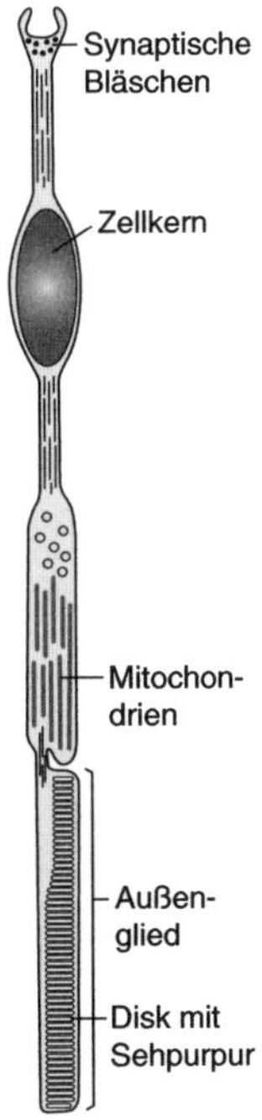


Das Innensegment enthält den Zellkern, die Mitochondrien und weitere Organelle.

Das Außensegment ist ein dünnes Röhrchen, in dem etwa 2000 Membranscheibchen („Disks") in Form einer Geldrolle dicht gestapelt sind.

Die Membran der Scheibchen besteht - wie jede Biomembran - aus zwei Proteinschichten und einer Lipidschicht. Als Besonderheit enthält sie in hoher Konzentration den Sehpurpur, das Rhodopsin.

## DER SEHFARBSTOFF RHODOPSIN

Rhodopsin ist ein Chromoprotein, eine Verbindung aus dem Farbstoff 11-cis-Retinal, der Licht absorbieren kann, und dem Protein Opsin.

Das Retinal-Molekül besitzt ein System konjugierter Doppelbindungen, das es dem Molekül ermöglicht, Lichtenergie zu absorbieren. Bei Belichtung ändert das Retinal seine Struktur. Das 11-cis-Retinal lagert sich um zu all-trans-Retinal. Dabei streckt sich das Molekül, das Opsin geht in seine angeregte Form über:

$$\text{[Opsin]-11-cis-Retinal} \xrightarrow{\text{Licht}} \text{[Opsin*]-trans-Retinal}$$

In wenigen Millisekunden zerfällt das Rhodopsin in mehreren Schritten, das Retinal trennt sich vom Opsin:

$$\text{Rhodopsin} \rightarrow \text{Opsin + All-trans-Retinal}$$

Diese Primärreaktion des Sehvorgangs ist als Bleichung des Sehfarbstoffs zu beobachten. Das Auge baut den verbrauchten Sehfarbstoff wieder auf: Das trans-Retinal wird zu Retinol (Vitamin A1) reduziert. Aus diesem wird das 11-cis-Retinal zurückgewonnen und wieder an das Opsin gebunden.

Als Folge der Veränderungen der Rhodopsin-Moleküle ändert sich die Permeabilität der Sehzellmembran für Ionen und damit auch das Membranpotenzial.

Das Rezeptorpotenzial breitet sich über die Membran der Lichtsinneszelle bis zur Synapse aus und regt die nachgeschaltete Nervenzelle an.

## AUGE, GEHIRN, LICHTREZEPTOREN

1. Was ist die Sehbahn und aus welchen Komponenten besteht sie?

___

2. Wo findet man Sensoren und welche Funktion haben sie?

___

3. Was besagt die Duplizitätstheorie des Sehens?

___

4. Welche Vorgänge laufen bei der Reizung einer Lichtsinneszelle durch einen Lichtreiz ab?

___

## LÖSUNGEN

**1.** die neuronale Verbindung des Auges mit dem Hirn; Sehzellen, Bipolare, Ganglienzellen mit langem Axon zum Thalamus (Sehnerv), viertes Neuron mit Axon zur primären Sehrinde im Großhirn • **2.** Auge, Ohr, Zunge, Nase, Haut, Muskeln. Sie sind Energiewandler und nehmen verschiedene Reize aus der Umwelt auf • **3.** In der Retina gibt es zwei Arten von Fotorezeptoren: Stäbchen und Zapfen • **4.** Umlagerung von cis-Retinal in all-trans-Retinal; Zerfall des Rhodopsins in Retinal und Opsin; Änderung der Permeabilität der Sehzellmembran und dadurch Auslösung eines Rezeptorpotenzials; Anregung der nächsten Nervenzelle

## GLUCOSE UND INSULIN

Glucose (Traubenzucker) wird im Dünndarm aus der Nahrung ins Blut aufgenommen. Nach einer kohlenhydratreichen Mahlzeit steigt der **Blutzuckerspiegel** kurzfristig an, um dann schnell wieder auf den Normwert zwischen 80 und 120 mg /100 ml zu sinken.

Sobald der Blutzuckerspiegel ansteigt, geben die Langerhans-Inseln der **Bauchspeicheldrüse** das Hormon **Insulin** ans Blut ab. Die Membran aller Zellen trägt an ihrer Oberfläche Rezeptoren, die das Insulin binden und mit einer Erhöhung der Glucose-Permeabilität antworten. Glucose wird vermehrt aus dem Blut aufgenommen und in den Zellen zu Glykogen kondensiert. Glykogen ist im Gegensatz zur Glucose osmotisch inaktiv und daher als Speicherform des Zuckers geeignet.

**Insulin** stimuliert und koordiniert die Vorratshaltung im Körper. Es steuert auch die Speicherung von Fett, regt die Proteinsynthese an, hemmt den Abbau von Proteinen und erhöht die Rückresorption der Glucose in der Niere. Es sorgt dafür, dass der Körper in Zeiten des Überflusses Nährstoffe speichert. Das „Speicherhormon" oder „Hormon des Überflusses" sorgt für Depots von Kohlehydraten, Fetten und Proteinen, auf die der Körper zurückgreifen kann, wenn die Nahrung knapp wird.

## DIE WIRKUNG VON INSULIN-MANGEL

Das erste auffällige Symptom bei Insulinmangel ist der erhöhte Blutzuckerspiegel. Steigt dieser auf über 170 mg /100 ml, so wirkt die Niere als Überlaufventil: Zucker wird im Urin ausgeschieden. Der einfachste Nachweis der Zuckerkrankheit ist der Nachweis von Zucker im Harn durch Teststreifen. Die Diagnose erfolgt durch den Glukosetoleranztest.

Bei Insulinmangel tritt kein Zucker aus dem Blut in die Zellen über. Diese decken ihren Energiebedarf durch Abbau von Fett und Proteinen. Beim erhöhten Fettabbau fallen Ketosäuren und Ketone an, das sind giftige Stoffwechselprodukte, die ins Blut übertreten und eine Ketoacidose hervorrufen. Das Blut wird übersäuert. Bei der Neutralisierung und Ausscheidung der Säuren verliert der Körper große Mengen von $Na^+$- und $K^+$-Ionen.

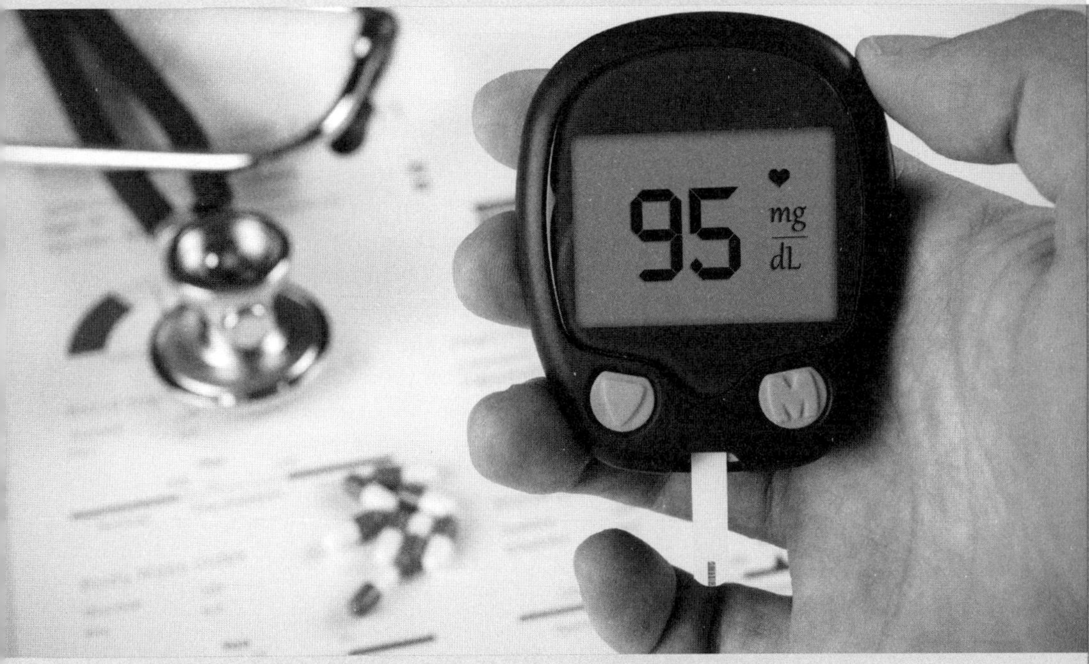

## DIE „ZUCKERKRANKHEIT" DIABETIS

Unter dem Namen Diabetes mellitus oder „Zuckerkrankheit" wird eine Anzahl von Krankheiten zusammengefasst, bei denen absoluter oder relativer Insulinmangel vorliegt:

- Entweder produziert die Bauchspeicheldrüse zu wenig Insulin
- oder aber die Wirkung des Insulins auf die Erfolgsorgane ist beeinträchtigt.

Typ-1-Diabetes wird durch den absoluten Mangel an Insulin verursacht. Dieser Diabetestyp heißt deshalb auch insulinabhängiger Diabetes mellitus. Meist beginnt die Erkrankung schon im Kindes- und Jugendalter, aber auch im fortgeschrittenen Alter kann sich Typ-1-Diabetes entwickeln.

Die Krankheit ist derzeit nicht heilbar, lässt sich aber gut behandeln. Allerdings müssen die Patienten das lebenslange Spritzen von Insulin in Kauf nehmen. Für jeden Diabetiker ist es wichtig, seinen Glucosespiegel im Blut gut einzustellen, um eine Unterzuckerung – Hypoglykämie – zu verhindern und um Folgeerkrankungen zu vermeiden.

Spätfolgen eines unbehandelten Diabetes sind Schäden an den Blutgefäßen. Arteriosklerose kann zu Hirn- oder Herzinfarkten führen. Schäden in den Kapillaren zerstören Netzhaut und Nieren. Unbehandelt führt die Krankheit in den schwersten Fällen zum Koma und zum Tode. Eine rechtzeitige Behandlung ermöglicht ein leistungsfähiges, erfülltes und langes Leben.

Hohe Insulingaben erniedrigen den Blutzuckerspiegel stark und können zum hypoglykämischen Schock führen: Die Haut des Diabetikers wird blass, sie ist nass vom Schweiß. Die Pupillen weiten sich, die Muskel zittern oder verkrampfen sich. Ein Stückchen Zucker kann in diesem Zustand das Leben des Diabetikers retten.

## DER OVARIALZYKLUS

Der Ovarialzyklus oder Menstruationszyklus wiederholt sich im Körper einer Frau vom 10./14. bis etwa zum 45./55.Lebensjahr alle 28 (24–31) Tage.

Zunächst ist jedes Ei im Ovar von einer einschichtigen Hülle, dem Follikel, umgeben. Am Anfang des Zyklus beginnen einige der Follikel zu wachsen, i. A. reift nur eines von ihnen heran. Bei der Ovulation, dem Eisprung, löst sich das reife Ei aus dem Follikel und wandert den Eileiter hinab. Hier kann es von einer Samenzelle befruchtet werden. Bleibt die Befruchtung aus, so degeneriert das Ei. Der beim Eisprung im Ovar zurückgelassene Follikel wandelt sich zum Gelbkörper, um sich nach 14 Tagen zurückzubilden.

Gleichzeitig mit der Eireifung baut sich die Uterusschleimhaut in Vorbereitung auf die Einnistung des Embryos auf. Nistet sich kein Embryo ein, so zerfällt die Schleimhaut und wird abgestoßen. Das ist die Menstruation oder Regelblutung.

Follikelreifung, Eisprung, Gelbkörperbildung und Gelbkörperzerfall einerseits, Aufbau, Verdickung und Abstoßung der Uterusschleimhaut andererseits verlaufen synchron.

Im Ovar heranreifende Follikel geben das Follikelhormon Östrogen (Estrogen) ab. Estrogen bewirkt nicht nur die Ausbildung der weiblichen Geschlechtsmerkmale, es induziert auch den Aufbau der Uterusschleimhaut, die Proliferationsphase und erhöht die Durchlässigkeit des Zervix-Schleimes für Samenzellen.

**MENSTRUAL CYCLE**
**FOLLICULAR DEVELOPMENT**

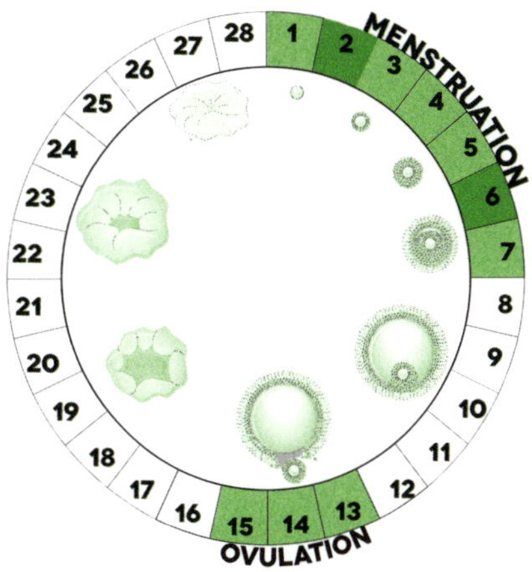

## DER OVARIALZYKLUS

Nach der Ovulation sinkt die Konzentration des Östrogens etwas ab, dafür beginnt der Gelbkörper Hormone herzustellen. Das Wichtigste unter den Gelbkörperhormonen oder Gestagenen ist das Progesteron. Unter der Wirkung des **Progesterons** wandelt sich die Uterusschleimhaut zu einem reich durchbluteten, drüsigen Gewebe und stellt ein Sekret her. In dieser Phase, der **Sekretionsphase**, kann sie das befruchtete Ei aufnehmen.

Wenn sich der Gelbkörper zurückbildet, fällt die Konzentration der Geschlechtshormone steil ab. Die Schleimhaut wird abgestoßen. Mit der **Menstruation** beginnt ein neuer Zyklus.

Kurz nach der Ovulation erhöht sich die Basaltemperatur, das ist die vor dem Aufstehen am Morgen gemessene Körpertemperatur, um etwa 0,5 °C.

Um einen präzisen, periodisch wiederkehrenden Zyklus zu erreichen, greift das Hypothalamus-Hypophysen-System steuernd ein. Der **Hypothalamus** schüttet stoßweise im Stundenrhythmus ein Releasing-Hormon aus, das die Freisetzung gonadotroper Hormone aus dem Hypophysenvorderlappen fördert. Während der Follikelphase gibt die **Hypophyse** vor allem das gonadotrope Hormon **FSH** (= Follikel-stimulierendes Hormon) ab. FSH regt das Follikel-Wachstum und die Östrogenproduktion an.

Das Östrogen stimuliert die Hypophyse neben dem FSH auch das luteinisierende Hormon **LH** auszuschütten. Der plötzliche Anstieg des LH-Spiegels löst den **Eisprung** aus.

Nach dem Eisprung fördert das LH die Bildung des Gelbkörpers und die Produktion von Progesteron.

Die Hormone des Ovars wirken hemmend auf die Hypophyse zurück: Übersteigt das Östrogen einen bestimmten Wert, so vermindert es die Ausschüttung von FSH und verhindert die Reifung weiterer Follikel.

## EMPFÄNGNISVERHÜTUNG

Die hormonale Empfängnisverhütung mittels „temporärer Ovulationshemmer“ beruht auf Gaben einer Östrogen-Gestagen-Kombination. Östrogene und Gestagene werden entweder kombiniert oder in zwei Phasen hintereinander verabreicht.

Sie nutzt die Rückwirkung der Keimdrüsenhormone auf den Hypophysenvorderlappen aus.

Die Hormone der „Pille“ unterdrücken die Bildung der Gonadotropine in der Hypophyse:

Östrogen drosselt die FSH-Freisetzung, beeinträchtigt dadurch die Follikelreifung und verhindert die Ovulation. Es bewirkt zusätzlich, dass die Uterusschleimhaut aufgebaut wird.

Auch die Gestagene hemmen die Gonadotropin-Bildung und sorgen dafür, dass der Impuls zum Eisprung ausbleibt, außerdem mindern sie die Bereitschaft der Schleimhaut, das Ei aufzunehmen. Der Schleim am Gebärmuttermund verfestigt sich und wird für Samenzellen schwer durchgängig. Auf dem letztgenannten Effekt beruht die Wirkung der Östrogen-freien „Minipille“.

Nach Absetzen der Hormonzufuhr wird die Schleimhaut in einer menstruationsähnlichen Entzugsblutung ausgestoßen.

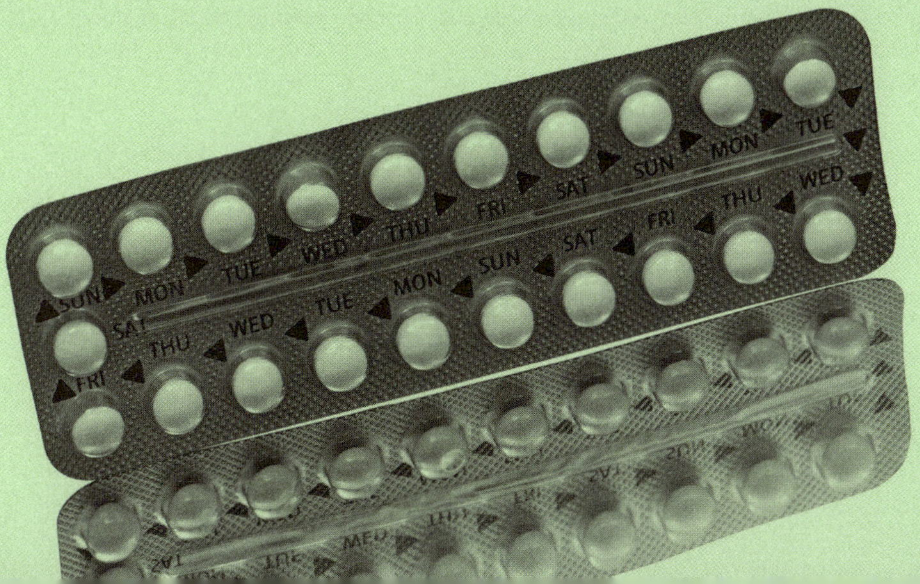

## DIE HORMONALE EMPFÄNGNISVERHÜTUNG IM DETAIL

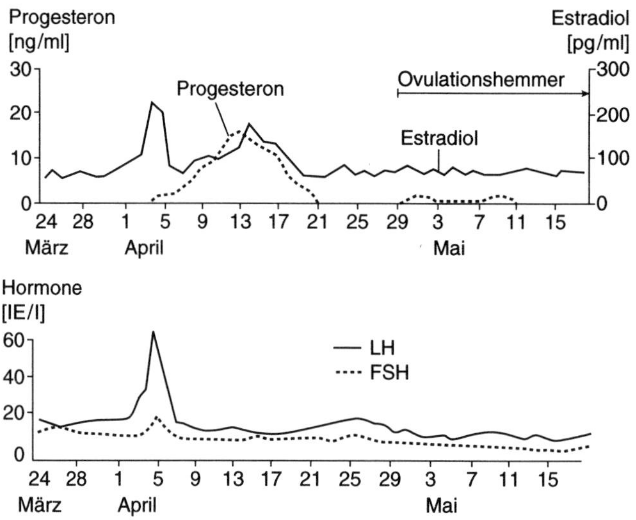


Während der ersten Phase – der Follikelphase – gibt die Hypophyse die Gonadotropine FSH und LH ab. FSH regt das Follikelwachstum an, die Zellen des wachsenden Follikels geben Östrogen ab. Die Spiegel der drei Hormone FSH und LH und Östrogen erreichen fast gleichzeitig einen Höchstwert. Der starke Anstieg des LH-Spiegels löst den Eisprung aus. Nach dem Eisprung unterstützt das LH die Umwandlung des im Ovar zurückgebliebenen Follikelgewebes zum Gelbkörper, der unter dem Einfluss des LH neben dem Östrogen auch Progesteron bildet. Die Hormone des Ovars wirken auf Hypothalamus und Hypophyse zurück: Wenn acht bis zehn Tage nach dem Eisprung Progesteron- und Östrogenspiegel hoch sind, vermindern sie die Ausschüttung der Gonadotropine. Der sinkende LH-Spiegel lässt den Gelbkörper schrumpfen, damit fallen auch Östrogen- und Progesteronspiegel ab.

Die hormonale Empfängnisverhütung durch temporäre Ovulationshemmer beruht auf Gaben einer Östrogen-Gestagen-Kombination. Sie nutzt die Rückwirkung der Keimdrüsenhormone auf den Hypophysenvorderlappen aus. Die Hormone hemmen die Bildung der Gonadotropine FSH und LH in der Hypophyse. Wegen des LH-Mangels bleibt der Impuls zum Eisprung aus, ohne FSH reifen die Follikel nicht.

## BLUTZUCKERSPIEGEL, GESCHLECHTSHORMONE

1. Welche Ausstattung der Zellen ermöglicht die Wirkung von Insulin?

________________________________________

2. Insulin steuert die Aufnahme von Glucose aus der Blutbahn in die Zellen. Welche Wirkungen hat es darüberhinaus?

________________________________________

3. Wie reagiert der Zellstoffwechsel bei Insulin-Mangel?

________________________________________

4. Welche Hormone sind am Ovarialzyklus beteiligt? Wo werden sie gebildet und wo wirken sie?

________________________________________

## LÖSUNGEN

**1.** Alle Zellen tragen Insulin-Rezeptoren. • **2.** regt die Speicherung von Fett und die Proteinsynthese an, fördert die Rückresorption von Glucose in der Niere • **3.** statt Glucose werden Fette und Proteine abgebaut • **4.** Östrogen (Follikel, Uterusschleimhaut), Progesteron (Gelbkörper, Uterusschleimhaut), Releasing-Hormone (Hypothalamus, Hypophyse), FSH und LH (Hypophyse, Ovar)

# 6 IMMUNBIOLOGIE

## Humorale Abwehr

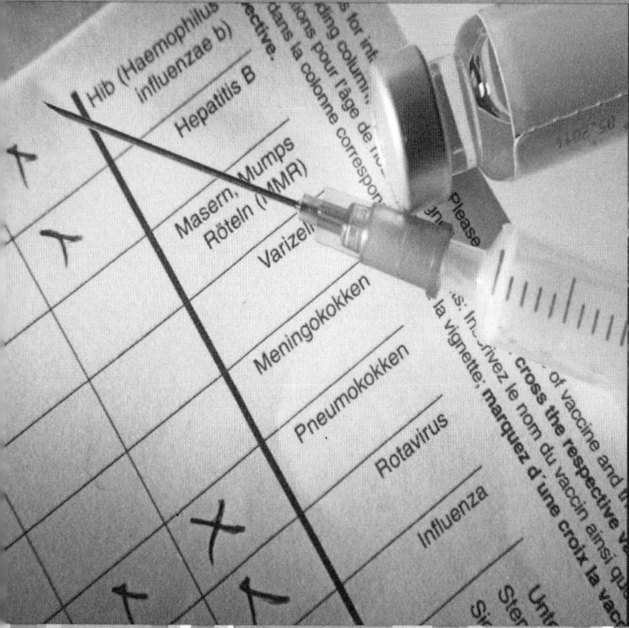


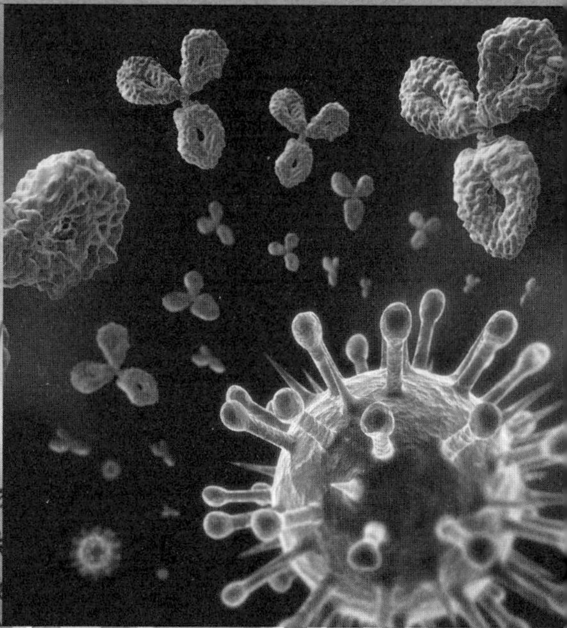

Bakterien werden besonders von der humoralen Antwort des Immunsystems bekämpft.

Die humorale Antwort besteht aus drei Phasen:

1. Erkennungsphase oder Aktivierungsphase: Das Antigen reagiert mit spezifischen Lymphozyten.
2. Differenzierungsphase: Aktivierte Lymphozyten vermehren sich und werden zu Plasmazellen.
3. Effektorphase: Die Antikörper üben ihre Wirkung aus.

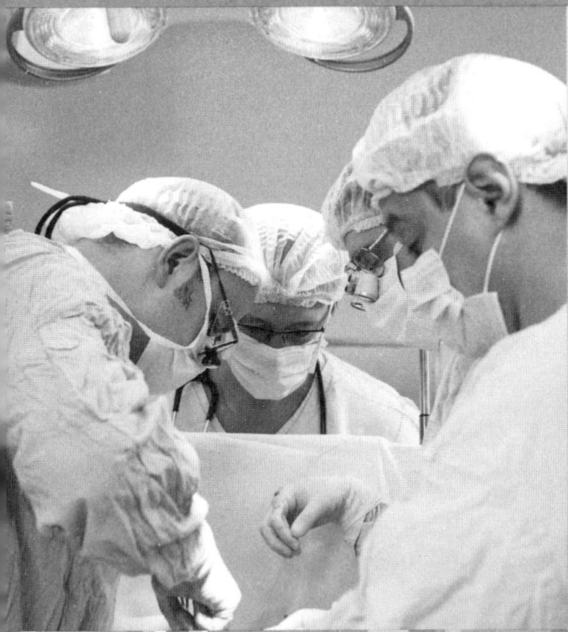

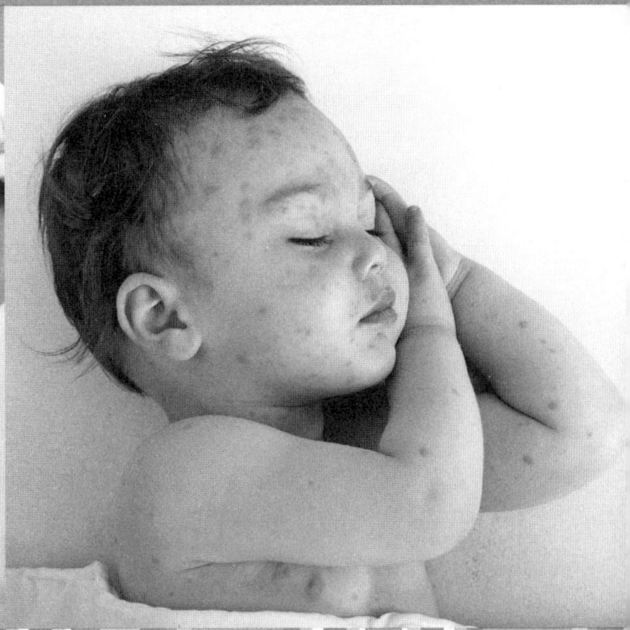

## ERKENNUNGSPHASE

Erkennungsphase: Ein fremdes Bakterium tritt in den Körper ein und gelangt über Blutstrom oder Lymphe in ein lymphatisches Organ. Die Antigenerkennung erfolgt in den peripheren lymphatischen Organen (Milz, Lymphknoten u.a.), wohin Antigen-präsentierende Zellen Fremdantigene transportiert haben. Trifft eine B-Zelle ein Antigen, dessen Epitope auf ihren Rezeptor passen, so nimmt sie dieses auf und verdaut es. Bruchstücke des Antigens verbindet sie mit MHC-Rezeptoren und präsentiert sie. Diese Kombination zieht eine passende aktivierte T-Helferzelle an, die Lymphokine ausschüttet. Die Lymphokine erlauben es der B-Zelle sich zu teilen.

## DIE PRODUKTION VON ANTIKÖRPERN UND DAS IMMUNOLOGISCHE GEDÄCHTNIS

Differenzierungsphase: Der aktivierte B-Lymphozyt lässt einen Klon von Tochterzellen entstehen, die sich innerhalb weniger Tage zu Plasmazellen entwickeln.

Der Zellklon stellt Millionen Antikörpermoleküle her, die alle die gleiche Form und Spezifität haben und gibt sie an den Blutstrom ab. Die Produktion von Antikörpern hält so lange an, bis die Plasmazelle von einer T-Unterdrücker-zelle das Signal zum Produktionsstop erhält.

## TYPISCHER ANTIKÖRPER

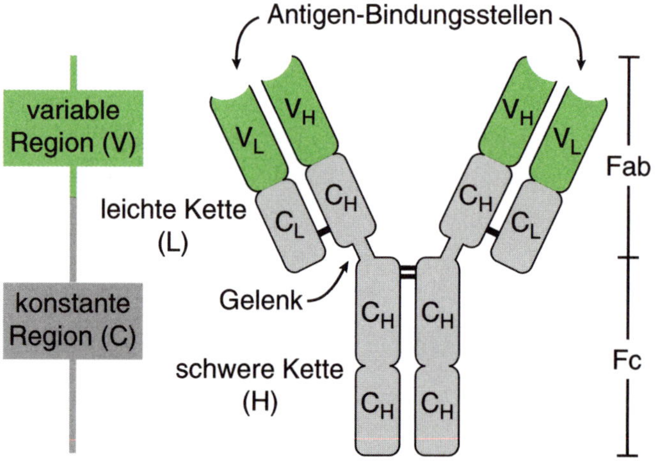


## EFFEKTORPHASE

Wenn sich der Antikörper mit dem Antigen verbindet, ist dieses zur Zerstörung markiert. Einige der Zellen des Zellklons differenzieren sich zu Gedächtniszellen, die über Jahre hinweg im Blutstrom zirkulieren.

## SCHUTZ VOR INFEKTIONSKRANKHEITEN

Bei einer Schutzimpfung werden Antigene in den Körper gebracht. Die Impfstoffe enthalten Mikroorganismen oder Teile davon, die nicht in der Lage sind, eine Krankheit hervorzurufen, weil sie geschwächt sind oder abgetötet wurden. Die Antigene lösen eine Immunreaktion aus, der Körper bildet Antikörper und Gedächtniszellen. Greift später ein Krankheitserreger an, so kann er dem Geimpften wenig oder nichts anhaben: Die Gedächtniszellen ermöglichen eine sofortige und heftige Reaktion des Immunsystems.

## VERSCHIEDENE IMPFSTOFFE

Bei der aktiven Immunisierung wird der Körper durch Gaben von Antigenen selbst zur Bildung von Antikörpern und Gedächtniszellen angeregt.

Totimpfstoffe aus abgetöteten Mikroben bzw. nicht vermehrungsfähigen, inaktivierten Viren lösen die Bildung antiviraler oder antibakterieller Antikörper aus. Bei Typhus und Paratyphus impft man inaktivierte Bakterien, gegen Polio nach Salk durch Formaldehyd und Wärme abgetötete Viren.

Lebendimpfstoffe aus vermehrungsfähigen, aber in ihrer Virulenz abgeschwächten Erregern lösen eine abgeschwächte Erkrankung aus und verleihen damit anhaltenden Immunschutz. Gegen Pocken werden Kuhpocken-Viren geimpft, gegen Polio (Kinderlähmung) nach Sabin in Zellkulturen gezüchtete Viren.

Toxoide, das sind in ihrer Wirkung abgeschwächte Toxine (Giftstoffe) von Krankheitserregern, können die Bildung von Antitoxinen auslösen. Antitoxine sind Antikörper, die Giftstoffe neutralisieren. Gegen Diphtherie, Keuchhusten und Tetanus (Wundstarrkrampf) wird mit gereinigten, durch Formaldehyd abgeschwächten Toxoiden geimpft;

## WIRKUNG

Einzelne Gene aus einem Erreger veranlassen Körperzellen, Proteine dieses Erregers herzustellen und einen Befall vorzutäuschen. So kann eine Immunreaktion erzielt werden. Nach einem ähnlichen Prinzip versucht man, die körpereigene Abwehr gegen Krebszellen zu mobilisieren.

Viren können sich nur innerhalb von Wirtszellen vermehren. Wenn sie sich in eine Zelle eingenistet haben, sind sie für die Antikörper und das Komplementsystem nicht mehr erreichbar. In der Wirtszelle liegen Erbmaterial und Proteine der Viren in Zellkern und Zellplasma verteilt vor - sie bieten der Abwehr ein unscharfes Ziel.

## EINE ERSTE ABWEHR

Schon im Augenblick der Infektion scheidet die virusinfizierte Zelle Interferone aus. Interferon veranlasst gesunde Zellen dazu, ein Enzym zu produzieren, das der Infektion weiterer Zellen entgegenwirkt.

Außerdem mobilisiert das Interferon die natürlichen Killerzellen. Sie zerstören infizierte Zellen. Innerhalb von ein bis zwei Tagen nach der Infektion erreicht ihre Aktivität den Höhepunkt. Diese natürlichen Abwehrmechanismen schaffen den Zeitgewinn bis die spezifische Antwort in Gang kommt.

Die humorale Abwehr kann die Viren treffen, bevor sie in eine Zelle eingedrungen sind. B-Lymphozyten vermehren sich, wandeln sich zu Plasmazellen um und produzieren Antikörper.

Diese können so an ein Virus binden, dass die Anheftung des Virus an die Zelle verhindert wird. Diese Abwehr ist bei Primärinfektionen wenig wirksam, bei Sekundär-Infektionen kommt die humorale Antwort sehr schnell und kann den Organismus wirkungsvoll schützen.

## DIE ZELLULÄRE ABWEHR

Wenn das Virus in die Zelle eingedrungen ist, ist es der humoralen Abwehr entzogen; nun kommt die zelluläre Abwehr ins Spiel; sie ist langsamer, aber in ihrer Bedeutung zentral. Die zelluläre Abwehr beginnt, wenn ein Makrophage das Antigen aufnimmt, verdaut und kurze Teilstücke davon – Epitope – auf einem MHC-Rezeptor präsentiert.

Zytotoxische T-Zellen ($T_C$-Lymphozyten) erkennen infizierte Zellen an den MHC-Rezeptoren, die durch Virusbruchstücke verändert sind. Sie treten in intensiven Kontakt mit einer Zielzelle. Dabei setzen sie Zytokine frei, die die Vermehrung des Virus hemmen, durchlöchern mit dem Protein Perforin die Membran der infizierten Zelle und geben ihr Signale, sich selbst zu töten. Enzyme dringen durch die Poren ins Zellinnere und lösen die Apoptose aus, einen programmierten Selbstmord der Zelle.

Der Tod der Wirtszelle unterbricht den Vermehrungszyklus des Virus. Die freigesetzten Viruspartikel sind noch nicht reif und können benachbarte Zellen nicht infizieren. Makrophagen und Granulozyten räumen den Zelldetritus auf. Nun kommen Mechanismen ins Spiel, welche die Abwehrreaktion wieder herunterfahren. Dabei sind neben den Unterdrücker-T-Zellen wieder Zytokine von besonderer Bedeutung.

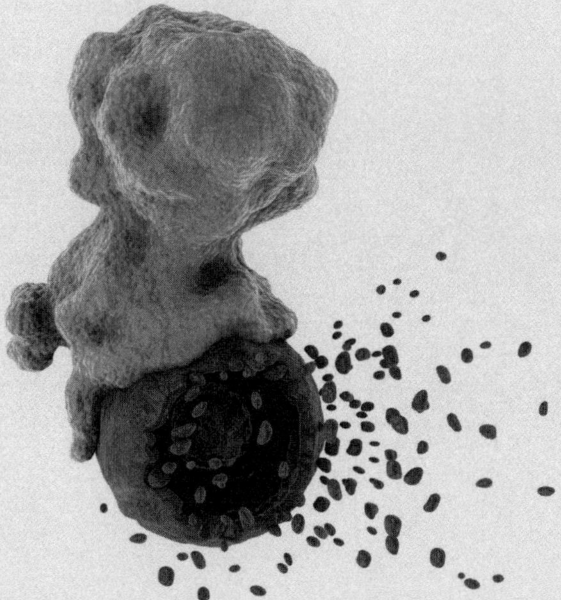

## DAS IMMUNOLOGISCHE GEDÄCHTNIS ERSCHWERT ERNEUTE INFEKTION

Wenn die Immunreaktion erfolgreich war, wird das Immunsystem die Viren eine bestimmte Zeit nach der Infektion überwältigt haben und die Krankheit ist unter Kontrolle. Allerdings hinterlässt die zelluläre Immunabwehr im allgemeinen Gewebeschäden, da viele Körperzellen zerstört wurden.

Bei der Vermehrung der T-Lymphozyten entstehen auch T-Gedächtniszellen ($T_M$-Zellen) die im Kreislauf zirkulieren, um bei neuerlichem Kontakt mit demselben Antigen schnell zu reagieren. Langsam wächst die Zahl der Unterdrücker T-Zellen ($T_S$-Lymphozyten). Diese schalten die Immunantwort schließlich ab.

## MANCHE VIREN SIND HOCH VARIABEL

Viele Viren – z.B. Influenza-Viren – besitzen eine hohe Variabilität in ihren Epitopen und sie verändern diese Strukturen rasch. Sie bilden durch Mutation und Rekombination laufend neue Stämme.

Gegen derartige Viren ist die erworbene Immunität in der Regel wenig wirksam, da bei jedem neuen Virusstamm eine zusätzliche Immunität erworben werden muss. Die schnelle Veränderung der Epitope lässt die Immunabwehr ins Leere laufen.

## IMMUNISIERUNG

Das immunologische Gedächtnis ermöglicht die Schutzimpfung gegen einige Infektionskrankheiten. Ein Impfstoff enthält charakteristische Antigene von Krankheitserregern. Die Impfung löst die Primärreaktion des Immunsystems und die Bildung von Gedächtniszellen aus. Bei einer späteren Infektion ist der Körper durch die schnelle und starke Sekundärreaktion vor Erkrankung geschützt.

Tot-Impfstoffe sind abgetötete Bakterien, inaktivierte Viren, veränderte Bakteriengifte (Toxoide) oder Spaltprodukte der Erreger oder ihrer Gifte. Für eine wirksame Immunisierung benötigt man größere Rationen dieser Vakzine. Wesentlich geringere Mengen benötigt man für die Immunisierung mit Lebend-Impfstoffen.

Lebendimpfstoffe bestehen aus lebenden Bakterien oder vermehrungsfähigen Viren, die keine Krankheit auslösen können, weil sie durch Vorbehandlung abgeschwächt wurden oder weil es sich lediglich um Verwandte pathogener Keime handelt. Im geimpften Körper vermehren sie sich. Sie erzeugen aber nur schwache oder gar keine Krankheitssymptome, lösen jedoch eine Reaktion des Immunsystems aus.

Bei uns werden Kinder nach einem Impfplan gegen die Krankheiten geimpft, die in Mitteleuropa vorkommen und eine Bedrohung darstellen. Daneben gibt es noch eine Reihe von Indikationsimpfungen. Diese sind für Personen, die durch besondere Umstände mit Erregern in Kontakt kommen können, wie etwa Pflegekräfte, die Infizierte betreuen, oder Reisende, die sich gegen Tropenkrankheiten wie Cholera, Typhus oder Gelbfieber impfen lassen.

## SCHUTZ ERST BEI MEHRFACHER IMPFUNG

Gegen manche Krankheiten wird bei einmaliger Impfung noch kein wirksamer Impfschutz erzielt (z. B. Diphtherie, Keuchhusten und Tetanus). Darum wird in kurzen Abständen wiederholt geimpft. Manche Impfungen bieten einen lebenslangen Schutz (z. B. gegen Masern).

Wie lange der Impfschutz anhält, hängt wesentlich vom Impfstoff ab. Tot-Impfstoffe werden abgebaut und die Zahl der Gedächtniszellen nimmt im Laufe der Jahre ab. Bei Lebend-Impfstoffen bleiben manche Erreger vermehrungsfähig im Körper und aktivieren das Immunsystem immer wieder von Neuem. Dennoch ist für einen sicheren Schutz die einmalige Wiederholung der Impfung angebracht.

Sichere Impfstoffe werden heute mit gentechnischen Methoden hergestellt. Spezifische Gene werden isoliert und in die DNA von Mikroorganismen eingebaut. Die genetisch veränderten Mikroben stellen das gewünschte Antigen in großen Mengen her.

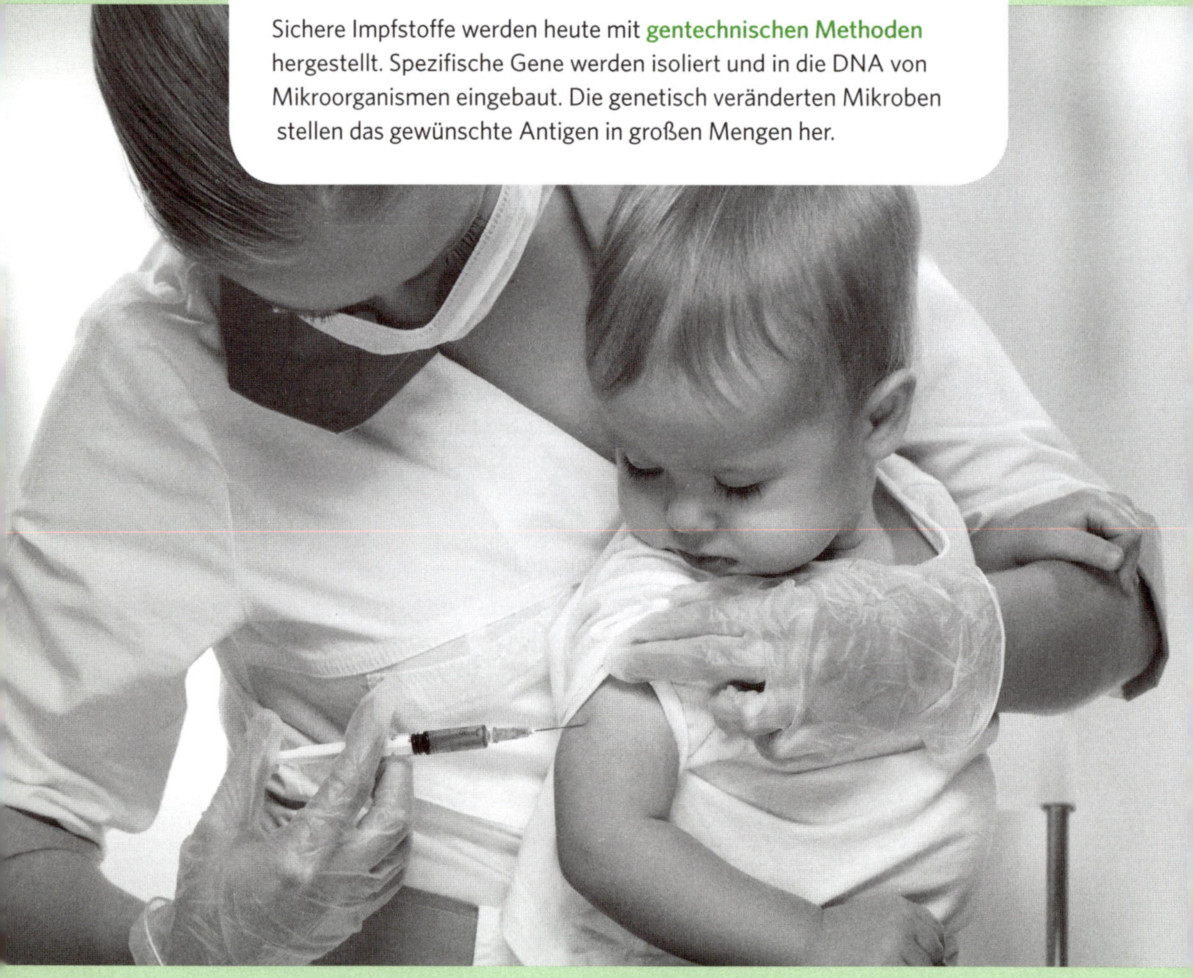

## MASERN SIND EINE GEFÄHRLICHE INFEKTIONSKRANKHEIT

Der Erreger der Masern ist das Morbilli-Virus. Masern werden durch Tröpfcheninfektion übertragen. Beim Husten, Niesen und Sprechen entstehende Tröpfchen können auch über mehrere Meter Entfernung hinweg eine Infektion auslösen. Zwischen Ansteckung und Ausbruch der Krankheit vergehen meist zehn bis zwölf Tage. Nach zwei bis drei Tagen kommt es zu einem Ausschlag, der hinter den Ohren beginnt und sich über Hals, Gesicht, Schultern, Rumpf und die Extremitäten ausbreitet. Weitere drei bis vier Tage später klingt der Ausschlag ab und das Fieber lässt nach. Eine wirksame Behandlung der Masern ist nicht bekannt.

Dank intensiver Impfprogramme sind Nord- und Südamerika, Skandinavien, viele Länder Osteuropas und einige Staaten im Süden Afrikas frei von Masern! In Ländern mit niedrigen Impfraten - in Deutschland, Italien, Frankreich und Japan kommt es hingegen immer wieder zu Masern-Epidemien. Allein in Deutschland erkranken jedes Jahr mehrere Hundert Menschen an Masern. Nicht nur Kinder, sondern auch Jugendliche und junge Erwachsene sind betroffen. In Entwicklungsländern sterben 30 bis 50% der Erkrankten an den Folgen einer Maserninfektion, in Mitteleuropa „nur" etwa einer von 500 bis 1.000 Masernpatienten. Diese Zahl ist unbefriedigend hoch. Ausreichende Impfraten könnten das verhindern. Für eine Senkung der Masernhäufigkeit sind Impfraten von über 95 Prozent bis zum Ende des zweiten Lebensjahres notwendig.

Nicht selten führen die Masern zu gefährlichen Komplikationen. In ein bis sechs Prozent der Fälle kommt es zu einer Lungenentzündung, die tödlich verlaufen kann. Die Masern-Enzephalitis, eine Entzündung des Gehirns, tritt in einem von 500 bis 10.000 Fällen auf; auch hier ist ein tödlicher Ausgang möglich. Auch wenn die Enzephalitis überstanden ist, bleiben häufig Schäden zurück.

## WIRKUNGEN DER MASERN-IMPFUNG

1. Gegen Masern geimpfte Kinder haben teilweise Antikörper in Blut und Lymphe, immer aber Gedächtniszellen in ihrem Immunsystem, die spezifisch gegen Masernerreger wirken. Bei einer Infektion mit diesen Viren reagiert das Immunsystem wie bei einer Sekundärinfektion: Spezifische Antikörper werden sehr schnell gebildet, das Virus wird bekämpft, bevor es eine Krankheit auslöst.

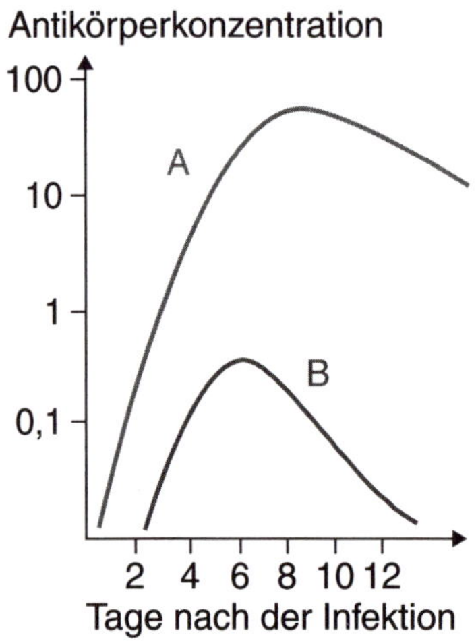


2. Die Kurve A zeigt die Antikörperkonzentration nach einer Maserninfektion bei geimpften, die Kurve B, die bei nicht geimpften Kindern. (Die Antikörperkonzentration ist mit logarithmischem Maßstab eingetragen).
3. Familie, Nachbarschaft, Freundeskreis und die Gesellschaft sind durch eine hohe Durchimpfungsrate allgemein geschützt: Maserninfektionen werden seltener, Häufigkeit und Schwere von Epidemien können abnehmen oder ausbleiben. Menschen, die aufgrund von anderen Krankheiten oder allergischen Reaktionen nicht geimpft werden können, profitieren indirekt von diesem Impfschutz. Nur wenn weltweit sehr viele Kinder geimpft werden, können die Masern ausgerottet werden.
4. Nicht alle Personen haben nach einer ersten Impfung einen lebenslänglichen Schutz. Die zweite Impfung kann diese Lücke schließen. Außerdem wird durch eine zweite Impfung ein Booster-Effekt erzielt, der evtl. die Schutzdauer erhöht.

## ABWEHR UND IMMUNISIERUNG

1. Welche Phasen kann man bei der humoralen Abwehr unterscheiden? Beschreiben Sie sie knapp.

**1.** ____________ **2.** ____________ **3.** ____________

2. Welche Aussagen treffen zu?

☐ **A** Bakterielle Antigene werden von B-Zellen aufgenommen und zerkleinert, dann Bruchstücke davon präsentiert.
☐ **B** Plasmazellen produzieren Antikörper.
☐ **C** Eine Infektion durch Viren bewirkt die Produktion von Interferon.

3. Was ist nicht korrekt?

☐ **A** Zytotoxische T-Zellen zerstören von Viren befallene Körperzellen.
☐ **B** Unterdrücker-T-Zellen beenden die Immunantwort.
☐ **C** Die zelluläre Immunantwort kennt kein immunologisches Gedächtnis.

4. Warum ist eine Infektion mit Masern besonders gefährlich?

______________________________

## LÖSUNGEN

**1.** Erkennungsphase: Antigen reagiert mit Lymphozyten; Differenzierungsphase: aktivierte Lymphozyten vermehren sich und werden zu Plasmazellen, die Antikörper produzieren; Effektorphase: Antikörper reagieren mit Antigenen • **2.** A, B, C • **3.** C • **4.** Masern können zu tödlichen Komplikationen führen.

## HUMANES IMMUNDEFIZIENZ VIRUS (HIV)

1983 isolierte eine Arbeitsgruppe unter Leitung des französischen Wissenschaftlers Luc Montagnier ein bis dahin unbekanntes Retrovirus aus Lymphknoten eines Erkrankten, welches im Laufe des Jahres 1984 als Auslöser der AIDS-Erkrankung bestätigt wurde und später den Namen **Humanes Immundefekt Virus** (**HIV**) erhielt.

AIDS ist die Abkürzung für die englische Bezeichnung *Acquired Immune Deficiency Syndrome*, zu deutsch „Erworbene Abwehrschwäche".

AIDS wird durch das HIV (*Human Immunodeficiency Virus*) ausgelöst, das Zellen des Immunsystems und Nervenzellen befällt und zu einer lebensbedrohlichen **Abwehrschwäche** führt.

Durch das AIDS verursachende Virus wird die Infektionsabwehr so weit geschwächt, dass schwere Erkrankungen durch opportunistische Erreger – Bakterien, Viren, Pilze, Einzeller – auftreten, die beim Gesunden in der Regel vom Immunsystem erfolgreich bekämpft werden und daher zu keinen Krankheitserscheinungen führen. Oft kommt es zur Entwicklung bösartiger Tumoren.

## STADIEN DER ERKRANKUNG

Es werden mehrere Stadien einer HIV-Infektion unterschieden:

- Der Infektion folgt die akute HIV-Krankheit, die sich meist durch flüchtige, einem grippalen Infekt ähnelnde Krankheitserscheinungen zeigt.
- Die Inkubationszeit verläuft meist ohne Symptome. Lymphknotenschwellungen können auftreten oder Müdigkeit, Gewichtsverlust, Fieber und Durchfall. Das Virus kann in diesem Stadium weitergegeben werden. Antikörper können im Blut nachgewiesen werden; der Betroffene ist HIV-positiv.
- Das manifeste Immunschwäche-Syndrom ist durch eine Abwehrschwäche charakterisiert. Erst in diesem Stadium spricht man von AIDS.

## EIN ANGRIFF AUF DAS IMMUNSYSTEM

Zielzellen des HIV im menschlichen Körper sind in erster Linie die Lymphozyten, bevorzugt die T-Helfer-Zellen. Infizierte Zellen übernehmen die Produktion des Virus und sterben dabei ab. Dadurch wird die Herstellung und Abgabe von Antikörpern gestört, so dass andere Infektionskrankheiten nicht bekämpft werden können.

Eine Person, die mit dem HIVirus infiziert ist, wurde einige Jahre lang untersucht auf die Konzentration der T-Zellen und der Viren. Die Kurve gibt die Untersuchungsergebnisse wieder.

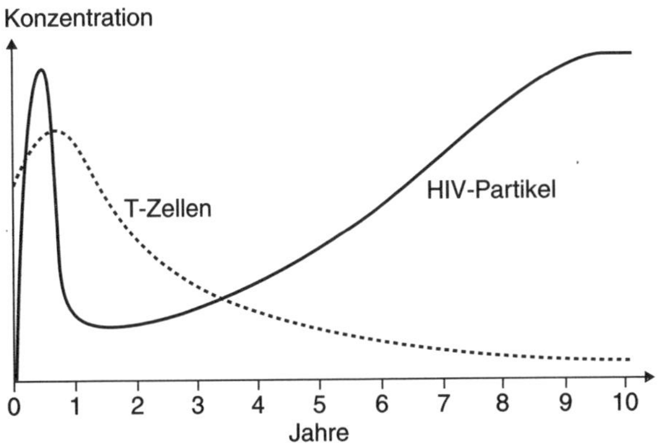


Sobald das Virus in den Körper eingedrungen ist, startet die humorale Abwehr. Der Infektion folgt die akute HIV-Krankheit, die sich meist durch flüchtige, einem grippalen Infekt ähnelnde Krankheitserscheinungen zeigt. Erst nach einigen Wochen bis Monaten ist die Antikörperkonzentration hoch genug, dass sie effektiv und messbar wird. Bis dahin kann sich das Virus ungehindert vermehren. Die Inkubationszeit verläuft meist ohne Symptome.

## DER WEITERE VERLAUF DER ERKRANKUNG

Nach der Infektion gelangen Viruspartikel in die Lymphknoten. Vergrößerte Lymphknoten sind Anzeichen einer Entzündung. In den Lymphknoten werden besonders viele Phagozyten gebildet. Lymphozyten halten sich in den Lymphfollikeln auf und suchen nach dem Antigen, das zu ihren Antikörpern passt. Wenn sie auf das passende Antigen gestoßen sind, vermehren sie sich und wandeln sich zu Plasmazellen um, die Antikörper herstellen und abgeben. Durch die starke Vermehrung der Zellen schwellen die Lympfknoten an, werden tastbar und i. A. dadurch erst wahrgenommen.

Die Anzahl der T-Helferzellen ($T_H$) ist ein wichtiger Marker zur Feststellung des Krankheitsverlaufes. Ihre Anzahl pro ml Blut gibt einen Hinweis auf die Funktionsfähigkeit des Immunsystems. Die Normalwerte für diese Zellen liegen zwischen 500 und 1500. Wenn die Zahl der $T_H$-Lymphozyten unter 200 pro $mm^3$ fällt, sind verschiedene Zell-Klone unwiderruflich zerstört. Zuletzt kommt es zu einem völligen Zusammenbruch des Immunsystems.

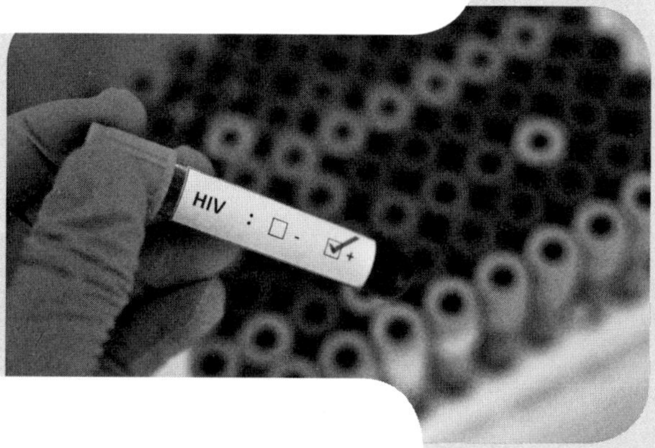


## RETROVIRUS

Das HI-Virus ist ein Retrovirus. Sein Erbmaterial besteht aus RNA/RNS. Bevor sich das Virus in das Erbgut der Zelle integrieren kann, muss die RNA in DNA übersetzt – transkribiert – werden. Diese Reaktion wir von einem Enzym des Virus katalysiert, das Reverse Transkriptase genannt wird. Wenn dieses Enzym medikamentös gehemmt wird, so unterbleibt dieser Schritt im Vermehrungszyklus des Virus, seine Vermehrung wird gehemmt, der Krankheitsverlauf wird positiv beeinflusst.

## TRANSPLANTATION

Wenn eigene Organe versagen, bleibt oft nur die Transplantation von Fremdorganen, um das Leben des Patienten zu erhalten. Eine Transplantation ist die Übertragung lebenden Gewebes von einem Individuum auf ein anderes.

Man unterscheidet nach der Herkunft des Transplantats:

| | |
|---|---|
| Autologe Transplantation - | das Transplantat stammt vom Empfänger. |
| Allogene Transplantation - | das Transplantat kommt von einem anderen Menschen bzw. von einem anderen Tier derselben Art. |
| Xenogene Transplantation - | das transplantierte Organ stammt von einer anderen Art. |

## KÖRPEREIGENE IMMUNABWEHR

Bei der Transplantation steht die körpereigene Immunabwehr - sonst von lebenserhaltender Bedeutung - der Rettung eines Menschenlebens im Wege. Das Immunsystem erkennt die Zellen eines anderen Organismus als fremd und zerstört sie. Der Verlust eines transplantierten Organs durch Abstoßungsreaktionen stellt nach wie vor eines der ungelösten Probleme der Transplantationsmedizin dar.

- Antigen-präsentierende Zellen leiten die Abstoßungsreaktion ein. Sie präsentieren Proteinbruchstücke des fremden Gewebes den T-Helferzellen, die nun Cytokine ausschütten, um andere Immunzellen zu aktivieren.
- Plasmazellen stellen Antikörper her, die das fremde Gewebe angreifen und das Komplement aktivieren.
- Cytotoxische T-Zellen erkennen die Transplantations-Antigene und die darauf präsentierten Peptide als fremd. Sie werden aktiviert, wandern in das fremde Gewebe und zerstören es.
- Makrophagen geben lytische Enzyme ab, lösen Entzündungen aus und nehmen Gewebsbruchstücke auf.

Innerhalb von ein bis drei Wochen nach der Transplantation treten akute Abstoßungsreaktionen auf.

Je besser die Gewebedaten von Spender und Empfänger zueinander passen, desto schwächer ist die Immunreaktion. Nur bei eigenem Gewebe und bei Transplantationen zwischen eineiigen Zwillingen bleibt sie ganz aus.

Sonst bezahlt der Empfänger das neue Organ mit den Folgen einer lebenslangen Behandlung, die sein Immunsystem unterdrückt. Nach einer Organverpflanzung nimmt er Immunsuppressiva, meist eine Kombination aus mehreren Medikamenten.

Das Medikament Cyclosporin verhindert die Aktivierung der T-Zellen, ohne die humorale Abwehr zu beeinträchtigen.

Allerdings gelingt es keiner Therapie, gezielt die Antwort auf die fremden MHC-Proteine zu unterdrückten. Gleichzeitig mit der Unterdrückung der unerwünschten Aktivitäten des Immunsystems wird die notwendige Schutzfunktion der körpereigenen Abwehr unterdrückt. Daraus resultiert eine erhöhte Anfälligkeit gegenüber Infektionen und längerfristig ein verstärktes Auftreten von Krebserkrankungen.

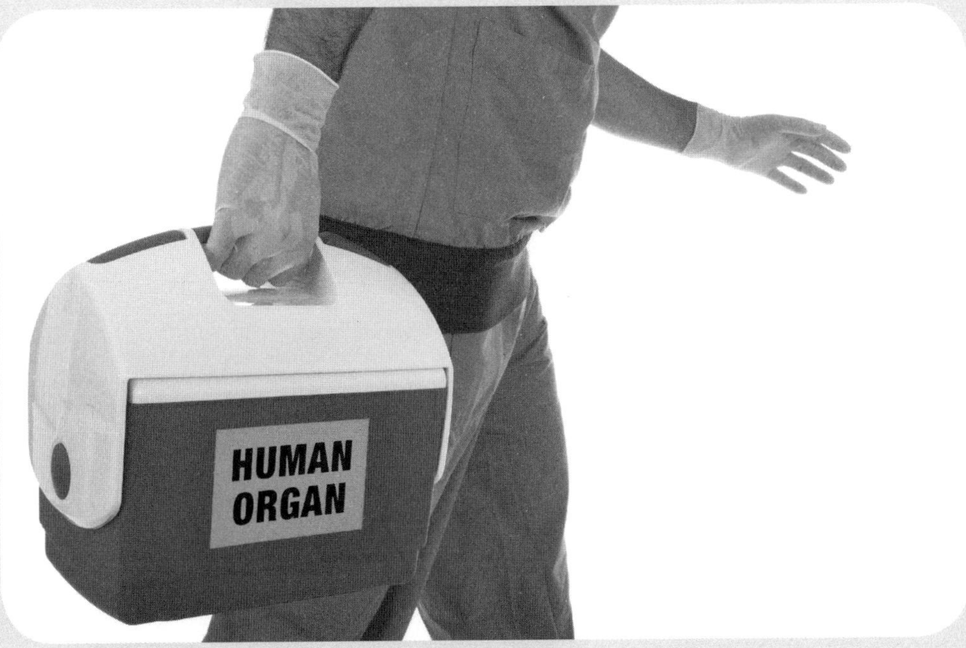

## EIN IMMUNOLOGISCHER PERSONALAUSWEIS

Jeder Mensch trägt seinen unverwechselbaren „Personalausweis" auf jeder seiner Körperzellen. Auf der Zellmembran sitzen Glykoproteine, die Transplantationsantigene oder MHC-Rezeptoren, die sich von Mensch zu Mensch unterscheiden. Die Proteine der MHC-Klasse 1 werden von drei benachbarten Genen (A, C und B) codiert, die in einem Abschnitt des Chromosoms Nr.6 enthalten sind, den man als Haupt-Gewebeverträglichkeitskomplex, englisch als *major histocompatibility complex* (MHC), bezeichnet. Es gibt zwei Sorten von MHC-Proteinen: Klasse-I-MHC-Rezeptoren sitzen auf fast allen Körperzellen. Klasse-II-MHC-Rezeptoren finden sich nur auf bestimmten Zellen des Immunsystems. Sie ermöglichen den Zellen einander zu erkennen und effektiv zusammenzuarbeiten.

Die MHC-Rezeptoren bestimmen, welche Zellen der Körper akzeptiert und gegen welche er sich wehren muss.

Jede Zelle ist damit als Teil einer bestimmten Person gekennzeichnet. Die MHC-Rezeptoren verraten dem Immunsystem, ob eine Zelle zum Körper gehört oder körperfremd ist, aber auch ob eine eigene Zelle von Viren befallen ist oder zu einer Krebszelle umgewandelt ist.

Der Formenreichtum (Polymorphismus) der MHC-Proteine ist ungewöhnlich groß. An jedem Genort gibt es eine große Zahl verschiedener Allele, die immer wieder neu kombiniert werden. Durch die kodominante Genwirkung können sich alle Allele gleichzeitig ausprägen. So ist es überaus unwahrscheinlich, dass zwei Menschen den gleichen Satz an MHC-Proteinen tragen, es sei denn, sie wären eineiige Zwillinge. Transplantierte Organe werden mit einer Wahrscheinlichkeit von 1:1 000 bis 1:1 000 000 als fremd erkannt und durch das Immunsystem abgestoßen.

## AIDS, GEWEBETRANSPLANTATION

1. Wofür stehen die Abkürzungen AIDS und HIV? Wie heißen die deutschen Bezeichnungen?

**1.** ____________________ **2.** ____________________

2. Warum ist AIDS eine so gefährliche Krankheit?

____________________________________________

3. Was ist korrekt?

☐ **A** Gegen Transplantate ist nur die zelluläre Abwehr aktiv.
☐ **B** Der Einsatz von Immunsuppressiva ist ohne Risiko.
☐ **C** Eineiige Zwillinge sind auch immunologisch identisch.

4. Worauf beruht der Formenreichtum der MHC-Proteine?

____________________________________________

## LÖSUNGEN

**1.** *Acquired Immune Deficiency Syndrome* Erworbene Abwehrschwäche; *Human Immunodeficiency Virus* Humanes Immundefekt Virus • **2.** AIDS zerstört das immunologische Abwehrsystem des Menschen, der dadurch hilflos gegen Infektionskrankheiten wird • **3.** C • **4.** MHC-Proteine werden von drei Genen codiert, für die eine große Zahl von Allelen vorliegt, die beliebig kombiniert und zudem kodominant ausgeprägt werden.

# 7 EVOLUTION

## Homologie und Analogie

### HOMOLOGIE

Organe, die zwar

- äußerlich unähnlich sein können und
- unterschiedlichen Funktionen dienen können, aber trotzdem
- nach gleichem Muster gebaut sind und
- sich an ähnlichen Stellen des Körpers befinden,

nennt man homolog.

## HOMOLOGIE BEI SÄUGETIEREN

Die Vorderbeine verschiedener Säugetiere haben ganz unterschiedliche Aufgaben zu erfüllen. Dementsprechend sehen sie auch unterschiedlich aus:

- Fledermäuse haben Flügel. Zwischen den Fingern sind Flughäute ausgespannt.
- Der Wolf hat Laufbeine.
- Der Maulwurf benutzt seine Vorderbeine als Grabschaufeln.
- Der Seelöwe hat Flossen zum Rudern im Wasser.
- Wir Menschen benutzen unsere Hände vor allem zum Ergreifen und Festhalten von Gegenständen.

Trotz dieser unterschiedlichen Formen und Funktionen zeigt der Knochenbau, die Anordnung der Gelenke und Muskeln überraschend ähnliche Muster. Wer die Knochen der menschlichen Hand kennt, kann ohne Mühe alle Knochen der Flosse einer Robbe oder eines Pferdebeins benennen.

## HOMOLOGIE-KRITERIEN

Um homologe Strukturen und Organe erkennen und ansprechen zu können, wurden drei Homologiekriterien aufgestellt:

- Kriterium der spezifischen Qualität (1. Homologiekriterium):
- Homologe Organe sind nach dem gleichen Muster gebaut.
- Kriterium der Lage (2. Homologiekriterium):
- Homologe Organe befinden sich an gleicher Stelle in vergleichbaren Organismen.
- Kriterium der Kontinuität (3. Homologiekriterium):

Auch unähnliche und verschieden gelagerte Organe sind homolog, wenn sie evolutionär durch eine Reihe homologer Zwischenformen miteinander verbunden sind. Viele homologe Strukturen kann man nach zunehmender Kompliziertheit und Leistungsfähigkeit in Progressionsreihen ordnen.

## EVOLUTIONSTHEORIE ERKLÄRT HOMOLOGIE

Erst mit Hilfe der Evolutionstheorie wird die Homologie verständlich: Die Ähnlichkeit homologer Strukturen wird erklärbar durch die Annahme, dass sich all diese Strukturen von einer Ausgangsform herleiten. Neue Formen entstanden Schritt für Schritt durch Abwandlung alter Grundmuster. Weitergegeben werden natürlich nicht die Muster als solche - diese werden in jeder Generation neu geschaffen - sondern deren Plan in Form von genetischer Information. Die Ähnlichkeit homologer Strukturen ist also bedingt durch Ähnlichkeiten in der DNA-Sequenz.

Strukturen, deren Übereinstimmung auf gemeinsamer Erbinformation und damit auf gemeinsamer Abstammung beruhen, sind homolog.

Verwandte Lebewesen haben den gleichen Bauplan. Wenn zwei Organismen einzelne homologe Strukturen aufweisen, so sind im Allgemeinen auch alle anderen Organe homolog.

## EINHEITLICHER BAUPLAN DER INSEKTEN

Auch die Klasse der Insekten ist durch einen einheitlichen Bauplan charakterisiert:

- Sie atmen mit Tracheen,
- das Außenskelett besteht aus Chitin,
- der Körper ist in Kopf, Brust und Hinterleib gegliedert,
- der Brustabschnitt trägt drei gegliederte Beinpaare,
- der Blutkreislauf ist offen, das Herz ist langgestreckt und liegt dorsal,
- das Strickleiternervensystem liegt auf der Bauchseite,
- die Komplexaugen sind aus vielen Einzelaugen (Ommatidien) zusammengesetzt.

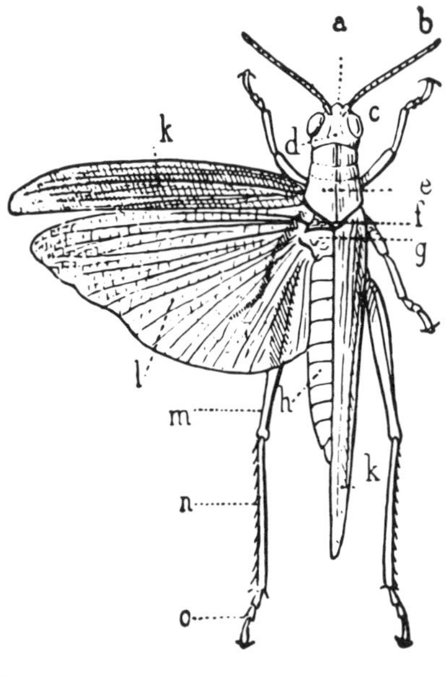

## VIELE HÄMOGLOBINE

Aus der Biochemie lassen sich zahlreiche Beispiele für die abgestufte Ähnlichkeit von Molekülen bei verwandten Tier und Pflanzengruppen anführen.

Hämoglobin ist der rote Blutfarbstoff, der für den Sauerstofftransport verantwortlich ist. Das Hämoglobinmolekül ist ein Tetramer: Neben dem eisenhaltigen Häm besteht es aus vier Eiweißketten: zwei α- und zwei β-Ketten. Die β-Kette des Hämoglobins ist aus 146 Aminosäuren aufgebaut. Diese Kette ist bei Mensch und Schimpanse identisch. Gorillas unterscheiden sich durch eine Aminosäure: An der Position 104 steht bei ihnen Lysin statt Arginin.

Die Globine des Menschen bilden eine Gen-Familie, sie werden von sehr ähnlichen Genen codiert, deren Entstehung rekonstruiert werden kann: Aus dem ursprünglichen Gen entstanden durch Duplikation zwei identische Gene. Diese wurden durch Mutationen verändert und gelangten durch Chromosomenmutationen auf verschiedene Chromosomen: Das α-Globin liegt auf Chromosom 16, β-Globin auf Chromosom 11.

Durch weitere Duplikationen und Punktmutationen entstanden sieben Gene, die zu unterschiedlichen Zeiten der Entwicklung des Menschen aktiviert werden. Kombinationen der Globine zum Tetramer werden je nach Sauerstoffbedarf zu unterschiedlichen Stadien der Keimesentwicklung verwirklicht, beispielsweise um als Fetus im Mutterleib Sauerstoff aus dem mütterlichen Blut zu erhalten. Durch Vergleich mit den Globin-Genen von Tieren ließ sich ermitteln, dass sich die erste Verdoppelung vor etwa 500 Millionen Jahren ereignete.

## VERWANDTSCHAFTEN IM KLADOGRAMM

Ein Kladogramm ist die grafische Darstellung von Verwandtschaftsverhältnissen. Kladogramme drücken die verwandtschaftliche Nähe von Lebewesen zueinander aus Wie ein Stammbaum hat das Kladogramm das Ziel, die verschiedenen Stadien der Stammesentwicklung in eine Beziehung zueinander zu setzen; dabei werden die Messergebnisse adäquat und wissenschaftlich so objektiv wie möglich dargestellt.

Im Kladogramm gibt es bei einer Verzweigung immer nur zwei Äste. Die Verzweigungen werden nicht gewichtet und es gibt keine Zeitachse. Grundlage eines Kladogramms sind ähnliche, von einem gemeinsamen Vorfahren ererbte Merkmale, die ältere Vorfahren nicht besitzen. Anders als beim Stammbaum sind im Kladogramm nur die Enden der Äste eingetragen, Gabelungen stellen die Stammart der beiden daraus hervorgegangenen Schwestergruppen dar.

## DIE MOLEKULARE VERWANDTSCHAFT DES HÄMOGLOBINS IM KLADOGRAMM

| | Hai | Karpfen | Huhn | Maus |
|---|---|---|---|---|
| Mensch | 79 | 68 | 35 | 16 |
| Maus | 79 | 68 | 39 | |
| Huhn | 83 | 72 | | |
| Karpfen | 85 | | | |

Die Tabelle zeigt, an wie vielen Stellen sich die Aminosäuresequenz der Alpha-Ketten sich bei verschiedenen Tierarten unterscheidet. Dabei gibt es einige Stellen der Kette, die bei allen gleich sind, andere, die sich häufig unterscheiden. Bei Menschen unterscheidet sich die Alpha-Kette von der Betha-Kette an 85 Stellen, Länge und Struktur der beiden Polypeptide stimmen jedoch weitgehend überein.

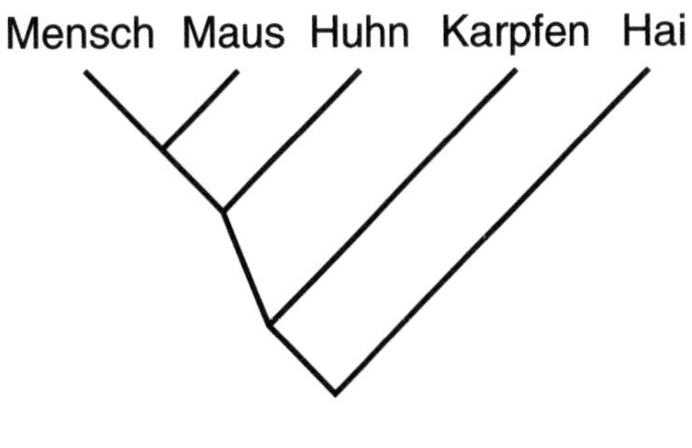

## EINE INSULIN-FAMILIE

Ein anderes gut untersuchtes Beispiel ist das Hormon Insulin, ein Polypeptid aus 51 Aminosäureresten. Das Rinderinsulin unterscheidet sich von dem des Schafs durch einen Säurerest. Rind und Schwein unterscheiden sich an zwei; Rind und Mensch an drei Positionen:

| | | | | | | | | | | | |
|---|---|---|---|---|---|---|---|---|---|---|---|
| Mensch | ... Cystein | - | Threonin | - | Serin | - | Isoleucin | - | Cystein | - | Serin ... |
| Schwein | ... Cystein | - | Threonin | - | Serin | - | Isoleucin | - | Cystein | - | Serin ... |
| Rind | ... Cystein | - | Alanin | - | Serin | - | Valin | - | Cystein | - | Serin ... |
| Wal | ... Cystein | - | Threonin | - | Serin | - | Isoleucin | - | Cystein | - | Serin ... |
| Pferd | ... Cystein | - | Threonin | - | Glycin | - | Isoleucin | - | Cystein | - | Serin ... |

## EIN MOLEKULARER STAMMBAUM AUS DER ATMUNGSKETTE

Cytochrom c ist ein Enzym-Protein, das in allen atmenden Lebewesen vorkommt. Es ist in der Atmungskette wirksam. Mehr als ein Drittel aller Aminosäuren sind bei allen Organismen identisch. Auch hier ist die Ähnlichkeit der Moleküle ein Maß für die Verwandtschaft; sie erlaubt die Konstruktion eines Stammbaums.

## HOMOLOGIE UND EVOLUTION VON MOLEKÜLEN

1. Nennen und charakterisieren Sie die drei Homologiekriterien.

**1.** ____________ **2.** ____________ **3.** ____________

2. Was trifft zu?

- ☐ **A** Homologie lässt sich durch Evolution erklären.
- ☐ **B** Homologe Organe sind ähnlich.
- ☐ **C** Insekten haben einen einheitlichen Bauplan.

3. Welche Aussage ist nicht richtig?

- ☐ **A** Insulin von Mensch und Schwein unterscheidet sich nur geringfügig.
- ☐ **B** Menschliches Blut enthält sieben verschiedene Hämoglobine.
- ☐ **C** Cytochrom c ist Bestandteil der Atmungskette.

4. Welche Ausbildungen zeigen die Vorderbeine verschiedener Säugetiere?

**1.** ____________ **2.** ____________ **3.** ____________

5. Nennen Sie drei Beispiele für Familien ähnlicher Moleküle.

**1.** ____________ **2.** ____________ **3.** ____________

## LÖSUNGEN

**1.** Kriterium der spez. Qualität (gleiches Muster), K. der Lage (gleiche Stelle), K. der Kontinuität (Zwischenformen) • **2.** A, C • **3.** A, C • **4.** Flügel der Fledermaus, Flosse der Seelöwen, Laufbeine des Wolfs • **5.** Hämoglobin, Cytochrom c, Insulin

Die wichtigsten Methoden zur absoluten Datierung bedienen sich radioaktiver Isotope. Radioaktive Elemente zerfallen mit konstanter Geschwindigkeit. Der Zerfall wird nicht durch Temperatur oder andere Umweltfaktoren beeinflusst. Durch die Bestimmung der Menge des zerfallenen Isotops kann das Alter eines Fossils oder einer Schicht ermittelt werden.

## DIE RADIOKARBON-METHODE

Die Radiokarbonmethode, $^{14}C$-Methode oder Kohlenstoffuhr ist eine Methode zur Altersbestimmung jüngerer Fossilien.

Durch kosmische Strahlung entsteht in der Atmosphäre laufend das Kohlenstoffisotop $^{14}C$ (Kohlenstoff 14): Wenn ein Neutron mit einem Atom des $^{14}N$ (Stickstoff 14) kollidiert, so entsteht ein Atom $^{14}C$. Dieses Kohlenstoff-Isotop ist instabil. Es zerfällt unter Aussenden von Beta-Strahlen wieder in $^{14}N$. Die Halbwertszeit dieses radioaktiven Zerfalls beträgt etwa 5 700 Jahre.

In der Atmosphäre liegt ein sehr kleiner Teil (0,03 millionstel %) des $CO_2$ als $^{14}CO_2$ vor. Da sich Bildung und Zerfall von $^{14}C$ die Waage halten, ist das Verhältnis $^{14}CO_2/^{12}CO_2$ über lange Zeiträume konstant.

Bei der Fotosynthese bauen die Pflanzen $^{14}CO_2$ zusammen mit $^{12}CO_2$ in ihre Körpersubstanz ein, und zwar in dem Verhältnis, wie es in der Atmosphäre vorliegt. Durch die Nahrungsaufnahme gelangt das $^{14}CO_2$ wieder im selben Verhältnis in den tierischen und menschlichen Körper. Nach dem Tod eines Lebewesens beginnt die Kohlenstoffuhr zu ticken: Der Zerfall des $^{14}C$ geht weiter, der Körper nimmt kein neues $^{14}C$ auf. Die $^{14}C$-Konzentration sinkt stetig. Damit sinkt auch die Strahlungsintensität. Durch Messung der radioaktiven Strahlung ($\beta$-Strahlen) kann somit das Alter eines Fossils bestimmt werden.

## DIE KALIUM-ARGON-METHODE

Die Kalium-Argon-Methode beruht auf dem radioaktiven Zerfall des Kalium-Isotops mit einer Halbwertszeit von 1.28 x $10^9$ Jahren. Mit dieser Methoden werden sehr alte vulkanische Gesteine datiert.

## DATIERUNG IST RELATIV

Die relative Datierung beruht auf der Stratigraphie, der Lehre von der Abfolge und Bildung der Gesteinsschichten. Sie sagt aus, ob ein Fossil gleichaltrig, älter oder jünger ist als ein anderes. Man geht davon aus, dass Schichten mit gleichem Fossilinhalt gleich alt sind. Meist arbeiten Geologen mit Leitfossilien; das sind Arten, die nur kurze Zeit auftraten, während dieser Zeit aber weit verbreitet waren. Wenn das Auftreten und Verschwinden von Leitfossilien bekannt ist, kann durch relative Datierung das Alter einer Fundschicht recht genau bestimmt werden.

## ZUR EVOLUTION DES MENSCHEN

Bei Ausgrabungen in der Höhle Liang Bua auf der indonesischen Insel Flores im Jahr 2003 wurden Knochenreste einer kleinen Frau gefunden, die vor etwa 18 000 Jahren lebte. Sie war wenig mehr als einen Meter groß. Ihr Gehirn hatte ungefähr die Größe eines Schimpansengehirns. Später wurden Skelettteile von neun Individuen gefunden, die alle kleinwüchsig waren. Bis heute lassen sich die Funde nicht eindeutig in die Abstammungslinien menschlicher Arten einordnen. Einige Merkmale des Schädels entsprechen denen der Gattung *Homo*, so dass eine Verwandtschaft mit *Homo erectus* diskutiert wird, andere Merkmale deuten auf Ähnlichkeiten mit der Gattung *Australopithecus* hin. Viele Wissenschaftler gehen davon aus, dass es sich bei den Fossilien um eine neue, bisher unentdeckte Menschenart handelt, die sie *Homo floresiensis* nennen. Andere Wissenschaftler stellen die Flores-Fossilien zur Gattung *Australopithecus*. Zu einem ganz anderen Schluss kommen Forscher der Universität Tübingen. Sie verglichen die Schädel von Flores mit Gehirnausgüssen von modernen Menschen, die an Mikrozephalie litten. Der Vergleich ergab Übereinstimmungen, so dass die Forscher es für möglich halten, dass die kleine Frau von Flores unter Mikrozephalie litt.

Ein amerikanisches Forscherteam dagegen schloss diese Deutung aus. Gegen die Mikrozephalie-Interpretation spricht die Fundsituation, in der ausschließlich Skelette mit ungewöhnlich kleinen Schädeln gefunden wurden und eine Gehirnform, die durch Computersimulation rekonstruiert worden ist. Die überproportional langen Arme unterscheiden sich deutlich von denen mikrozephaler Menschen.

Rätselhaft bleibt, wer die Steinwerkzeuge hergestellt hat, die zusammen mit den Knochen in der Höhle gefunden wurden. Sie lassen auf handwerkliches Geschick schließen, das man bei den Flores-Menschen mit ihren kleinen Gehirnen kaum voraussetzen kann.

Mauersegler, Mehlschwalbe und Rauchschwalbe sind Tiere des freien Luftraums, die sich in Lebensweise und Körperbau ähneln. Alle drei sind Kulturfolger. Sie haben lange, schmale Flügel, einen gabelförmigen Schwanz, einen kleinen breiten Schnabel und ein tief gespaltenes Maul. Alle drei sind Zugvögel, die in Afrika südlich der Sahara überwintern. Trotzdem wird der Mauersegler im System der Vögel näher zu den Kolibris gestellt, nicht zu den Singvögeln, wie die Schwalben.

Mauersegler

Mehlschwalbe

Rauchschwalbe

Auf den ersten Blick könnte man den Mauersegler für eine Schwalbe halten. Doch seine längeren, sichelförmigen Flügel, der kurze Schwanz und die ständigen Flugrufe machen ihn unverwechselbar. Der Mauersegler ist in der Luft wendiger, schneller und eleganter als eine Schwalbe. Die langen, dünnen Flügel sind sichelförmig gebogen, etwa mit dem €-Symbol vergleichbar. Schwalben haben eine geringere Flügelschlagfrequenz und fliegen nicht ganz so elegant.

## DREI VÖGEL MIT GROSSER ÄHNLICHKEIT

Die Rauchschwalbe (*Hirundo rustica*) wird 15 – 19 cm groß. Von April bis Oktober halten sich die Rauchschwalben in Mitteleuropa auf. Früher waren sie in Dörfern ein selbstverständlicher Anblick; sie sind nun viel seltener geworden. Der Rückgang der Rauchschwalben hat viele Gründe: verringertes Nahrungsangebot durch Pestizide, die Insekten – ihre Nahrung – dezimieren; Trockenlegung von Feuchtgebieten und immer weniger Einflugmöglichkeiten an Gebäuden. Rauchschwalben bauen ihre Nester halboffen fast ausschließlich in die Gebäude, besonders in Kuhställen

Mehlschwalben (*Delichon urbica*) halten sich von April bis Oktober bei uns auf, sie sind mit 13 cm etwas kleiner als die Rauchschwalben. Ihre Nester sind halbkugelig und fast geschlossen unter Dachvorsprüngen angebracht.

Der Mauersegler (*Apus apus*) wird um die 17 cm groß. Sein lateinischer Name bedeutet „der ohne Füße". Die Füsse des Mauerseglers sind hoch spezialisiert, mit ihnen kann er sich an scheinbar glatten Wänden festhalten, aber nicht laufen. Ende April, Anfang Mai kommen die Mauersegler aus ihren Überwinterungsgebieten in Süd- und Ostafrika nach Mitteleuropa zurück. Bei Flugspielen erreichen Mauersegler Spitzengeschwindigkeiten von 140 – 200 km/h. Als Nahrung nehmen Mauersegler fliegende Insekten (Luftplankton) zu sich. Mauersegler sind Höhlen- und Nischenbrüter, sie bewohnen Baumhöhlen und Felsspalten.

## IMMUNOLOGISCHE FESTSTELLUNG VON VERWANDTSCHAFT

Immunologische Techniken erlauben, den Grad der Ähnlichkeit verschiedener Proteine sehr exakt festzustellen. So kann mit der Serumreaktion das Blut des Menschen mit dem anderer Säugetiere verglichen werden:

1. Herstellung von Antiserum
   Einem Kaninchen wird Blutserum eines Menschen injiziert. Das Immunsystem des Kaninchens erkennt die Proteine des menschlichen Serums an bestimmten Strukturen, den Antigenen, als artfremd. Das Kaninchen stellt nun Antikörper her. Das sind Proteinmoleküle, die sich hochspezifisch mit diesen Antigenen verbinden können. Nach einigen Tagen kann dem Kaninchen Blut entnommen werden, das Antikörper enthält. Daraus wird Antiserum gewonnen: Kaninchen-Antimenschen-Antiserum.

2 Reaktion mit menschlichem Serum
   Mischt man menschliches Blutserum mit dem Antiserum des Kaninchens, so können die Antikörper mit den menschlichen Antigenen reagieren. Antigene und Antikörper passen wie Schloss und Schlüssel zusammen. Durch die Reaktion bildet sich ein Niederschlag (Präzipitat), der aus der Lösung ausfällt und nach unten sinkt.

3. Reaktion mit anderen Blutseren
   Da die Antikörper die Antigene, gegen die sie hergestellt wurden, exakt erkennen, können sie zur Identifizierung von Proteinen verwendet werden. Mischt man das Antiserum mit Blutserum eines Gorillas, so fällt auch ein Niederschlag aus, allerdings weniger als bei menschlichem Serum. Mischt man es dagegen mit Blutserum des Pferdes, so gibt es kaum noch einen Niederschlag.

Durch die Serumreaktion wird die Ähnlichkeit von Proteinen im Blutserum verschiedener Tiere gemessen. Je größer der Niederschlag, desto ähnlicher sind die Proteine. Mit dieser Methode konnten die durch Vergleich homologer Organe gewonnenen Verwandtschaftsverhältnisse bestätigt werden.

## KONVERGENTE ENTWICKLUNG ERKLÄRT DIE ÄHNLICHKEIT ZWISCHEN SCHWALBEN UND SEGLERN

Die Ähnlichkeit zwischen den beiden Schwalben beruht auf enger Verwandtschaft und damit auf gemeinsamer Abstammung. Die Ähnlichkeit zwischen Seglern und Schwalben ist auf eine konvergente Entwicklung zurückzuführen, es ist eine Anpassungsähnlichkeit.

Mit immunologischen Methoden lassen sich die Verwandtschaftsverhältnisse klären: Blutserum der Mehlschwalbe wird einem Versuchstier (z.B. einem Kaninchen) injiziert. Nach einigen Tagen wird dem Kaninchen Serum entnommen (= Antiserum) und mit den Blutseren der beiden anderen Vögel gemischt. Es gibt eine Ausfällungsreaktion (Präzipitationsreaktion). Beim näher mit der Mehlschwalbe verwandten Tier – hier bei der Rauchschwalbe – ist die Reaktion stärker, die Menge des Niederschlags ist größer als beim weniger verwandten Tier, dem Mauersegler.

Die Proteine des Mehlschwalben-Serums werden im Körper des Kaninchens als fremd erkannt - sie wirken als Antigene. Das Kaninchen bildet Antikörper, die exakt auf diese Antigene passen (wie ein Schlüssel zum Schloss). Die Antikörper reagieren äußerst spezifisch mit den Proteinen der Mehlschwalbe, etwas schlechter mit ähnlichen Proteinen. Wenn die Reaktion der Antikörper mit dem Serum des Rauchschwalbe stärker ist als mit dem des Mauerseglers, so zeigt dies eine größere Ähnlichkeit der Serumproteine der beiden Schwalbenarten an und lässt auf eine nähere Verwandtschaft schließen.

## DATIERUNG UND VERWANDTSCHAFT

1. Was unterscheidet Schwalben und Segler?

**1.** ____________ **2.** ____________ **3.** ____________

2. Was trifft zu?

☐ **A** Leitfossilien sind über lange Zeiträume weit verbreitet.
☐ **B** Mit der K-Ar-Methode werden Gesteine datiert.
☐ **C** Die Halbwertszeit des radioaktiven Zerfalls von $^{14}C$ beträgt 57.312 Jahre.

3. Was trifft zu?

☐ **A** Rauchschwalben und Mauersegler sind eng verwandt.
☐ **B** Die Ähnlichkeit von Rauchschwalben und Mehlschwalben beruht auf Verwandtschaft.
☐ **C** Die Mehlschwalbe kann nicht laufen.

4. Welche Schritte umfasst das immunologische Verfahren zur Feststellung von Verwandtschaft?

**1.** ____________

**2.** ____________

**3.** ____________

## LÖSUNGEN

**1.** Mauersegler: lange sichelförmige Flügel, ständige Schreie im Flug, rasanter und eleganter Flug • **2.** B • **3.** B • **4.** Herstellung von Antiserum, Reaktion mit Antigen, Reaktion mit Fremdserum

## MOSAIKFORMEN / BRÜCKENFORMEN

**Mosaikformen**, auch als „Brückenformen“ oder „Übergangsformen“ bezeichnet, sind Tiere und Pflanzen, die zwischen zwei großen systematischen Gruppen vermitteln. Diese Pflanzen und Tiere belegen, dass die Abgrenzung der systematischen Kategorien nicht immer klar und scharf ist, dass im System der Lebewesen alles im Fluss ist. Während der Begriff 'Mosaikform' lediglich beschreibt, dass ein Organismus Merkmale unterschiedlicher Gruppen zeigt, interpretiert die Bezeichnung 'Übergangsform' dass die Form evolutionsbiologisch zwischen diesen beiden Gruppen steht und damit seine Stellung im Stammbaum der Lebewesen.

## BRÜCKENTIERE

Tiere, deren Körper mosaikartig aus Merkmalen verschiedener Tiergruppen zusammengesetzt sind, bezeichnet man als „Mosaikformen“ oder „Brückenformen“.

Dabei waren Mosaikformen normale Arten, die zu ihrer Zeit keinerlei Sonderstellung einnahmen. Die Rolle als Bindeglied ergibt sich erst im Zusammenhang mit der nachträglichen Betrachtung und Einordnung der Fossilien. Erst durch die Evolution unterschiedlicher Tiergruppen aus Nachfahren oder nahen Verwandten ergab sich der besondere Standort im System.

Brückentiere zeigen

- **ursprüngliche** Merkmale, die sie mit der stammesgeschichtlich älteren Gruppe gemeinsam haben;
- **fortschrittliche** Merkmale, die zu der neu entstehenden Gruppe hinführen; und
- **intermediäre** Merkmale, die zwischen den Klassen vermitteln.

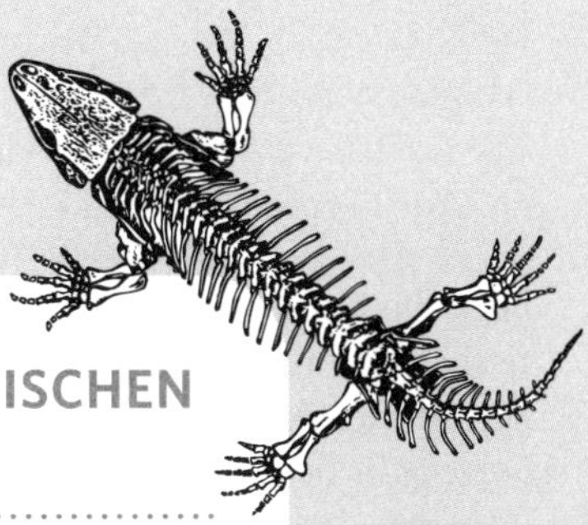

## BRÜCKENTIERE VERMITTELN ZWISCHEN VERSCHIEDENEN TIERGRUPPEN

Bekannte fossile Brückentiere unter den Wirbeltieren sind:

- *Ichthyostega*: eine Brückenform zwischen Fisch und Amphib;
- *Seymouria* vermittelt zwischen Amphibien und Reptilien;
- *Cynognathus* ist ein Bindeglied zwischen den Reptilien und den Säugetieren;
- *Archaeopteryx* ist Vermittler zwischen Reptilien und Vögeln.

## ARCHAEOPTERYX

Die bekannteste fossile Mosaikform ist zweifellos der Urvogel Archaeopteryx lithographica, ein Fossil, das in Weißjuraschichten von Solnhofen in der Fränkischen Alb gefunden wurde. Beim ersten Fund des Archaeopteryx waren keine Abdrücke der Federn erhalten: Er wurde als Reptil klassifiziert, denn der Skelettbau ist der eines kleinen Dinosauriers: Schwanz, Zähne, Schultergürtel, Becken, Bauchrippen und die drei Finger mit Krallen weisen ihn als Reptil aus. Bei späteren Fossilfunden sind jedoch deutliche Abdrücke von Federn erhalten. Nach diesen Funden wurde Archaeopteryx den Vögeln zugeordnet, denn das Federkleid wird als eindeutiges Vogelmerkmal betrachtet.

| Reptilmerkmale | Vogelmerkmale |
|---|---|
| kegelförmige Zähne in Ober- und Unterkiefer<br>lange Schwanzwirbelsäule mit freien Wirbeln<br>Knochen: nicht hohl<br>kleines, flaches Brustbein<br>drei freie Finger<br>Krallen an Fingern und Zehen | Federkleid<br>Flügel<br>Fuß mit Laufknochen<br>vier Zehen; eine Zehe nach hinten gerichtet<br>Schlüsselbeine zum Gabelbein verschmolzen<br>Schädel mit großen Augen und Schnabel |

Heute geht man davon aus, dass Archaeopteryx lithographica kein unmittelbarer Vorfahr der heutigen Vögel ist und somit auch kein echtes Bindeglied zwischen den Tierklassen der Reptilien und der Vögel darstellt. Die Gattung Archaeopteryx stellt eher eine Sackgasse der Evolution dar. Dennoch bleibt Archaeopteryx ein bedeutendes Evolutionsmodell, er steht den Vorfahren der Vögel doch recht nahe.

## LEBENDE FOSSILIEN

Das Wort „Fossil" ist definiert für Reste von Lebewesen der erdgeschichtlichen Vergangenheit. Der Begriff „Lebendes Fossil" ist eigentlich ein Widerspruch in sich. Er zeigt aber sehr anschaulich, was damit gemeint ist:

„Lebende Fossilien" sind Lebewesen, die...

- einer Familie oder Ordnung angehören, deren Blütezeit längst vorbei ist, und die bis auf wenige Arten ausgestorben ist;
- in entlegenen Gebieten (Wälder, Tiefsee, Inseln) überlebt haben und
- viele Merkmale einer urtümlichen Gruppe beibehalten haben.

Ein „Lebendes Fossil" ist ein Lebewesen, das uns modellhaft zeigt, wie Organismen längst vergangener Zeitalter ausgesehen haben; es ist ein Lebewesen, das sich über große Zeiträume der Evolution nicht oder nur wenig gewandelt hat, oder das sich in Bezug auf bestimmte Merkmale nur wenig verändert hat. Von besonderem Interesse sind dabei lebende Mosaikformen, also Tiere und Pflanzen, die zwischen zwei großen systematischen Gruppen vermitteln. Z. B. vermittelt *Latimeria chalumnae* zwischen den beiden größten Gruppen der Wirbeltiere: zwischen Fischen und Landwirbeltieren.

## ÜBERGANGSFORMEN

Wie die fossilen Brückenformen, so weisen auch die „Lebenden Fossilien" darauf hin, dass die systematischen Gruppen wie Farne und Samenpflanzen oder Fische und Landwirbeltiere nicht als unterschiedliche, streng getrennte „Typen" nebeneinander stehen, sondern dass es Übergänge zwischen ihnen gab und gibt. Wenn heute zwei Tier- oder Pflanzengruppen klar voneinander abgegrenzt werden können, so ist dies nur durch das Aussterben der Übergangsformen zu erklären.

## LEBENDE FOSSILIEN: QUASTENFLOSSER

Fossile Quastenflosser sind den Paläontologen schon lange bekannt. Sie lebten vom mittleren Devon (vor 400 Millionen Jahren) bis zur mittleren Kreide (ca. 100 Mio. J.). Ihre Blütezeit hatten sie in der unteren Trias. Daraus schloss man, dass diese Gruppe mit den Dinosauriern ausgestorben sei. Die Entdeckung eines lebenden Quastenflossers im Jahre 1938 war deshalb auf dem Gebiet der Zoologie ein sensationelles Ereignis. *Latimeria chalumnae*, ein Fisch der Tiefsee, unterscheidet sich nur wenig von seinen im Erdaltertum lebenden Vorfahren. Latimeria zeigt typische Fischmerkmale wie Schuppenkleid, Kiemenatmung und Flossen. Einige Merkmale verknüpfen sie mit den Landtieren: Die Flossen sind muskulös und haben ein Skelett, das dem der Amphibien nicht unähnlich ist. Die Quastenflosser bilden zusammen mit den Lungenfischen eine Unterklasse von Knochenfischen, die Fleischflosser, sie alle haben vier paarige, muskulöse Flossen. In dieser Gruppe ist die Stammform sämtlicher Landwirbeltiere zu suchen.

## LEBENDE FOSSILIEN: GINKGO

Der Ginkgo, ein Baum aus Westchina erinnert durch die Ausbildung seiner Samenanlagen an ausgestorbene Samenfarne des Erdaltertums. Die Befruchtung geschieht nicht (wie bei fast allen Samenpflanzen) durch einen Pollen schlauch, sondern durch bewegliche Samenzellen wie bei Moosen und Farnen. Seine Blätter haben gegabelte Nerven. Fossilien belegen, dass Ginkgogewächse im Erdmittelalter formenreich und weit verbreitet waren.

## LEBENDE FOSSILIEN: SCHNABELTIER

Das Schnabeltier (*Ornithorhynchus anatinus*) ist eine Mosaikform, die zwischen Reptilien und Säugetieren vermittelt. Das Haarkleid, der Bau von Mittelohr und Kiefergelenk, das Herz und das Gehirn kennzeichnen es als Säugetier. Die Jungtiere werden von der Mutter gesäugt, sie lecken die Milch aus dem Milchfeld im Brustbereich des Muttertieres auf. Ähnlich wie die meisten Reptilien legen Schnabeltiere Eier. Auch ihre noch nicht ganz konstante Körpertemperatur und der Schultergürtel erinnert an Kriechtiere.



## LEBENDE FOSSILIEN: SPITZHÖRNCHEN

Das Spitzhörnchen (*Tupaia glis*) vermittelt zwischen Insektenfressern und Primaten. Spitzhörnchen sehen auf den ersten Blick aus wie Eichhörnchen und verhalten sich auch ähnlich wie diese. Aber einige Eigentümlichkeiten dieser Tiere weisen auf eine Verwandtschaft mit den Primaten hin. Man kann die Spitzhörnchen als „lebende Fossilien" bezeichnen, die uns zeigen, wie die frühesten Primaten in der Kreidezeit und zu Beginn des Tertiärs ausgesehen haben: Ihre Hände haben lange, bekrallte Finger. Die Großzehe kann von den anderen Zehen abgespreizt, aber diesen nicht gegenübergestellt werden. Das Gehirn ist schon recht groß, vor allem das Sehfeld ist gut entwickelt. Die Augen sind groß, leicht nach vorne gedreht und von einem knöchernen Ring umgeben. Das Gebiss ähnelt dem der Halbaffen.

## DIE REKAPITULATIONSHYPOTHESE

Der Vergleich früher Entwicklungsstadien verwandter Tiere führte Ernst Haeckel (1834–1919) dazu, das „biogenetische Grundgesetz“ zu formulieren: „*Die Keimesentwicklung ist eine kurze und schnelle Wiederholung der Stammesgeschichte.*“ *Oder noch kürzer: „Ontogenese rekapituliert Phylogenese*“ – Keimesentwicklung wiederholt Stammesentwicklung.

Haeckel glaubte beobachtet zu haben, dass ein Individuum in seiner Keimesentwicklung noch einmal den gleichen Weg geht, den seine Vorfahren im Laufe der Stammesentwicklung durchlaufen haben. Heute ist klar, dass diese Feststellung stark vereinfacht ist; ihr Anspruch ein biologisches Gesetz zu sein ist widerlegt. Allerdings kommt es vor, dass ein Organ oder ein Organsystem in seiner Ausbildung Umwege macht, die aus der Stammesgeschichte erklärt werden können.

Im Zusammenhang mit den in den 1970er Jahren entdeckten Hox-Genen, die in der Keimesentwicklung die Körperstrukturen festlegen, wird die Rekapitulationshypothese neu diskutiert. Die Hox-Gene sind offensichtlich sehr alte Gene; sie prägen die Entwicklung von Tieren ganz unterschiedlicher Stämme in gleicher Weise.

## AUFGEGEBENE ORGANANSÄTZE

Im Laufe der Keimesentwicklung vieler Arten werden Organe angelegt, die nie eine erkennbare Funktion erfüllen, die dem erwachsenen Individuum fehlen und die für Ahnformen der Art typisch waren:

- Bartenwale ernähren sich von Plankton. Dieses seihen sie durch ein aus Hornplatten (Barten) gebildetes Sieb. Sie haben keine Zähne. Ihre Embryonen jedoch haben Zahnanlagen, die sie wieder zurückbilden, bevor daraus Zähne entstehen.
- In einem bestimmten Embryonalstadium bilden Landwirbeltiere – Reptilien, Vögel und Säugetiere – Kiementaschen aus. Niemals werden funktionsfähige Kiemen daraus.
- Embryonen von Eulen zeigen einen ausgeprägten, mit Federansätzen versehenen Schwanz ähnlich dem des Urvogels *Archaeopteryx*.
- Delfine sind als Feten zeitweilig behaart.
- Menschliche Säuglinge umgreifen den Finger des Untersuchers bei der Berührung seiner Handinnenseite. Dieser „Klammerreflex" rekapituliert das instinktive Festkrallen junger Primaten am Fell der Mutter.

## DIE AUSSCHEIDUNG VON STICKSTOFF

Stickstoffhaltige Verbindungen entstehen beim Abbau von Proteinen im Körper und werden mit dem Urin ausgeschieden. Würde der Körper diese Verbindungen nicht ausscheiden, käme es im Laufe der Zeit zu Vergiftungen. Im Tierreich unterscheidet man bezüglich der Stickstoff-Ausscheidung drei große Gruppen: die Ammoniak-Gruppe der Fische und Amphibien, die Harnsäure-Gruppe der Reptilien und Vögel und die Harnstoff-Gruppe der Säugetiere.

In den meisten Organen, insbesondere im Zentralnervensystem und in den Muskeln der Tiere, wirkt Ammoniak als starkes Zellgift, weil es den Energiestoffwechsel stört, zudem erhöht Ammoniak den pH-Wert und kann in höheren Konzentrationen zur Denaturierung von Proteinen führen, dabei wird vor allem die Zell-Membran beschädigt. Durch Überführung von Ammoniak in die Ausscheidungsformen Harnstoff oder Harnsäure wird die Giftwirkung von Ammoniak verhindert.

Vögel scheiden Harnsäure mit dem Urin aus. Diese Harnsäure ist - anders als der Harnstoff des Menschen - schwer löslich und als weiße Schlieren auf dem Kot sichtbar. Die Art der Ausscheidung steht im Zusammenhang mit dem Wasserhaushalt der Vögel: Sie verlieren bei der Ausscheidung wenig Wasser. Die Harnsäure wird eingedickt, d.h., das Wasser wird ihr entzogen und im Vogelkörper behalten. Ausgeschieden wird nur das Salz der Harnsäure - und zwar gemeinsam mit dem Darminhalt.

Während der Entwicklung des Hühnchens im Ei ist zu Beginn die Ammoniakkonzentration am höchsten, später wird zunehmend Harnstoff und Harnsäure gebildet, bis zuletzt nur noch Harnsäure hergestellt wird. Diese ist in Wasser schwer löslich und bereitet dem Embryo keine Probleme. Sie wird innerhalb des Eis gespeichert.

## ARCHAEOPTERYX , LEBENDE FOSSILIEN, BIOGENETISCHE GRUNDREGEL

1. Was trifft auf diese Tiere zu zu?

- ☐ **A** Das Schnabeltier ist ein untypisches Reptil.
- ☐ **B** Spitzhörnchen sind mit den Primaten verwandt.
- ☐ **C** Quastenflosser leben im Wattenmeer.

2. Was gilt für die Stickstoffausscheiduung von Wirbeltieren?

- ☐ **A** Es gibt zwei Arten der N-Ausscheidung.
- ☐ **B** Vögel scheiden Stickstoff als Ammoniak aus.
- ☐ **C** In der Embryonalentwicklung von Hühnchen wird nacheinander Ammoniak, Harnstoff und Harnsäure ausgeschieden.

3. Nennen Sie drei bekannte fossile Brückentiere und die vermittelten Gruppen.

**1.** ____________________ **2.** ____________________ **3.** ____________________

4. Welche Vorteile hat für Vögel die Ausscheidung von Harnsäure?

____________________________________________

## LÖSUNGEN

**1.** B • **2.** C • **3.** Ichthyostega (Fische/Amphibien), Cynognathus (Reptilien/Säugetiere), Seymouria (Amphibien/Reptilien) • **4.** geringer Wasserverlust bei der Ausscheidung

## ZÜCHTUNG ALS MODELL DER EVOLUTION

Als Modell für eine allmähliche Veränderung von Lebewesen erkannte Darwin die Zucht von Nutzpflanzen und Haustieren. Er begann, selbst Tauben zu züchten und stellte fest, dass alle Rassen von einer Art - der Felsentaube - abstammen. Nach seinen Beobachtungen unterschieden sich manche Zuchttaubenrassen stärker voneinander als verschiedene Vogelarten. Züchtung kann also Lebewesen verändern. Für die **Züchtung** neuer Formen fand er drei wesentliche Voraussetzungen:

- **Variabilität**: Jedes Tier, jede Pflanze unterscheidet sich in seiner Merkmalskombination von allen anderen Angehörigen seiner Art. Auch unter den Nachkommen eines Elternpaares gibt es nie zwei identische Tiere.
- **Nachkommenüberschuss**: Zur Erhaltung einer Art würde es genügen, wenn ein Elternpaar zwei Nachkommen erzeugen würde. In Wirklichkeit haben alle Lebewesen im Schnitt weit mehr als zwei Nachkommen. Ungebremst führt diese übermäßige Fruchtbarkeit zu exponentiellem Wachstum.
- **Auslese**: Aus den vielen ihm zur Verfügung stehenden Varianten wählt der Züchter einige aus, die ihm für seine Zwecke am besten geeignet erscheinen. Nur diese verwendet er zur Weiterzucht. Wählt der Züchter über viele Generationen hinweg immer wieder die Varianten aus, die seinem **Zuchtziel** am nächsten kommen, so gelingt es ihm, Formen zu züchten, die sich in vielen Merkmalen von den Stammeltern unterscheiden. So haben es die Menschen innerhalb von ein paar Tausend Jahren fertiggebracht, aus dem Wolf so unterschiedliche Nachkommen zu züchten wie den Dachshund und den Bernhardiner.

## VORAUSSETZUNGEN FÜR EVOLUTION

Zwei der Voraussetzungen für die Züchtung neuer Pflanzensorten und Tierrassen konnte Darwin problemlos auf die Evolution übertragen: Auch in der Natur gibt es eine reiche Variabilität. Die exakten Beobachtungen und Messungen hatten ihm gezeigt, dass es nie zwei völlig identische Individuen gibt. Jedes Lebewesen unterscheidet sich in irgendeiner Eigenschaft von allen anderen. Von diesen Eigenschaften nahm Darwin an, dass sie zufällig entstehen und – mindestens teilweise – erblich sind. Darwin kannte allerdings weder die Ursachen der Variation noch die Regeln ihrer Vererbung.

Auch in der Natur setzen Angehörige aller Arten mehr Nachkommen in die Welt, als kurzfristig zur Erhaltung ihrer Art notwendig wären. Oft produziert ein einziges Elternpaar Tausende oder Millionen von Nachkommen.

Lebensraum und Nahrung dagegen sind begrenzt. Wegen dieser Übervermehrung müssen weitaus die meisten Organismen sterben, bevor sie sich fortpflanzen können.

## DIE UMWELT ALS ZÜCHTER

Wer aber übernimmt die Rolle des Züchters? Bei der Tier- und Pflanzenzüchtung ist es der Mensch, der die Zuchtziele setzt, auswählt und kreuzt. Darwin erkannte, dass auch in der Natur nicht immer der Zufall entscheidet, welche Tiere oder Pflanzen zugrunde gehen und welche überleben. Häufig entscheiden winzige Unterschiede im Körperbau oder im Verhalten über Leben und Tod. Nur wer sich gegenüber seinen **Konkurrenten** behaupten kann, hat die Chance zu überleben: Darwin prägte den Begriff „*survival of the fittest*", was mit „Überleben der Tauglichsten" übersetzt werden kann – nicht mit „Überleben des Stärkeren"! Die Aufgabe des Züchters übernimmt in der Natur der Kampf ums Dasein („*struggle for existence*"). So führt der Kampf ums Überleben in der überfüllten Natur zu einer natürlichen Zuchtwahl, die die Individuen immer geeigneter für das Überleben in ihrer Umwelt macht.

Der Ausdruck „*struggle for existence*", Kampf ums Dasein, wird manchmal als brutales Kräftemessen zwischen zwei Individuen verstanden, bei dem nur der Stärkere überlebt. Darwin wird die These zugeschrieben, dass in der Natur nur der Stärkere ein Recht zum Leben hat, der Schwächere weichen muss. Darwin verstand unter „*struggle for existence*" etwas ganz anderes, nämlich einen Wettbewerb um begrenzte Vorräte. Darwins Auffassung von Selektion kann treffend umschrieben werden mit der Formulierung: „Das Bessere ist der Feind des Guten."

Charles Darwin.

## MUTATION

Vererbung beruht auf der identischen Verdoppelung und der exakten Aufteilung und Weitergabe des Erbmaterials von einer Generation auf die andere. Nur selten kommt es vor, dass bei der Verdoppelung oder der Aufteilung der Erbanlagen ein Fehler - eine Mutation - geschieht. Die Mutation ist der einzige Evolutionsfaktor, der neue Gene schafft. Sie liefert das „Rohmaterial der Evolution". Durch das Entstehen neuer Erbfaktoren oder Gene wird der Genpool einer Population vergrößert; ihre Variabilität wird erhöht.



## VERSCHIEDENE TYPEN VON MUTATIONEN

Genmutationen führen zur Entstehung neuer Allele in einem bestimmten Genort. Meist wird dabei nur eine Base der DNA durch eine andere ersetzt.

Chromosomenmutationen verändern die Architektur einzelner Chromosomen. Für die Evolution sind Duplikationen von großer Bedeutung. Bei der Duplikation wird ein Chromosomenstück verdoppelt. Ein oder mehrere Gene sind nun doppelt vorhanden. Zunächst sind die so erzeugten Gene noch identisch. Durch Punktmutationen können sie jedoch unterschiedlich werden: So entstehen Gene, die ähnliche Eiweißstoffe erzeugen.

Bei Translokationen werden Bruchstücke nicht homologer Chromosomen ausgetauscht.

Genommutationen ändern die Zahl der Chromosomen. Dabei kann der Chromosomensatz um einzelne Chromosomen vermehrt oder vermindert werden oder der ganze Satz wird vervielfacht.

## PROTEINE BILDEN DIE FARBSTOFFE DER NETZHAUT

In der Retina des Menschen befinden sich zwei Arten von Photorezeptoren: Stäbchen und Zapfen. Diese haben nach der Duplizitätstheorie des Sehens unterschiedliche Funktionen und enthalten unterschiedliche Pigmente: Stäbchen dienen dem Sehen in der Dämmerung, sie vermitteln Grauabstufungen zwischen Schwarz und Weiß. Zapfen dagegen sind bei Helligkeit aktiv, mit ihrer Hilfe können wir Farben unterscheiden.

Während alle Stäbchen denselben Farbstoff, das Rhodopsin, tragen, hat man drei verschiedene Zapfen-Opsine nachgewiesen.

Es gibt rot-empfindliche, grün-empfindliche und blau-empfindliche Rezeptoren. Jeder Zapfentyp enthält ein anderes Pigment. Die Pigmente sind dem Rhodopsin der Stäbchen sehr ähnlich. Farbstoffkomponente aller drei Jodopsine ist das Retinal. Die Eiweißbestandteile unterscheiden sich geringfügig und bedingen die unterschiedlichen Absorptionsmaxima.

| Pigment | Farbe | Absorptionsmaximum |
|---|---|---|
| B | Blauviolett | 419 nm |
| G | Grün | 531 nm |
| R | Rot | 559 nm |

## GENETIK DER ROT-GRÜN-BLINDHEIT

Die Gene für das Rot-Pigment und des Grün-Pigment liegen auf dem x-Chromosom, das Gen für das Blau-Pigment auf dem Chromosom 7. Das Gen für das Rotpigment liegt bei jedem Menschen nur einmal vor, das Gen für das Grün-Pigment dagegen kann in ein bis drei Kopien als Tandem vorliegen.

Da sich die Gene sehr ähnlich sind, kommt es während der Meiose zu Paarungen zwischen den homologen Chromosomen, bei welchen sich die sehr ähnlichen Sequenzen der Rot-Gene und der Grün-Gene gegenüberliegen.

Durch Austausch von Abschnitten zwischen Rot- und Grün-Gen entstehen **Mosaik-Gene**. Je nach Anteil der einzelnen Abschnitte kommt es zum Ausfall des Rot-Gens oder des Grün-Gens oder zur Ausbildung von Pigmenten mit abweichenden Absorptionsmaxima.

Die verschiedenen **Formen** der Rot-Grün-Blindheit werden x-chromosomal rezessiv vererbt. Ob eine Farbfehlsichtigkeit auftritt, hängt davon ab, ob das zweite Geschlechtschromosom einen Defekt kompensiert.

Bei rund 5 % aller **Männer** ist das Farbensehen gestört. Rot-Blinden fehlt das Pigment der rot-empfindlichen Zapfen. den Grün-Blinden das der grün-empfindlichen. Bei Rot-Schwäche ist von dem Rotlicht absorbierenden Pigment zu wenig vorhanden. Diese Menschen haben Schwierigkeiten, die Farben Rot und Grün zu unterscheiden; man nennt sie zusammenfassend „Rot-Grün-Blinde" oder „Rot-Grün-Verwechsler".

Bei **Frauen** verhindert ein zweites, unverändertes x-Chromosom eine Fehlsichtigkeit. Zeigt aber das zweite x-Chromsom die gleichen Abweichungen, können auch Frauen rot-grün-blind sein.

## GEFÄHRDETER GEPARD

Der Gepard hat eine Sonderstellung in der Familie der Katzen. Er hat sehr lange Beine und kann sich dadurch schneller fortbewegen als andere Katzen. Im Körperbau und Jagdverhalten gibt es gewisse Übereinstimmungen mit den Hunden, wie diese hat er harte Fußsohlen und nicht einziehbare Krallen. Diese Ähnlichkeiten beruhen auf konvergenter Entwicklung.

Es wird vermutet, dass die Population der Geparde vor etwa 10 000 Jahren knapp vor dem Aussterben stand, die Population ist durch einen Flaschenhals gegangen. Das bedeutet, dass alle heutigen Geparde nur von *wenigen* Individuen, die vor nicht allzu langer Zeit gelebt haben, abstammen. Wegen des kleinen Genpools ist er heute kaum in der Lage sich an veränderte Umweltbedingungen anzupassen oder auftretenden Infektionskrankheiten zu begegnen.

Die Sterblichkeit junger Geparden ist hoch. Dies liegt an den langen Jagdzeiten der Mutter und der großen Zahl von Feinden, wie Hyänen, Leoparden oder Löwen. Erwachsene Geparde kennen kaum Feinde; ihre Geschwindigkeit schützt sie. Es ist vor allem der Mensch, der die Art gefährdet, durch die Nachfrage nach seinem Fell wurde der Gepard fast ausgerottet. Vor allem ist es der schwindende Lebensraum, der das Fortbestehen dieser faszinierenden Tiere schwierig macht. In der Gefangenschaft pflanzen sich Geparde selten fort. Der Gesamtbestand wird auf nur noch wenige Tausend Exemplare geschätzt. Vor fünfzig Jahren wurde der Gepard auf dem indischen Subkontinent ausgerottet, im Iran besteht die gesamte Population aus höchstens noch 50 Tieren.

Mannigfaltigkeit ist das Überlebensprinzip der Natur: Die biologische Vielfalt birgt das kreative Potenzial der Natur mit Veränderungen fertig zu werden und Neues hervorzubringen. Je mannigfacher die Arten und Lebensgemeinschaften sind, desto größer ist die Chance, dass Organismen da sind, die mit veränderten Bedingungen zurecht kommen. Nur Diversität sichert das Fortbestehen von Arten und Gemeinschaften.

Variabilität ist einer der wichtigsten Evolutionsfaktoren – ohne Variabilität hätten alle Individuen der Population völlig gleiche Phänotypen und damit gleiche Überlebens- und Fortpflanzungschancen. Evolution wäre nicht möglich.

## ZUFALL ALS EVOLUTIONSFAKTOR

Nicht immer ist es die Selektion, die für die Zu- oder Abnahme von Allelen in einer Population verantwortlich ist. Manchmal kann ein Allel auch durch zufällige Ereignisse verschwinden oder häufig werden. Ändert sich der Genpool durch Zufall, so spricht man von Gen-Drift oder Allel-Drift. Gen-Drift kann in verschiedenen Situationen einer Population als Evolutionsfaktor wirksam werden:

1. Zufallsereignisse in sehr kleinen Populationen
   Einige Individuen, die ein sehr seltenes Allel tragen, sterben zufällig, bevor sie sich fortpflanzen können, oder sie finden keinen Partner. In einer großen Population wäre ein solches Ereignis unbedeutend für die relative Genhäufigkeit. In sehr kleinen Populationen kann ein solches Ereignis die Genfrequenz merklich verschieben.
2. Manche Populationen schwanken sehr stark in ihrer Größe. Die kleine Restpopulation, die nach einem Zusammenbruch im „Flaschenhals“ übrigbleibt, ist genetisch meist anders zusammengesetzt als die Ausgangsgruppe. Allele, die vorher selten waren, können zufällig jetzt sehr häufig sein, andere Allele sind ganz verschwunden. Der Genpool ist verkleinert.
3. Manchmal wird ein neuer Lebensraum nur von einer sehr kleinen Teilpopulation, eventuell nur von einem trächtigen Weibchen, besiedelt. Die Auswahl dieser Gründerindividuen, welche den Ursprung des gesamten Genpools einer neu entstehenden Population bilden, ist meist rein zufällig.

## EVOLUTION

1. Welche drei Voraussetzungen sind wesentlich für Züchtung?

**1.** ____________ **2.** ____________ **3.** ____________

2. Was trifft auf Evolution zu?

☐ **A** Ein „Flaschenhals" kann Evolution bewirken.
☐ **B** Evolution garantiert die Unveränderlichkeit der Arten.
☐ **C** Nur die stärksten Individuen bestehen im Kampf ums Dasein.

3. Welche Aussage ist nicht richtig?

☐ **A** Es gibt drei Arten von Stäbchen im Auge.
☐ **B** Hauptsächlich bei Männern ist das Farbensehen gestört.
☐ **C** Es gibt weltweit nur einige Tausend Geparde.

4. Nennen und charakterisieren Sie drei Arten von Mutationen?

**1.** ____________ **2.** ____________ **3.** ____________

5. Was versteht man unter Gen-Drift und wie kommt sie zustande?

____________________________________________

## LÖSUNGEN

**1.** Variabilität, Nachkommen-Überschuss, Auslese • **2.** A • **3.** A • **4.** Genmutation (Ersatz einer Base durch eine andere), Chromosomenmutation (z. B. Verdopplung eines Chromosomenstücks), Genommutation (Veränderung der Chromosomenzahl) • **5.** Veränderung des Genpools durch ein Zufallsereignis (meist in kleinen Teilpopulationen)

## SELEKTION

Selektion wird allgemein als ein statistisch erfassbarer Vorgang betrachtet: Manche Individuen haben mehr Nachkommen als andere. Wenn die unterschiedliche Nachkommenzahl nicht allein dem Zufall zuzuschreiben, sondern eine Folge unterschiedlicher Gen-Ausstattung ist, so spricht man von Selektion. Selektion bedeutet also, dass Träger bestimmter Genotypen mehr Nachkommen erzeugen als andere.

Als Folge der Selektion werden manche Gene in der nächsten Generation häufiger, andere seltener auftreten. Während die **Mutation** laufend neue Allele erzeugt, **Rekombination** die Allele neu zusammenstellt, prüft die **Selektion** welche Allel-Kombination ihre Träger mehr und welche sie weniger geeignet machen in einer gegebenen Umwelt zu leben und sich fortzupflanzen.

## FORTPFLANZUNGERFOLG

Die entscheidende Größe für die **Eignung oder Fitness** eines Individuums ist sein **Fortpflanzungserfolg**. Diesen zu optimieren ist die Hauptaufgabe eines Lebewesens. Der Fortpflanzungserfolg – und damit die Fitness – kann in vier Komponenten zerlegt werden:

- Grundlegend ist das Überleben des **Individuums**: Die Zahl der Nachkommen hängt zu einem Teil von der Lebensdauer ab.
- Die Notwendigkeit einen **Geschlechtspartner** zu finden. Für Männchen vieler Arten bedeutet Fitness in erster Linie, sich mit möglichst vielen Weibchen zu paaren und fortzupflanzen. Oft unterscheiden sich daher Aussehen und Verhalten der Männchen von dem der Weibchen (Geschlechtsdimorphismus). Manche Anpassungen dienen nur der Balz (Prachtkleid des Pfaus) oder dem Kampf um ein Weibchen oder einen Harem (Geweih des Hirsches).

## FORTPFLANZUNGERFOLG

Weitere Faktoren der Fitness

- Die Zahl der Nachkommen, die in einem Zeitabschnitt erzeugt werden: Das Gelege einer Stechmücke besteht aus 200 - 400 Eiern, ein Grasfrosch legt 3000 Eier im Jahr, eine Auster 500 Mio. Bei einer so großen Zahl an Nachkommen kann jedoch für den Einzelnen nur wenig Energie aufgewandt werden: Der Nahrungsvorrat im Ei ist gering, Brutpflege gibt es nicht (r-Strategie).
- Das Überleben der Nachkommen bis ins fortpflanzungsfähige Alter: Tiere mit K-Strategie erzeugen relativ wenige Nachkommen, sie schützen und pflegen diese jedoch und versorgen sie mit Nahrung. Beispiele für eine extreme K-Strategie sind die großen Menschenaffen: Sie bringen nur alle 5–6 Jahre ein Junges zur Welt, das mit aller Intensität über viele Jahre hinweg geschützt und versorgt wird.

## DIE UMWELT ALS SELEKTIONSFAKTOR

Überleben und Fortpflanzungserfolg hängen nur selten primär von der Körperkraft eines Individuums ab. Die Umwelt stellt an jedes Lebewesen eine ganze Reihe von Anforderungen, die über seine Eignung entscheiden. Vereinfachend kann man die Anforderungen der Umwelt in einzelne Faktoren zerlegen, die als Selektions- oder Auslesefaktoren wirken: Einflüsse der unbelebten Natur oder abiotische Auslesefaktoren und Einflüsse von anderen Lebewesen der eigenen Art oder anderer Arten oder biotische Auslesefaktoren.

Die Eignung wird bei jeder Art und in jeder Umwelt nach anderen Maßstäben gemessen. Für eine Stechmücke ist es wichtig, geeignete Wirte für eine Blutspende zu finden und ein Gewässer für die Eiablage. Wenn ein Insektizid angewandt wird, hat diejenige Stechmücke die höchste Fitness, die resistent ist oder dem Gift auszuweichen vermag. Außergewöhnliche Schnelligkeit kann die Fitness eines Hasen, weniger die eines Igels erhöhen; Kampfkraft mag für den Hirsch, nicht aber für eine Schwalbe von Vorteil sein.

Ob ein Körpermerkmal oder eine Verhaltensweise erhöhte Fitness verleiht, hängt davon ab, in welchem Lebensraum eine Art lebt, wie sie ihre Umwelt nutzt und von dieser genutzt wird, also von ihrer ökologischen Nische. Am besten geeignet erweisen sich in jeder Population diejenigen Individuen, die auf die Anforderungen ihrer Umwelt die besten Antworten gefunden haben, die am besten angepasst sind.

Die Systematik ist das Fachgebiet der Biologie, das die Lebewesen in ihrer Vielfalt beschreibt, auf Grund definierter Merkmale zu Gruppen zusammenfasst und diese in ein hierarchisches System ordnet.

Seit jeher bemühen sich Menschen, die Welt um sie herum zu ordnen und Systeme zu schaffen, in welche die Dinge eingeordnet werden können. Dies ist bei der belebten Welt nicht anders. Auch hier lag der Gedanke nahe Ordnung in die Natur zu bringen.



## LINNÉ ALS BEGRÜNDER DER SYSTEMATIK

Mit dem Werk *Systema naturae* von Carl von Linné 1753 war eine Idee geboren, die es erlaubte, die Lebewesen in ein hierarchisches System zu gliedern. Ein solches System basiert auf dem Vergleich von Organismen hinsichtlich übereinstimmender Baumerkmale.

Lebewesen mit ähnlichen Merkmalen werden zu einer Gruppe zusammengefasst, die einen Namen erhält. Diese Gruppe wird mit anderen verglichen und bei Übereinstimmungen mit diesen in einer größeren Gruppe zusammengefasst. So gehören die Arten *Panthera leo* (Löwe) und *Panthera pardus* (Leopard) gemeinsam der Gattung *Panthera* an. Diese Gattung wird zusammen mit verwandten Gattungen (*Felis*, *Lynx*, *Acinonyx*) der Familie Katzen (*Felidae*) zugeordnet, die Familie mit weiteren Familien zur Ordnung Raubtiere, zur Klasse der Säugetiere und zum Stamm der Chordatiere.

So entsteht ein in sich verschachteltes System. Die Begriffe Art, Gattung, Familie, Ordnung, Klasse, Stamm, Reich bilden die systematischen Kategorien.

## SYSTEMATIK IST IM FLUSS

Seit Charles Darwins Formulierung der Evolutionstheorie wird versucht, Organismen nach ihrer Abstammung zu gruppieren. Dabei spielt zunächst die Homologisierung von Organen eine große Rolle. Heute befasst man sich mehr mit der Homologisierung der Moleküle und Stoffwechselprozesse, um daraus Hinweise auf den Verwandtschaftsgrad abzuleiten.

Seit etwa 1990 wird die genetische Ähnlichkeit als Grundlage der Systematik benutzt.

Eine Klassifikation kann nie als abgeschlossen gelten, denn mit dem Fortschritt der Wissenschaft und dem Einsatz immer exakterer Methoden steigt unser Wissen und stellt uns immer wieder vor neue Probleme der Einordnung dieser Ergebnisse.

## MERKMALE DER SÄUGETIERE

Die Schlüsselmerkmale der Säugetiere sind die Milchdrüsen und die Haare, die in keiner anderen Tiergruppe zu finden sind. Ein Tier mit Fell kann nur ein Säugetier sein. Säugetiere sind charakterisiert durch eine ganze Reihe von Merkmalskomplexen, die nicht nur gemeinsam auftreten, sondern auch im Zusammenhang zu verstehen sind: Das Haarkleid steht in enger Verbindung mit der Temperaturregulation, das Aufrechterhalten der Körpertemperatur erfordert ein gutes Verwerten der Nahrung und damit einen Kiefer und ein Gebiss, welche die Nahrung gründlich aufbereiten. Die gleichmäßige Körpertemperatur und der wirkungsvolle Sauerstofftransport durch kernlose Blutzellen wiederum ermöglichen die Entwicklung eines hoch differenzierten Gehirns.

Homologe Strukturen, die nur die Säugetiere zeigen, nicht aber andere Tiergruppen, sind:

- das Haarkleid (in Verbindung mit der Temperaturregulation),
- das Vorhandensein von Brustdrüsen / Milchdrüsen und damit das Säugen der Jungen,
- der aus zwei Knochen bestehende Unterkiefer mit dem sekundären Kiefergelenk,
- die drei Gehörknöchelchen im Mittelohr,
- die Halswirbelsäule aus sieben Halswirbeln,
- der sekundäre Gaumen,
- das vierkammerige Herz mit einer nach links gebogenen Aorta,
- die kernlosen roten Blutzellen
- und das differenzierte Gebiss mit Schneidezähnen, Eckzähnen, molaren und prämolaren Backenzähnen.

Einzelne dieser Merkmale sind bei manchen Säugetierordnungen wieder verschwunden, treten dann aber in bestimmten Entwicklungsstadien auf.

## ARTEN

Arten, die man nicht oder nur schwer anhand morphologischer Merkmale unterscheiden kann, bezeichnet man als **Geschwisterarten**.

Die Art wird als **Fortpflanzungsgemeinschaft** definiert. Für die Definition der Art ist nicht die Zahl der Unterschiede, sondern die Schärfe der Abgrenzung das entscheidende Kriterium. Die einfachste Artdefinition gibt ein kleiner Merkvers wieder: „Alles was sich schart und paart, gehört zu einer Art".

## ISOLATION – EINE VORAUSSETZUNG DER ARTBILDUNG

Solange eine Population die Möglichkeit hat, ihre Gene durch Rekombination zu mischen, so lange bleibt das gemeinsame Merkmalsgefüge einer Art erhalten. Nur wenn sich eine Population völlig isoliert von einer anderen entwickeln kann, nur wenn jeder Genfluss zwischen ihnen unterbunden ist, können sich zwei Populationen in unterschiedliche Richtungen entwickeln.

Isolation ist auf zwei grundsätzlich verschiedenen Wegen möglich:

- Eine Population wird räumlich in zwei Teile zerrissen. Die Tochterpopulationen entwickeln sich in geographisch isolierten Arealen: Allopatrische Artbildung.
- Einzelne Individuen einer Population ändern sich in einem Schritt (durch Mutation) so stark, dass sie sich nicht mehr mit dem Rest der Population fruchtbar vermehren können.

## ALLOPATRISCHE ARTBILDUNG

Die allopatrische Artbildung geschieht in vier Schritten:

- In der ersten Phase bilden sich lokale Rassen: Wenn eine Population ein großes zusammenhängendes Areal bewohnt, stellt sie eine Fortpflanzungsgemeinschaft dar. Meist sind Populationen nicht ganz gleichförmig. Es bilden sich vielmehr geographische Rassen; das sind Teilpopulationen, deren Genpool sich etwas vom Genpool anderer Teile der Population unterscheidet.
- In der zweiten Phase wird ein Teil der Population räumlich vom Rest getrennt. Dies geschieht, wenn einige Individuen ein neues, abgelegenes Gebiet besiedeln (z. B. eine Insel, einen See) oder wenn der Lebensraum durch unüberwindliche Barrieren in getrennte Areale aufgeteilt wird.
- Wenn es während langer Zeiträume keinerlei Austausch von Individuen bzw. Genen zwischen den separierten Teilpopulationen gibt, entwickeln sich diese in Aussehen und im Genpool auseinander.
- Kommen die beiden Populationen nach langer Zeit wieder in Kontakt miteinander, so verschmelzen sie nicht mehr. Die inzwischen angesammelten Unterschiede sind so groß, dass eine Kreuzung zwischen ihren Angehörigen nicht mehr möglich ist. Die Tochterpopulationen sind nun isoliert voneinander, selbst wenn sie im gleichen Gebiet leben. Aus einer Art sind zwei Schwesterarten entstanden.

## EISZEITEN FÖRDERN ARTBILDUNG

In Mitteleuropa sind viele Schwesterarten während der Eiszeiten entstanden:

Grünspecht und Grauspecht sind zwei ähnliche Vogelarten. Beide leben in Wäldern und auf Baumwiesen und ernähren sich vorwiegend von Ameisen. Die Stammform der beiden Arten lebte vor der Eiszeit als einheitliche Population in Europa. Während langer Phasen der Eiszeit war Mitteleuropa waldfrei, die Spechte wurden nach West- und Osteuropa zurückgedrängt. Die Populationsgröße wurde drastisch reduziert. Ein Austausch von Genen zwischen den beiden Populationen war für lange Zeit unmöglich.

Als das Eis zurückwich und Mitteleuropa sich wieder mit Wald bedeckte, breiteten sich beide Teilpopulationen wieder in Mitteleuropa aus. Inzwischen hatten sie sich jedoch soweit auseinanderentwickelt, dass sich die vom Osten kommenden nicht mehr mit den aus dem Westen einwandernden Spechten paarten. Die Populationen blieben isoliert, obwohl sie im gleichen Gebiet lebten.

Andere, während der Eiszeit durch Isolation entstandene Geschwisterarten sind Sommergoldhähnchen und Wintergoldhähnchen, Nachtigall und Spötter, Gelbbauchunke und Rotbauchunke, Zilpzalp und Fitis.

Der entscheidende Schritt bei der Entstehung von zwei Arten ist dann erreicht, wenn sich zwei Populationen nicht mehr miteinander fortpflanzen, obwohl sie die Möglichkeit dazu hätten. Zilpzalp und Fitis bewohnen zwar etwas unterschiedliche Lebensräume, trotzdem treffen immer wieder Tiere beider Arten aufeinander. Sie paaren sich nie. Schon die unterschiedlichen Balzgesänge verhindern ein gegenseitiges Erkennen, auch die unterschiedliche Färbung, die im Frühling besonders ausgeprägt ist, könnte dazu beitragen. Wenn sich Individuen zweier Populationen nicht paaren, obwohl sie nicht räumlich getrennt sind, spricht man von Fortpflanzungsisolation.

## SELEKTION, SYSTEMATIK, EINNISCHUNG

1. Welche Faktoren bedingen Fortpflanzungserfolg?

**1.** ______________ **2.** ______________ **3.** ______________

2. Welche Aussage trifft zu?

☐ **A** Die Fitness eines Individuums hängt vorallem von seiner Körperkraft ab.
☐ **B** Kraft und Schnelligkeit sind entscheidend für jedes Überleben.
☐ **C** Individuen, die am besten an ihre Umwelt angepasst sind, erweisen sich als besonders fit.

3. Was ist nicht korrekt?

☐ **A** Systematik ordnet die Lebewesen nach ihrer Ähnlichkeit.
☐ **B** Ziel der Systematik ist Ordnung nach Verwandtschaft.
☐ **C** Genetische Methoden sind für die wissenschaftliche Systematik irrelevant.

4. Nennen Sie drei typische Kennzeichen von Säugetieren.

**1.** ______________ **2.** ______________ **3.** ______________

5. Wie kann man „Art" definieren?

______________________________________________

## LÖSUNGEN

**1.** Überleben, Geschlechtspartner, Zahl und Überleben der Nachkommen • **2.** C • **3.** A, C • **4.** Haarkleid, Milchdrüsen, Gehörknöchelchen • **5.** als Fortpflanzungsgemeinschaft

## ZUR EVOLUTION DES MENSCHEN

Der aufrechte Gang ist das entscheidende Kriterium der frühen Hominidenentwicklung. Aufrechte Körperhaltung und aufrechtes Laufen ist auch den Menschenaffen möglich, jedoch können sie sich nur für begrenzte Zeit und unter sehr hohem Energieaufwand aufrecht halten: Bei Gorillas und Schimpansen ist das Gehen auf zwei Beinen wegen der enormen Muskelarbeit, die zur Stabilisierung der gebeugten Hüft- und Kniegelenke sowie zur Kontrolle des Körperschwerpunktes notwenig ist, energetisch aufwändig. Sie müssen sich ständig in der Kniebeuge bewegen. Schimpansen halten ihren Körper häufig in der Horizontalen. Das bedeutet, dass Schimpansen ihren Schädel nach vorwärts ausgerichtet tragen. Ihre Wirbelsäule ist konvex gebogen, um das Gewicht gleichmäßiger tragen zu können. Erwachsene Gorillas sind für die hangelnde Fortbewegung in Bäumen meistens zu schwer. Sie verbringen die meiste Zeit auf dem Boden. Dort bewegen sie sich mit dem Knöchelgang, sie stützen sich auf die Handknochen auf.

Viele Autoren gehen davon aus, dass der aufrechte Gang als Anpassung an das Leben in offenen Savannenlandschaften entstanden ist. Aufrechter Gang erlaubt bessere Übersicht über das Gelände, das bedeutet ein früheres Erspähen von Feinden und ermöglicht eine schnellere Flucht. Vor allem aber wurden die Hände frei. So konnte Jagdbeute schnell in Sicherheit getragen werden, bevor sie von größeren Raubtieren abspenstig gemacht werden konnte. Werkzeuggebrauch konnte stark erweitert und verfeinert werden, vor allem aber konnten Werkzeuge, Waffen und Fackeln mitgetragen werden.

Es mehren sich die Hinweise, dass unsere Vorfahren schon im Lebensraum Wald aufrecht gingen, der Weg von Baum zu Baum wurde auf zwei Beinen am Boden zurückgelegt.

## VORTEILE DES AUFRECHTEN GANGES

- Auf zwei Beinen konnte der Weg von einem Baum zum anderen am schnellsten zurückgelegt werden.
- Die aufrechte Haltung vergrößert die Blickweite und ermöglicht einen Überblick über die Savanne.
- Lange Wegstrecken beim Nahrungserwerb können energetisch effizient überbrückt werden.
- Die sonnenexponierte Körperoberfläche wird verringert, damit wird die Thermoregulation erleichtert.
- Die Hände wurden von Funktionen der Fortbewegung befreit und wurden frei zum Tragen von Gegenständen und Behältern sowie und zum Gebrauch und zur Herstellung von Geräten.
- Eine aufrechte Gestalt wirkt auf Konkurrenten und Feinden bedrohlicher.
- Die Zahl der Kinder kann erhöht werden, wenn der Mann zur Jagd oder zum Sammeln geht und die Beute zu seiner Familie zurückträgt, während sich die Frau intensiv um den Nachwuchs kümmert.

## DER AUFRECHTE GANG ERHÖHT AUCH DEN FORTPFLANZUNGSERFOLG

Im Zusammenhang mit der Partnerschaft zwischen den Geschlechtern steigerte der aufrechte Gang den Fortpflanzungserfolg. Wenn die Männchen ihre Hände zum Nahrungstransport nutzen und ihrer Familie Nahrung liefern, können die Weibchen mehr Zeit und Energie in die Brutpflege investieren. Das Männchen sorgt zuverlässig für die Ernährung und bietet den Weibchen und seinem Nachwuchs Schutz. Das Weibchen gewährleistet, dass die Gene des Männchens in die nächste Generation gelangen, und diese besseren Überlebenschancen der Nachkommen wirken sich erheblich auf die Fortpflanzung der Art aus.

## DIE BESONDERE ANATOMIE DES MENSCHEN

Die Wirbelsäule wird aus einem Brückenbogen zu einer federnden Säule, die durch mehrfache Biegung die Stöße des zweibeinigen Gehens auffängt und die Rumpfmasse über die Stützfläche der Füße bringt.

Das Becken hat die Last der Eingeweide zu tragen, die Beckenschaufeln treten daher breit auseinander und werden durch das gleichfalls verbreiterte Kreuzbein in ihrer tragenden Funktion unterstützt.

Breiter und flacher wird mit der Aufrichtung auch der Brustkorb. Diese Verbreiterung und Abflachung des oberen Rumpfes bedingen auch die Verlagerung der Schulterblätter nach hinten, die Arme gewinnen dadurch eine große seitliche Beweglichkeit.

Stärker durch die aufrechte Haltung geprägt werden die hinteren Extremitäten. Sie allein tragen jetzt den Körper und haben ihn fortzubewegen. Sie werden beim Menschen besonders lang und kräftig. Im Vergleich zu den Menschenaffen werden die Beine indessen nicht nur wesentlich länger als die Arme, auch im Verhältnis zur Rumpflänge hat der Mensch die längsten Beine.

Der Schädel wird über der aufrechten Körperachse balanciert. Der relativ kleine Gesichtsschädel liegt nicht vor, sondern unter dem sich wölbenden Hirnschädel. Der Zahnbogen wird verkürzt. Das Gehirn gewinnt Raum durch die Erhöhung der Schädelkapsel.

Die größten Unterschiede zwischen Menschen und Schimpansen weist der Fuß auf: Als an den zweibeinigen Gang angepasste Stütze zeigt er kaum noch Eigenschaften eines Greiffußes. Fußgelenke und Mittelfußknochen sind weniger biegsam. In der Embryonalentwicklung stimmt die menschliche Fußform bis zu einem gewissen Grad noch mit derjenigen anderer Primaten überein; später tritt die Großzehe in die Reihe der übrigen Zehen und verstärkt sich. Die Zehenglieder verkürzen sich. Sie tragen zum Gehen bei, können aber nur schlecht greifen. Im Zuge der Aufrichtung kommt es zur Ausbildung des Fußgewölbes. Die Wölbung, die sowohl längs als auch quer verläuft, gewährleistet die notwendige Elastizität beim zweibeinigen Gehen, Laufen und Springen.

## MENSCHENAFFEN UND MENSCHEN UNTERSCHEIDEN SICH ANATOMISCH

Wesentliche Unterschiede zwischen dem Skelett des Menschen und dem von Menschenaffen betreffen den aufrechten Gang, z. B.:

- Die doppelt-S-förmig gewölbte Wirbelsäule fängt beim Gehen die Stöße auf und bringt beim Stehen den Rumpf über die Füße.
- Das Becken ist schüsselförmig, kurz und breit; die Hüftmuskeln setzen so an, dass sie den Körper beim Gehen halten und balancieren können,
- Das Hinterhauptsloch liegt in der Mitte der Schädelunterseite, so dass sich der Schädel in einer günstigen Schwerpunktlage befindet.
- Der Fuß hat ein doppeltes Gewölbe, das beim Stehen ein Dreibein bildet, beim Gehen als Stoßdämpfer wirkt. Der große Zeh steht parallel zu den übrigen Zehen, er ist nicht opponierbar
- Der Brustkorb ist breit und flach. Der Schwerpunkt des Rumpfes liegt dadurch auf der Körperachse.
- Das Knie ist so gebaut, dass Oberschenkel und Schienbein einen leichten Winkel bilden und der Fuß unter den Körperschwerpunkt gestellt werden kann.
- Die Beine sind im Vergleich zu den Armen lang.

## AUFRECHTER GANG

1. Nennen und charakerisieren Sie drei Merkmale der Anatomie des Menschen.

**1.** ____________ **2.** ____________ **3.** ____________

2. Welche Aussagen zur menschlichen Anatomie treffen zu?

- ☐ **A** Der Fuß zeigt ein doppeltes Gewölbe.
- ☐ **B** Die starre Wirbelsäure sichert Stabilität beim aufrechten Gang.
- ☐ **C** Die Beine sind vergleichsweise lang und kräftig.

3. Welche Vorteile bietet der aufrechte Gang?

**1.** ____________ **2.** ____________ **3.** ____________

4. Charakterisieren Sie den Schädel des Menschen.

________________________________

## LÖSUNGEN

**1.** Die doppelte Krümmung der Wirbelsäule federt Stöße ab. Das breite Becken trägt die Eingeweide. Der aufrechte Brustkorb führt zu großer Beweglichkeit der Arme. • **2.** A, C • **3.** Erhöhung der Blickweite, Befreiung der Hände zum Tragen und Arbeiten, bedrohlichere Gestalt • **4.** kleiner Gesichtsschädel unter dem Hirnschädel und kurzer Zahnbogen erlauben starke Vergrößerung des Hirnschädels und Gehirns

# 8 VERHALTENSBIOLOGIE

## Instinktverhalten

Viele **Verhaltensweisen** werden von ganz einfachen Reizen, den Schlüsselreizen, ausgelöst. Während einfache **Reflexe**, etwa der Kniesehnenreflex oder der Pupillenreflex, mit großer Sicherheit auf den zugehörigen Außenreiz antworten, vermisst man bei komplizierten Verhaltensweisen oft die strenge Reiz-Reaktion-Beziehung. Ein Reiz löst nicht in jedem Falle eine **Instinkthandlung** aus. Die **Bereitschaft** des Tieres eine Bewegung oder eine Handlung durchzuführen, kann sich ändern. Sie hängt von den Umweltbedingungen, von der Stimmung des Tieres und von den vorangegangenen Handlungen ab. Derselbe Reiz löst einmal eine bestimmte Antwort aus, dann eine andere, bisweilen folgt ihm gar keine Verhaltensänderung.

Für die große Mehrzahl von Verhaltensweisen ist neben den auslösenden Reizen auch ein innerer Zustand der Bereitschaft beteiligt. Diesen inneren Zustand bezeichnet man als Handlungsbereitschaft oder **Motivation**. Man spricht auch von Verhaltensbereitschaft, Antrieb, Motivation, Stimmung oder Trieb. Die Motivation ist der innere Zustand, der dafür verantwortlich ist, dass ein Tier zu verschiedenen Zeiten auf den gleichen Reiz unterschiedlich antwortet.

Eine wichtige Eigenschaft der Motivation ist ihr mehr oder weniger schneller Wechsel. Die **wechselnde Handlungsbereitschaft** ermöglicht es Tieren und Menschen nacheinander unterschiedliche Ziele zu verfolgen, die für die Erhaltung ihres Lebens und für ihre Fortpflanzung unabdingbar sind.

Jeder Erbkoordination kann eine eigene Handlungsbereitschaft zugeordnet werden. Diese Handlungsbereitschaft hat für jede einzelne Verhaltensweise zu jeder Zeit einen bestimmten Wert.

Bei unterschiedlicher Motivation kann dasselbe Objekt beim gleichen Tier verschiedene Instinkthandlungen auslösen. Eine Maus oder ein Wollknäuel ist für eine junge Katze einmal ein Objekt zum Belauern, zum Anspringen oder zum Totschütteln.

Dabei unterscheidet man Motivationen für Verhaltenskreise unterschiedlicher Integrationshöhe: Die übergeordnete Handlungsbereitschaft ist im Beispiel der Katze die zu „Beutefangverhalten", dieser sind unterschiedliche Handlungsbereitschaften nachgeordnet. Beim Schmutzgeier kann der Anblick eines Eies ganz unterschiedliche Verhaltenskreise ansprechen: Nahrungserwerb oder Fortpflanzung.

Nach dem Prinzip der doppelten Quantifizierung hängt es von zwei Faktoren ab, ob eine bestimmte Handlung ausgelöst wird: Von der Handlungsbereitschaft und von der Qualität des Reizes. Je höher die Handlungsbereitschaft ist, desto schwächer kann der auslösende Reiz sein. Bereitschaft und Außenreiz können sich teilweise ersetzen.

Werkzeuggebrauch wurde bei vielen Tieren beobachtet, ist aber wohl von Fall zu Fall anders zu deuten:

Große Tümmler wickeln Schwämme um ihre Schnauze um diese bei der Futtersuche im Boden zu schützen. Man nimmt an, dass die Erfindung vor relativ kurzer Zeit von einem weiblichen Tier gemacht wurde, die sie als Tradition an ihre Kinder weiter gab.

Grabwespen nehmen gelegentlich Steinchen zwischen ihre Mandibeln, um damit den losen Sand über dem Eingang ihrer Eikammer festzustampfen: Hier handelt es sich um eine Instinkthandlung.

Ähnlich dürfte das Verhalten der Spechtfinken der Galapagos-Inseln zu deuten sein, die mit einem Kaktusstachel Insekten aus Löchern im Holz stochern.

Unbenanntes Denken dürfte im Spiel sein, wenn Krähen Drähte verbiegen um damit Futter zu angeln oder wenn Orang-Utans Äste als Fliegenklatschen verwenden.

Schimpansen müssen die Verwendung von Werkzeugen in jeder Generation neu erfinden.

## DER KUCKUCK LÄSST WIRTSVÖGEL BRÜTEN

Aussehen und Größe der Kuckuckseier ist sehr verschieden: sie können weiß, blau oder ocker sein, manchmal tragen sie Zeichnungen, meist sind sie den Eiern der Wirtsvögel sehr ähnlich. Sie sind aber immer etwas größer als die der Wirtsart, unterscheiden sich durch ihre breitovale Form und haben eine härtere Schale.

Beim Kuckuck ist die Wirtsart meist diejenige, in deren Nest das Weibchen groß geworden ist. Während der Aufzucht lernt der Vogel das Aussehen, die Stimme, das Nest und den Nistplatz seiner Stiefeltern kennen - wahrscheinlich wird er auf diese Art geprägt. Im nächsten Frühling sucht er gezielt seine Wirtsart wieder auf. Wenn er diese nicht wieder findet, legt er sein Ei in das Nest eines anderen Singvogels. Der schlüpfende Jungvogel ist dann auf diese Art geprägt.

Der Kuckuck legt immer nur ein Ei in ein Nest. Wenn er sein Ei in ein Nest legt, nimmt er ein Ei des Wirts heraus, so dass die Zahl der Eier im Nest wieder stimmt.

Die Brutzeit ist kurz, der Jungkuckuck schlüpft meist vor seinen Pflegegeschwistern. Ab der zehnten Stunde nach dem Schlüpfen beginnt er den übrigen Nestinhalt aus dem Nest zu werfen: Eier und Jungvögel. Er lädt sie auf den Rücken, klettert rückwärts an der Nestwand empor und befördert sie über den Nestrand.

Im Alter von 21 bis 23 Tagen verlässt er das Nest und bettelt durch sein Sperren so erfolgreich, dass er nicht nur von seinen Pflegeeltern, sondern manchmal von anderen fütternden Singvögeln Nahrung erhält.

## AUSLÖSER DIENEN DER VERSTÄNDIGUNG

Auslöser sind Schlüsselreize, die bevorzugt der **Verständigung zwischen Artgenossen** dienen. Oft sind Tiere die Träger wichtiger Schlüsselreize, die bei Artgenossen Reaktionen hervorrufen. Solche Auslöser dienen der Verständigung zwischen Artgenossen: Ein Tier sendet den Reiz aus, das andere empfängt ihn, um ihn zu beantworten.

Auslöser können Teile des Körpers sein wie das Brustgefieder des Rotkehlchens oder Verhaltensweisen wie das Piepsen der Hühnerküken. Ein wichtiger Auslöser bei Singvögeln und Kuckucken ist das Sperren der Jungvögel, auf das die Eltern mit Füttern reagieren.

Auslöser dienen der Verständigung zwischen Sender und Empfänger. Sie müssen für den Empfänger leicht erkennbar und daher **auffällig** sein, wie der Rachen der jungen Vögel oder das ziegelrote Brustgefieder des Rotkehlchens. Sehr auffällige Auslöser findet man manchmal in zusammenfaltbaren Organen, so die Augenflecken auf Fischflossen, das Rad des Pfaus oder dem Rachen von Jungvögeln.

Damit Verwechslungen ausgeschlossen sind, sollten Auslöser **unverwechselbar** sein. Im natürlichen Lebensraum darf es keine ähnlichen Muster geben. Ahmt jedoch ein Lebewesen ein Signal gut genug nach, so kann der Signalempfänger die beiden verwechseln. Die Verwechslung kann gefährlich, mitunter sogar tödlich sein. Eine solche Signalfälschung nennt man **Mimikry**.

## ATTRAPPEN

Man kann Attrappen herstellen, deren auslösende Wirkung die des natürlichen Schlüsselreizes übertrifft: Leuchtkäfermännchen bevorzugen das Leuchtmuster der Weibchen ihrer eigenen Art, doch ziehen sie eine größere Leuchtfläche der arteigenen Fläche vor.

Der Halsbandregenpfeifer rollt weiße Eier, die dunkel gesprenkelt sind, lieber ein als die eigenen, braun-dunkel gesprenkelten. Auch größere Eier zieht er den eigenen vor.

Bei Küken der Silbermöwe löst ein dünner roter Stab mit drei weißen Binden mehr Pickreaktionen aus als eine naturgetreue Kopfattrappe der Mutter.

Ein Reiz, der eine stärkere Antwort auslöst als der natürliche, wird als **übernormaler Auslöser** bezeichnet.

Auch in der Natur kommen übernormale Auslöser vor: Der Rachen des jungen Kuckucks ist größer und leuchtender gefärbt als der Rachen der Jungen der Wirtsarten. Das Sperren des Kuckucks löst daher bei den Wirtsvögeln ein emsigeres Füttern aus als das Sperren der eigenen Jungen.

Die **Buntbarsche** oder Cichliden sind eine artenreiche Familie der Barschartigen, es gibt über 1600 Arten. Die Untersuchung der Buntbarsche hat wichtige Erkenntnisse zu den **Mechanismen der Artbildung** erbracht. Die Evolution der Buntbarsche in den Seen Ostafrikas stellt ein Modell für eine relativ schnelle Entstehung von Arten dar. Auch in der Verhaltensforschung sind die Buntbarsche berühmt, weil bei ihnen ganz unterschiedliche Formen der **Brutpflege** beobachtet wurden, vom einfache Ablaichen bis zum Maulbrüten. Die Gattung *Tilapia* ist als Speisefisch von großer Bedeutung.

Beim Augenfleck-Maulbrüter baut das Männchen eine flache Mulde, in der die Fische im Kreise hintereinander her schwimmen, wobei die Eier befruchtet und im Maule des Weibchens bebrütet werden. In dieser Zeit frisst das Weibchen nicht. Nach 10 bis 12 Tagen verlassen die 30 - 100 Jungen das Maul. Sie kehren dann noch etwa eine Woche lang nachts oder bei Gefahr in das mütterliche Maul zurück, bis diese sie nicht mehr alle fassen kann.

## SCHLÜSSELREIZE LÖSEN VERHALTEN AUS

Viele Verhaltensweisen bei Tieren werden von ganz einfachen Reizen ausgelöst. Dabei gelten für jeden Funktionskreis (Nahrungssuche, Paarungsverhalten, Aggression) andere auslösende Reize: Sie werden als **Schlüsselreize** bezeichnet. Als Schlüsselreiz kann jedes vom Tier wahrnehmbare Merkmal dienen, das kennzeichnende Funktionen erfüllt. Schlüsselreize können Einzelmerkmale (Farben oder Formen, Töne, Geruch oder Geschmack) sein, aber auch komplizierte Gestaltmerkmale oder Bewegungsmuster kommen vor. Meist handelt es sich um einfache, auffällige und einprägsame **Muster**.

## ATTRAPPEN ALS REIZQUELLEN

Mit Hilfe von Attrappenversuchen lässt sich ermitteln, welche Reize als Schlüsselreize wirken. Attrappen sind experimentell gesetzte Reizquellen.

Die Tiere haben bei ihren Reaktionen demnach kein Bild des Konkurrenten (Partners, Feindes oder ihrer Beute) gespeichert. Die Antwort gilt dem Objekt, das den durch wenige Merkmale charakterisierten Schlüsselreiz aussendet.

Wie ist eine solche Beschränkung zu erklären? Offensichtlich ist es für ein Tier am sichersten, wenn es auf ganz einfache Muster reagiert, sofern diese ein Objekt hinreichend kennzeichnen: Im Lebensraum der Maulbrüter gibt es keine anderen leuchtend orangeroten Kugeln als die eigenen Eier, im Revier des Rotkehlchens gibt es kein anderes Tier vergleichbarer Größe mit einer karminroten Kehle. Die Merkmale „orangeroter Kreis“ oder „rotes Federbüschel“ sind also eindeutig. Anhand eines einfachen Merkmals kann das Tier eine klare Entscheidung treffen und mit einer schnellen Reaktion antworten.

Manchmal wird dieselbe Verhaltensweise durch verschiedene Reize ausgelöst. Dies dient einerseits einer Sicherung: Die Reize können sich gegenseitig vertreten. Andererseits verstärken sich die Reize im Zusammenwirken: Bietet man mehrere von ihnen gleichzeitig an, so reagieren die Versuchstiere häufiger oder stärker als auf einen einzelnen Reiz.

Bei der Reizsummation addieren sich verschiedene Reizmerkmale in ihrer Auswirkung auf das Verhalten. Bei manchen Beobachtungen und Versuchen hat man ermittelt, dass sich die Wirkungen einzelner Komponenten nicht nur fördern, sondern sich exakt addieren.

## INSTINKTVERHALTEN, ATTRAPPEN

1. Welche Faktoren bestimmen das Prinzip der doppelten Quantifizierung?

**1.** ______________________ **2.** ______________________

2. Was trifft auf Auslöser zu?

- ☐ **A** Sie sind stes unauffällig.
- ☐ **B** Sie dienen meist der Verständigung zwischen artfremden Individuen.
- ☐ **C** Sie sollten unverwechselbar sein.

3. Attrappen sind ...?

- ☐ **A** ... exakte Nachbildungen natürlicher Phänomene.
- ☐ **B** ... auf einfache Muster reduzierte Elemente der Umwelt eines Tieres.
- ☐ **C** ... experimentell gesetzte Schlüsselreize.

4. Warum sind die Barsche der ostafrikanischen Seen für die Wissenschaft besonders bemerkenswert?

**1.** ______________________ **2.** ______________________

## LÖSUNGEN

**1.** Handlungsbereitschaft, Qualität des Reizes • **2.** C • **3.** B, C • **4.** Die hohe Artenzahl belegt eine schnelle Entstehung neuer Arten. Sie zeigen ganz unterschiedliche Formen der Brutpflege.

## EIN SPEKTRUM VON LERNFORMEN

Es gibt ein großes Spektrum von Lernformen. Die folgenden Lerntypen sind allein aus den unterschiedlichen Forschungsansätzen abgeleitet, bei denen Tiere meist unter Laborbedingungen Aufgaben vorgesetzt werden, die oft wenig Bezug zu ihrer natürlichen Lebensweise haben. Die Gliederung der verschiedenen Lernvorgänge ist daher grob und vorläufig.

1. Gewöhnung oder Habituation
2. Verknüpfendes oder assoziatives Lernen: Dabei werden gleichzeitig aufgenommene Eindrücke miteinander und mit Verhaltensweisen zu einer Einheit verknüpft. Zum verknüpfenden Lernen zählen klassische und operante Konditionierung.
3. Beim Lernen durch Nachahmung erwirbt das Tier neue Fähigkeiten, indem es das Verhalten eines anderen Individuums beobachtet und nachvollzieht.
4. Kognitives Lernen: Die plötzliche angemessene Neuverknüpfung von früheren Erfahrungen.
5. Ein Sonderfall ist die Prägung.

Diese Einteilung hat sich als praktisch erwiesen und wird von Lehrbüchern allgemein übernommen. Sie ist dennoch wenig befriedigend, da sie nicht durchgehend sachlogisch ist. Die verschiedenen Arten des Lernens schließen sich gegenseitig nicht aus: So gibt es bei der Prägung Nachahmung, beim kognitiven Lernen kommen Schritte aus verknüpfendem Lernen vor.

Unabhängig von diesen Lerntypen kann man zwischen obligatorischem und fakultativem Lernen unterscheiden:

**Obligatorisches Lernen** ermöglicht artspezifisches Verhalten. Sein Ausfall führt zu Verhaltensstörungen.

- Ein Vogel muss sich während der Brutzeit die Lage seines Nestes merken.
- Ein Hühnerküken muss sich das Aussehen seiner Mutter einprägen.
- ein Mensch muss seine Muttersprache lernen, um arttypisch kommunizieren zu können.

**Fakultatives Lernen** kann die Anpassung an die Umwelt verbessern:

- Für eine Kröte ist es vorteilhaft, wenn sie gelernt hat schwarz-gelb geringelte Objekte von Beuteformat zu meiden.
- Ein Mensch kann Fremdsprachen lernen, um seine Möglichkeiten zu erweitern.
- Die meisten Lernformen kommen bei Tieren und Menschen vor.

## VERHALTENSÄNDERUNG

Lernen ist Verhaltensänderung. Wenn ein Tier lernt, so verändert sich sein Verhaltensrepertoire für den Rest seines Lebens. Dabei können die auslösenden Reize, die ausgeführten Bewegungsmuster oder die Verbindung von Reiz und Antwort abgeändert werden.

Aber nicht jede Verhaltensänderung ist Lernen. Verhaltensänderungen können andere Ursachen haben: Wenn ein Tier oder ein Mensch sein Verhalten ändert, so kann dies auch auf Ermüdung, Krankheit, Reifung und auf den Wechsel der Handlungsbereitschaft zurückzuführen sein. Wenn eine Verhaltensänderung aber beständig ist und auf Engrammen - Gedächtnisspuren im Nervensystem - beruht, so betrachtet man sie als das Ergebnis von Lernen. Bis heute gibt es keine umfassende Lerntheorie, sondern ein weites Spektrum unterschiedlicher Ansätze und Auffassungen. Die Ansichten, was am Lernprozess das Wesentliche ist, gehen auseinander.

Durch Lernen kann das Verhalten des einzelnen Individuums an die Umwelt angepasst werden. Das Tier nimmt eine Information über die Umwelt auf, speichert diese und ruft sie bei Bedarf ab. Die daraus resultierende Veränderung des Verhaltens dient einer besseren Anpassung an die Umwelt. Die folgende Definition des Lernens berücksichtigt diesen Aspekt: Lernen ist eine Verhaltensanpassung zur Verbesserung künftiger Umweltinteraktionen.

Die Fähigkeit zu lernen ist im Tierreich sehr weit verbreitet. Das menschliche Leben ist zu einem großen Teil vom Lernen bestimmt. Die meisten Lernvorgänge sind reversibel: Vergessen ist möglich.

## SPIELEN

Nur etwa 1% aller Tierarten wurden bisher beim Spielen beobachtet, nur bei Säugetieren tritt das Spiel regelmäßig auf; einige Vogelarten spielen ebenfalls. Bei den meisten Arten sind es nur die Jungtiere, die spielen. So regt sich bei Iltissen der Spieltrieb im Alter von vier Wochen – die Augen sind in diesem Alter noch geschlossen. Er erreicht seinen Höhepunkt im Alter von 6–14 Wochen. Dann lässt er nach und hört beim erwachsenen Tier ganz auf. Einige Tiere – Primaten, Wale und der Haushund – spielen auch noch im Erwachsenenalter.

Voraussetzung für Spielen ist eine Umgebung, in der es weder Unsicherheit oder Bedrohung, noch Mangel an Nahrung oder Wasser gibt. Ein solches entspanntes Umfeld existiert nur im Schutz von Elterntieren. Die Mütter warnen die Jungen bei Gefahr, fliehen mit ihnen oder verteidigen sie. Lärm, Angst, Durst oder Hunger unterbrechen das Spiel. So gilt bei der Tierhaltung das Spielen als sensibles Indiz für das Wohlbefinden eines Tieres.

## SOZIALE ERFAHRUNG

Beim Spiel der Tiere stehen Bewegungen im Vordergrund. Spielende Jungfüchse klettern auf Baumstümpfe, springen hinunter, haschen nach der Schwanzspitze ihrer Geschwister, besteigen sich von hinten und beißen sich gegenseitig. Bewegungsspiele sind gekennzeichnet durch einen starken motorischen Antrieb und eine übertriebene Ausführung.

Wichtig ist auch das Spiel mit den Artgenossen. Das Jungtier wendet sich an Gruppenmitglieder und versucht bei diesen Reaktionen auszulösen. Durch die Antworten der Artgenossen ermuntert oder abgewiesen macht das Tier erste soziale Erfahrungen und begründet ein Netz individueller Beziehungen. Die häufigsten Sozialspiele sind Kampfspiele. Kennzeichen dieser Spiele ist eine absolute Beißhemmung und ein rascher Rollenwechsel.

Viele Spiele beruhen auf einem stillschweigenden Pakt über eine einverständige Täuschung. Der Verfolger und der Fliehende spielen Rollen, die sie in kurzen Abständen und in unendlicher Wiederholung einnehmen und wieder abgeben.

## GRÜNDE FÜR SPIELVERHALTEN

- Spielen ermöglicht Jungtieren, Kondition und Durchhaltevermögen zu entwickeln.
- Beim Spiel experimentiert das Tier mit seinem eigenen Bewegungskönnen. Fähigkeiten, die es benötigt, um zu fliehen, zu jagen, sich zu paaren, werden durch ständige Wiederholung verbessert, eingeübt und neu kombiniert.
- Im Spiel lernt das Jungtier seine Umwelt kennen. Es lernt neue Reizsituationen und ihre Folgen zu beurteilen.
- Das Spiel ist wichtig, um soziale Organisationen und Bindungen zu bilden und zu stabilisieren.
- Spielen regt das Wachstum der Großhirnrinde und die Verknüpfung zentralnervöser Strukturen an, ermöglicht somit die geistige und soziale Entwicklung der jungen Tiere.

## SPIEL ODER NICHT SPIEL?

Für einen Beobachter ist es im Allgemeinen leicht, zu unterscheiden, ob ein Tier spielt oder ob es einer ernsthaften Beschäftigung nachgeht. Auch das Spiel exakt zu definieren, ist gar nicht so einfach. Meist sind die beim Spiel auftretenden Bewegungsfolgen die gleichen, die eine Tierart auch in anderen Zusammenhängen zeigt – im Kampf, beim Beutefang oder bei der Kopulation. Beim Spielen treten diese Verhaltensweisen in wechselnder Zusammensetzung und in beliebiger Reihenfolge auf. Sie unterschieden sich von jenen auch dadurch, dass sie oft unvollständig ablaufen, also ziel- und sinnlos erscheinen. Spiele werden beendet, ohne dass die Endhandlung, der Zweck der betreffenden Bewegungsfolge erreicht wird: Der entscheidende Unterschied zu anderen Handlungen ist aber die Motivation, die zur Bewegung führt. Der **Motivationszustand** spielender Tiere ist ein anderer als der kämpfender Tiere: Spielerisches Kämpfen kann energisch und doch von Zeichen der Freundschaft, wie dem Schwanzwedeln, begleitetet sein.

Spiele sind besonders intensiv in dem Alter, in dem die **Synapsenbildung** im Gehirn ihren Höhepunkt erreicht. Spielen regt das Wachstum der Großhirnrinde und die Verknüpfung zentralnervöser Strukturen an, ermöglicht somit die geistige und soziale Entwicklung der jungen Tiere.

Das Spiel besteht zu einem großen Teil aus **Instinkthandlungen**, die auch bei Erwachsenen in verschiedenen Verhaltenskreisen auftreten („verfolgen, jagen") oder Teilen davon. Das Spielen hat seine eigene Appetenz, die Tiere suchen aktiv nach einem auslösenden Reiz („Spielaufforderung", „Aufforderung zur Jagd"). Von Instinkthandlungen des Ernstfalls unterscheidet sich das Spielen in einigen Punkten:

- Die Bewegungen werden wiederholt (ohne dass die Handlungsbereitschaft abnimmt).
- Das Verhalten hat keine Endhandlung oder ein Ziel, das die Handlung abbricht: Sie laufen im Kreis, werden selbst zum Verfolger.
- Spiele werden oft mit überflüssigen, übertriebenen Bewegungen ausgeführt: Zickzacksprünge oder hopsende Fortbewegungen.
- Teilhandlungen wechseln oft sprunghaft, laufen oft in anderer als der in Handlungsketten vorgegebenen Reihenfolge ab: Er stellt sich plötzlich, es kommt zum Beißspiel.
- Rollenwechsel ist häufig: Der Verfolger wird zum Verfolgten.

## LERNVERHALTEN UND SPIELEN

1. Welche Lernvorgänge unterscheidet die Verhaltensbiologie?

**1.** ______________ **2.** ______________ **3.** ______________

**4.** ______________ **5.** ______________

2. Was trifft auf Lernen zu?

☐ **A** Durch Lernen wird Verhalten geändert.
☐ **B** Jede Verhaltensänderung wird durch Lernen verursacht.
☐ **C** Verhaltensänderung durch Lernen dient der Anpassung an die Umwelt.

3. Welche Aussagen gelten für Spielen?

☐ **A** Spielen wird bei allen jungen Tieren beobachtet.
☐ **B** Spielen erfordert ein entspanntes Umfeld.
☐ **C** Spielen beeinflusst die Entwicklung des Nervensystems.

4. Welche Funktionen hat Spielen?

**1.** ______________

**2.** ______________

**3.** ______________

## LÖSUNGEN

**1.** Gewöhnung/Habituation, assoziatives Lernen, Lernen durch Nachahmung, kognitives Lernen, Prägung • **2.** A, C • **3.** B, C • **4.** Entwicklung des Bewegenkönnens, Kennenlernen der Umwelt, Ausbildung sozialer Bindungen

# 9 ÖKOLOGIE

## Eutrophierung

Nach der Intensität der pflanzlichen Produktion kann man die Seen einteilen in oligotrophe (nährstoffarme) und eutrophe (nährstoffreiche) Seen. Dazwischen liegt der mesotrophe Zustand. Die Produktivität eines Sees hängt ab von seinem geologischen Alter, seiner Tiefe und der aus dem Einzugsgebiet eingebrachten Nährstoffmenge.

Tiefe **Bergseen** sind ursprünglich oligotrophe Seen. Ihr Ufer ist schmal und kaum bewachsen. Plankton gibt es nur wenig. Das Wasser ist klar und arm an Mineralstoffen. Phosphat-Ionen fehlen weitgehend. Phosphormangel begrenzt das Wachstum der Pflanzen. Nahrungsmangel limitiert die Zahl der Tiere. Der Sauerstoffverbrauch ist in allen Schichten gering. Der See ist reich an gelöstem Sauerstoff. Für die Lebensgemeinschaft oligotropher Seen ist das Angebot an gelöstem Phosphat der begrenzende Ökofaktor.

## EUTROPHIERUNG

In vielen oligotrophen Seen Mitteleuropas wurde in den letzten Jahrzehnten eine starke **Zunahme** an Pflanzen und Tieren beobachtet. Der ökologisch folgenreichste Effekt ist die Veränderung des Artenspektrums. Mit zunehmender **Eutrophierung** werden die Lebensgemeinschaften oligotropher Gewässer, zu denen eher seltene Tier- und Pflanzenarten gehören, von anderen, häufigeren Arten verdrängt. Die Vegetation oligotropher Gewässer ist die am stärksten gefährdete Pflanzenformation Deutschlands. 81% aller Arten dieses Lebensraums gelten als verschollen oder gefährdet.

## URSACHEN UND FOLGEN DER EUTROPHIERUNG

Durch Einleitung von Abwässern aus Industrie, Landwirtschaft und Haushalten gelangen viele Pflanzennährstoffe in die bisher nährstoffarmen Seen. Vor allem Phosphat, Bestandteil von Mineraldüngern sowie vieler Waschmittel und Weichspüler und Nitrat, Bestandteil vieler Düngemittel, reichern sich an. Zunächst verbessern sich die Lebensbedingungen für die meisten Tiere und Pflanzen. Die Überdüngung lässt vor allem Algen und Cyanobakterien gut gedeihen. Die Ufervegetation wird dichter und höher. Plankton kann sich stark vermehren. Die Fischbestände nehmen zu. Der See eutrophiert. Die Vorgänge, die zur Anhäufung von Pflanzennährstoffen und zu erhöhter Produktion führen, nennt man Eutrophierung.

Massenentwicklungen von Cyanobakterien und Algen im Oberflächenwasser führen durch ihre Fotosyntheseaktivität zu erheblichen Sauerstoffübersättigung. Der überschüssige Sauerstoff entweicht in die Atmosphäre. Im Herbst sterben die Cyanobakterien ab und sinken auf den Grund, wo sie sich zersetzen. Dabei verbrauchen sie viel Sauerstoff. Während der Stagnation gelangt kein sauerstoffreiches Wasser aus der Nährschicht in die Tiefe. Die sauerstoffliebende Bodenfauna wird ausgelöscht.

## EINE FATALE ENTWICKLUNG

Bei Sauerstoffmangel am Grund des Sees beginnt ein positiver Rückkoppelungsprozess: Solange an der Sedimentoberfläche genügend Sauerstoff vorhanden ist, herrschen dort oxidierende Verhältnisse: Eisen-Ionen liegen als $Fe^{3+}$-Ionen vor, die Phosphat-Ionen zu schwerlöslichem Eisen-III-phosphat ($FePO_4$) binden. So wird dem Stoffkreislauf des Sees Phosphat entzogen. Man spricht von der Phosphatfalle. Phosphat begrenzt so als Minimumfaktor das Pflanzenwachstum. Fehlt Sauerstoff in der Tiefe, so erhält die Sedimentoberfläche reduzierende Eigenschaften. Eisenionen liegen überwiegend als $Fe^{2+}$ vor. Eisen-III-phosphat geht in Lösung Der Phosphatgehalt des Sees steigt. Bei der nächsten Vollzirkulation gelangt das Phosphat in die trophogene Zone und führt zu starker Vermehrung des Phytoplanktons. Die Eutrophierung wird weiter beschleunigt.

## WÜSTE

Wüsten umfassen etwa ein Drittel der Landoberfläche der Erde. Die Lebensbedingungen subtropischer Wüsten sind gekennzeichnet durch besondere Lebensbedingungen:

- Wassermangel. Regen fällt selten. Sehr unregelmäßig treten heftige Gewitterschauer auf.
- Große Hitze. Die starke Sonneneinstrahlung wird durch keine Wolkendecke gemildert. Die Bodentemperatur kann 80 °C erreichen.
- Große Temperaturunterschiede. Da die Luftfeuchtigkeit sehr gering ist, speichert die Atmosphäre nur wenig Wärmeenergie. Wärmeabstrahlung während der Nacht lässt die Temperatur schnell sinken. Die Nächte sind kalt.
- Trockene Luft und stetige Winde führen zu starker Verdunstung und damit oft zur Versalzung der Böden.
- Nahrungsmangel. Für Tiere und Menschen kommt als weiterer Faktor die Armut an grünen Pflanzen und damit Nahrungsmangel hinzu.

## ABIOTISCHE FAKTOREN

In der Wüste zeigt sich die Abhängigkeit der Lebewesen vom Wasser besonders deutlich. Wassermangel ist wohl der wichtigste abiotische Ökofaktor der Wüste. Im Extremfall sind alle Lebewesen eines Ökosystems der Kontrolle eines einzigen limitierenden Faktors unterworfen: In der Wüste ist dies der Ökofaktor Wasser. Verallgemeinert wird dieser Sachverhalt durch das Gesetz der Toleranz ausgedrückt: Das Gedeihen eines Organismus hängt von einem ganzen Komplex von Faktoren ab. Sein Fehlen kann dagegen von einem einzelnen Faktor abhängen, der die Toleranzgrenze für den Organismus unterschreitet oder überschreitet. Vorkommen und Häufigkeit einer Art werden also von demjenigen Faktor am meisten bestimmt, der vom Optimum am weitesten entfernt ist.

## LEBEN FAST OHNE WASSER

Wie manche anderen Wüstentiere brauchen Springhasen nicht zu trinken. Sie gewinnen das Wasser, das sie zum Leben brauchen, aus ihrer Nahrung. Bei der Oxidation der Nahrungsstoffe im Zellstoffwechsel entsteht das metabolische Wasser oder Stoffwechselwasser. Die vollständige Oxidation von 100g Kohlenhydraten ergibt 55g Wasser; 100g Fett liefern sogar 107g Wasser. Dieses bei der Atmung entstehende Wasser reicht – zusammen mit dem wenigen in der Nahrung enthaltenen – den Springhasen zum Überleben. Mit dem Wasser gehen sie jedoch sehr sparsam um:

- Ihr Kot ist trocken und hart. Zum Teil fressen sie ihn wieder, um letzte Reste an Nahrung und Wasser auszunutzen.
- Die Leistung der Nieren ist enorm. Sie erzeugen besonders konzentrierten Harn. So geht bei der Ausscheidung von Harnstoff und Salzen nur wenig Wasser verloren.
- Sie haben keine Schweißdrüsen; sie kühlen sich durch die großen, reich durchbluteten Ohren ab, bei extremer Hitze durch Verteilung von Speichel im Fell. Die heiße Tageszeit bringen sie in unterirdischen Höhlen zu.

## DIE SCHICHTUNG VON ÖKOSYSTEMEN

Ein naturnaher Laubmischwald ist aus mehreren Schichten aufgebaut. Zu jedem Stockwerk gehören andere charakteristische Pflanzenarten. Schichtung ist ein Merkmal aller Ökosysteme, aber nicht alle Ökosysteme sind so prägnant geschichtet wie der mitteleuropäische Wald oder der tropische Regenwald. Aber in jedem festländischen Ökosystem gibt es mindestens drei Schichten oder Schichtengruppen: Oberirdische Schichten, Bodenoberfläche und Bodenschichten.

## SCHICHTEN EINES MITTEL-EUROPÄISCHEN WALDES

Kronenschicht: Buche, (Eiche, Spitzahorn)

Strauchschicht: Haselnuss, (Feldahorn)

Krautschicht: Lerchensporn, (Scharbockskraut)

Moosschicht: Widertonmoos, (Sternmoos)

Streuschicht: Speicherorgane der Frühblüher

Oberboden: Wurzeln der Kräuter, Mykorrhizen

Unterboden: Wurzeln der Buche (Eiche, Tanne)

## ÖKOLOGISCHE ZUSAMMENHÄNGE IM WALD

Die Ökologie des Bestandes wird von der Baumschicht bestimmt: Die Bäume modifizieren die Verteilung von Licht und Temperatur in den anderen Schichten, aus der Streu der Bäume entsteht die Humusschicht, die Baumwurzeln entnehmen dem Boden die größten Wasser- und Nährsalzmengen, die Kräuter müssen sich mit dem Rest begnügen. Strauch- und Krautschicht der Wälder hängen unmittelbar von der Zusammensetzung und Struktur der Baumschicht ab.

## TIERWELT IM WALD

Auch viele Tierarten sind ganz oder teilweise an bestimmte Schichten gebunden.

Den Kronenraum des Waldes bevölkern Insekten und Vögel, die sich von Samen oder Insekten ernähren. Unter den Säugetieren haben sich vor allem Eichhörnchen, Siebenschläfer und Baummarder an den Kronenraum angepasst. Die hohen Bäume werden vorwiegend durch den Wind bestäubt.

In den windstillen Kraut- und Strauchschichten leben viele Arten blütenbesuchender Insekten.

Größere Wirbeltiere wie Wildschwein, Hirsch, Reh und Dachs leben am Boden.

Im Boden leben neben Mikroorganismen und Kleintieren zeitweise auch Wühlmäuse, die sich von Wurzeln ernähren und der Maulwurf, der Würmer, Insekten und deren Larven sucht.

Je reicher ein Wald abgestuft ist, desto mehr verschiedenen Tieren und Pflanzen bietet er Lebensmöglichkeiten. So leben in einem lichten Eichenwald, der reiche Strauch- und Krautschichten hat, weit mehr verschiedene Tierarten als im dunkleren Buchenwald, dessen untere Stockwerke nur schwach entwickelt sind.

## EUTROPHIERUNG, ABIOTISCHE FAKTOREN, STOCKWERKBAU DES WALDES

1. Manche Wüstentiere trinken nie. Wie gewinnen sie das Waser, das sie zum Leben brauchen?

______________________________

2. Was versteht man unter Eutrophierung von Gewässern?

- ☐ **A** starke Zunahme von Pflanzen und Tieren
- ☐ **B** Abnahme von Phosphat und Nitrat
- ☐ **C** Zuwanderung exotischer Organismen

3. Nennen Sie typische Merkmale ursprünglicher tiefer Bergseen

**1.** ____________ **2.** ____________ **3.** ____________

4. Welche Pflanzen sind typisch für einen mitteleuropäischen Wald?

1. Kronenschicht: ____________
2. Strauchschicht: ____________
3. Mooschicht: ____________

## LÖSUNGEN

**1.** Wassermangel, Nahrungsmangel, große Hitze • **2.** durch Oxidation von Nährstoffen • **3.** A • **4.** wenig Plankton, Phosphat-Armut, hoher Sauerstoffgehalt • **5.** Buche, Hasel, Widertonmoos

## ÖKOSYSTEME

Ökosysteme sind dynamisch und entwickeln sich bei unveränderten äußeren Einflüssen im Verlaufe einer Sukzession über verschiedene Stadien zu einem relativ stabilen Endzustand, dem Klimaxstadium.

## ÖKOSYSTEME VERÄNDERN SICH

Eine **Sukzession** ist die zeitliche Abfolge ineinander übergehender Zustände von Lebensgemeinschaften an einem Ort. Die Entwicklung führt unter wechselndem Artenreichtum bei abnehmender Änderungsgeschwindigkeit vom Initialstadium über verschiedene **Folgestadien** zu einer Klimaxgesellschaft. Eine Sukzession findet in Ökosystemen statt, die sich nicht im Gleichgewicht befinden.

Nach einem Waldbrand oder einem Bergrutsch ist das Gebiet zunächst vegetationslos. Das Initialstadium ist eine **Pioniergesellschaft**, die durch Artenarmut und Indviduenreichtum charakterisiert ist. Arten mit hoher Fortpflanzungsfähigkeit, die r-Strategen, herrschen vor. r-Strategen vermehren sich sehr schnell. Oft zeigen sie eine große Toleranz gegenüber den herrschenden Standortfaktoren. Die Pionierarten verändern die Standortfaktoren, z. B. durch Ansammlung von Humus und Nährstoffen, sie verändern den Wasserhaushalt, das Mikroklima und die Tierwelt.

## KLIMAXSTADIUM

In späteren Stadien steigen die Artenvielfalt und die Produktion von Biomasse zunächst an. Auf Grund der veränderten Standortsfaktoren sind nun neue Arten in der Lage, das veränderte Biotop zu besiedeln. Diese Arten sind anspruchsvoller und meist auch produktiver. Sie investieren weniger Energie in die Fortpflanzung und mehr in Strukturen, die ihre Konkurrenzstärke erhöhen. Auch die neuen Arten verändern die Standortfaktoren und anspruchsvollere und produktivere Gesellschaften übernehmen das Gebiet. Da in Wäldern im Allgemeinen das Licht der begrenzende Umweltfaktor ist, ist eine der erfolgreichsten Strategien das Wachstum in die Höhe. So sind Bäume im Wettbewerb um das Licht überlegen und können die Pionierarten verdrängen.

Nach etwa 150 Jahren ist das Klimaxstadium erreicht. Diese Klimaxvegetation ist in Mitteleuropa auf den meisten Flächen ein geschlossener und artenarmer Buchenwald. Hier herrschen K-Strategen vor. Sie investieren mehr in Produktion als in Reproduktion. Klimaxstadien zeichnen sich durch eine sehr effiziente Nutzung der Ressourcen aus. Die Artzusammensetzung verändert sich nur noch wenig. Viele Vögel und Säugetiere sind darunter, die lange Brutpflege betreiben, dadurch weniger Nachkommen erzeugen, diesen aber bessere Startchancen verschaffen. Typische K-Strategen der Pflanzenwelt sind die hohen Bäume, die viel Energie in den Aufbau ihrer Stämme, Äste und Wurzeln investieren und hochwertige Früchte erzeugen. Sie brauchen viele Jahre, bis sie Nachkommen haben, besitzen aber ein hohes Durchsetzungsvermögen beim Wettbewerb um das Licht.

## SYMBIOSE

Korallenstöcke sind meist farbig. Olivgrüne, gelbe und braune Farbtöne herrschen vor. Die Farbe ist teilweise auf Algen zurückzuführen, die im Gewebe der Korallen leben, die Zooxanthellen. Korallen und Algen leben in Symbiose.

## KORALLEN

Die meisten Korallenarten leben in Symbiose mit einzelligen Algen – den Zooxanthellen. Die Zooxanthellen wurden von den Korallen mit der Nahrung aufgenommen, aber nicht verdaut, sondern lebend in das Entoderm eingelagert. Hier leben sie innerhalb der Zellen. Man kann von einem Kurzschluss sprechen, der dafür sorgt, dass die wertvollen, immer wieder umbaubaren Bausteine im Organismus verbleiben und nicht an die Umgebung verloren gehen.

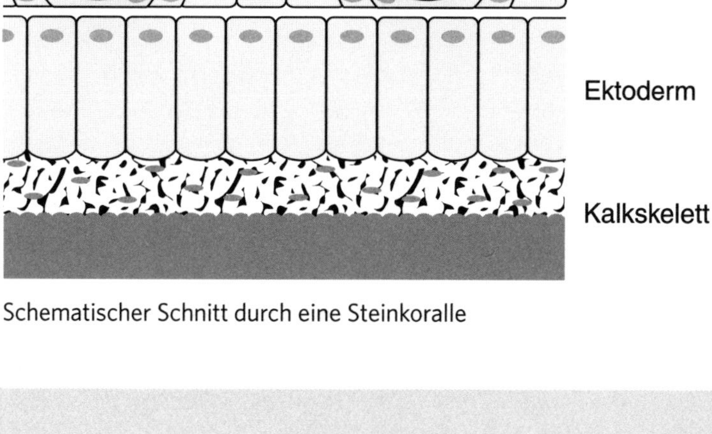


Schematischer Schnitt durch eine Steinkoralle

## VORTEIL SYMBIOSE

Sowohl der Wirt als auch die Alge profitieren von der Symbiose. Die Korallen geben den Algen Schutz, Wohnraum, Kohlendioxid und Nährsalze aus der Verdauung. **Der Kreislauf der Stoffe** ist innerhalb der Riffkorallen teilweise geschlossen. Bei Belichtung können Korallen auch wachsen, wenn sie keine Nahrung zu sich nehmen sie sind also teilweise autotroph. Stressfaktoren wie ungewöhnlich hohe oder tiefe Wassertemperaturen, starke UV- Strahlung, hohe Sedimentationsraten, Infektionen oder schlechte Wasserqualität führen dazu, dass die Zooxanthellen zu viele schädliche Nebenprodukte produzieren. Die Koralle stößt einen großen Teil der Zooxanthellen aus, um nicht vergiftet zu werden. Hält der Stress über Tage oder Wochen an, so verliert die Koralle die von den Algen verliehene Farbe, sie bleicht aus und stirbt bald ab.

Jeder der beiden Partnerorganismen besitzt einen eigenen Stoffwechsel. Die **Algen** produzieren mittels Fotosynthese organische Stoffe, und zwar Zucker, Fette und Proteine. Durch Signalstoffe gelingt es der Koralle, die Zooxanthellen zur Abgabe dieser energiereichen Stoffwechselverbindungen (Metabolite) zu bewegen. Die Zooxanthellen geben einen Großteil ihrer Zuckerverbindungen in Form von Glycerol (Glycerin) an die **Koralle** ab, das die Koralle als Nahrung verwerten kann. Als Endprodukte entstehen Kohlenstoffdioxid und Wasser, also genau die Ausgangsverbindungen, die die Algen für die Photosynthese brauchen.

Die Korallen beziehen von den Algen Proteine, die Stickstoff enthalten. Beim Abbau der Proteine entstehen anorganische Stickstoffverbindungen wie das Ammonium, die von der Alge für den Aufbau neuer Proteine verwendet werden. Auch wenn die Koralle Nahrung aufnimmt und verdaut, fallen anorganische Stickstoffverbindungen an, die vom Stoffwechsel der Alge verarbeitet werden können.

Bei der Verdauung ihrer Beute erzeugen die Korallen anorganisches Phosphat, das sie den Algen zur Verfügung stellen; gleiches gilt für alle Mineralsalze.

Korallen bilden ihr Kalkskelett mit Hilfe der im Meerwasser enthaltenen Calcium- und Hydrogenkarbonat-Ionen. Für den Skelettbau der Korallen sind die Algen von größter Bedeutung. Die Polypen entnehmen dem Wasser gelöstes Calciumhydrogenkarbonat. Daraus stellen sie Calciumkarbonat (Kalk) her, wobei Kohlendioxid anfällt:

$$Ca(HCO_3)_2 \rightarrow CaCO_3 + CO_2 + H_2O$$

Das Kohlendioxid verwenden die Algen zum Aufbau von Kohlenhydraten bei der Fotosynthese. Weil sie das Kohlendioxid schnell beseitigen, verschiebt sich das Gleichgewicht der Reaktion zugunsten der Kalkbildung. Bei Licht ist die Kalkbildung etwa 10-mal größer als im Dunklen.

## SUKZESSION UND SYMBIOSE

1. Welche Merkmale zeichnen Pioniergesellschaften aus?

**1.** ______________________________

**2.** ______________________________

**3.** ______________________________

2. Wie bezeichnet man den stabilen Endzustand eines Ökosystems?

☐ **A** Sukzession
☐ **B** Klimaxstadium
☐ **C** Pionierstadium

3. Woraus erzeugen die Korallen das Calciumcarbonat für ihr Kalkskelett? Wie profitieren die Algen dabei?

**1.** ______________________________

**2.** ______________________________

## LÖSUNGEN

**1.** Artenarmut, Individuenreichtum, ökologische Toleranz • **2.** B • **3.** aus dem Calciumhydrogencarbonat des Meerwassers; vom dabei freigesetzten Kohlendioxid, das in die Fotosynthese einfließt

## KONKURRENZ

Ein wichtiger Faktor innerhalb der Lebensgemeinschaft ist die **Konkurrenz**. Fast alle Ökofaktoren stehen nur in begrenzter Menge zur Verfügung: Raum, Licht und Wasser, Nahrung und Verstecke. Um alle diese Ressourcen herrscht ein intensiver Wettbewerb. Nur Individuen und Arten, die sich in diesem Wettbewerb behaupten, können im Ökosystem überleben.

Konkurrieren Angehörige derselben Art miteinander, so spricht man von innerartlicher oder intraspezifischer Konkurrenz. Diese ist nach der Selektionstheorie von Charles Darwin ein bedeutender **Evolutionsfaktor**: Diejenigen Individuen, die sich gegenüber ihren Konkurrenten durchsetzen, haben im Durchschnitt mehr Nachkommen als andere. Ihr Erbgut wird in der nächsten Generation häufiger vertreten sein. Durch die natürliche Auslese werden also diejenigen Organismen bewahrt, die an das Ökosystem am besten angepasst sind.

## KONKURRENZAUSSCHLUSS

Auch verschiedene Arten stehen im Wettbewerb um begrenzte Lebensgrundlagen: Zwischenartliche oder interspezifische Konkurrenz. So sind alle Tiere, die sich im Uferbereich eines Teiches von kleinen Tieren ernähren Konkurrenten. Allerdings gibt es nie zwei Arten im gleichen Lebensraum, die exakt dieselben Bedürfnisse haben. Wäre eine der beiden Arten nur geringfügig überlegen, so würde sie die andere Art verdrängen. Daher werden in der Evolution alle Veränderungen einer Art begünstigt, die die Konkurrenz mit anderen Arten verringern oder vermeiden. Das ist die Aussage des **Konkurrenzausschlussprinzips**: Je ähnlicher die ökologischen Ansprüche der beteiligten Arten sind, umso geringer ist die Wahrscheinlichkeit, dass sie dauerhaft den gleichen Lebensraum besiedeln. Die Konkurrenz kann minimiert werden, wenn Arten auf unterschiedliche Ressourcen ausweichen.

Es gibt z. B. verschiedene Möglichkeiten, den Schilfgürtel eines stehenden Gewässers als Lebensraum zu nutzen. Jede Tierart hat ihr eigenes Wirkungsfeld; sie braucht andere Nahrung als die anderen Arten, hat andere Feinde und Parasiten, andere Aufenthaltsorte und Nistplätze. Diesen Tatbestand drückt das **Konzept der ökologischen Nische** aus:

## ÖKOLOGISCHE NISCHE

Die ökologische Nische ist die Einheit aus einer Art und ihrer spezifischen Umwelt. Zur Nische gehören sowohl die **Ansprüche** der Art an ihre Umwelt als auch die **Angebote** und **Anforderungen** dieser Umwelt an die Art.

## FEINEINPASSUNG BEI ÄHNLICHER UMWELT

Selbst nahe verwandte Arten, die zur gleichen Gemeinschaft gehören, unterscheiden sich in mindestens ein oder zwei Faktoren, die für ihre Existenz wesentlich sind. Ein Musterbeispiel für diese Feineinpassung sind die verschiedenen **Rohrsänger**, die im Uferbereich eines Sees koexistieren können, weil sich ihre Nischen etwas unterscheiden: Der Schilfrohrsänger bevorzugt lichte Schilfbestände, die von Seggen unterbrochen sind, der Teichrohrsänger mag sehr feuchte, überschwemmte Schilf- und Rohrkolbenbestände, noch höhere und nässere Bestände sagen dem Drosselrohrsänger zu.

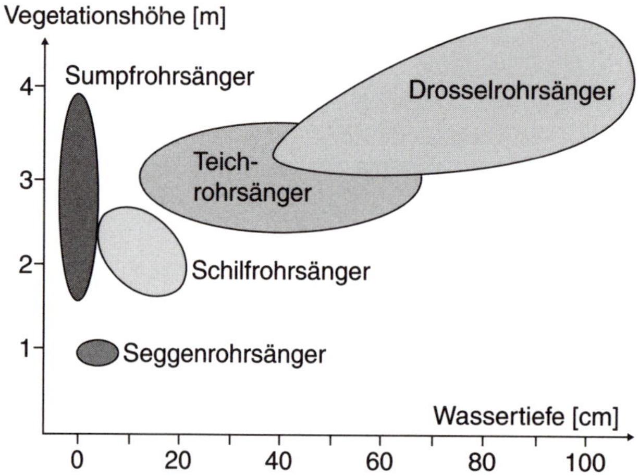


Beziehungen zwischen Wassertiefe und Vegetationshöhe in den Revieren von fünf Rohrsängerarten

Die gesamte Energie, die von den Lebewesen der Erde genutzt wird, kommt von der Sonne. Durch die Fotosynthese wird sie in die Ökosysteme eingeschleust. Das Ökosystem kann nur den Teil der Lichtenergie nutzen, der von den grünen Pflanzen in Form organischer Moleküle gespeichert wird.

Während die Stoffe, aus denen die Lebewesen aufgebaut sind, sich in ständigem Kreislauf befinden, sind Ökosysteme in Bezug auf die Energie offene Systeme: Lichtenergie wird von den Produzenten in chemische Energie umgeformt. Diese passiert rasch die Nahrungskette und wird während dieser Passage in Wärmeenergie umgeformt und an die Umwelt abgegeben.

## PFLANZEN BILDEN BIOMASSE

Bei der Photosynthese wird Lichtenergie in chemische Energie umgewandelt. Diese Umwandlung geht einher mit der Schaffung organischer Substanz. Sie wird als Primärproduktion bezeichnet. Für das Ökosystem bedeutsam ist die Frage, welcher Teil der eingefangenen Sonnenenergie in Pflanzensubstanz gespeichert wird, und wie viel davon zu den einzelnen trophischen Ebenen der Nahrungskette gelangt.

Die Bruttoproduktion der grünen Pflanzen ist die neue Biomasse, die diese bei der Fotosynthese unter Bindung der Lichtenergie aus anorganischen Stoffen bilden. Ein Teil der gebildeten Biomasse wird von der Pflanze bei der Atmung verbraucht, zur Aufrechterhaltung ihrer Lebensvorgänge. Der Rest – die Nettoproduktion – stellt den Zuwachs oder die Speicherung dar. Davon ernähren sich die Konsumenten.

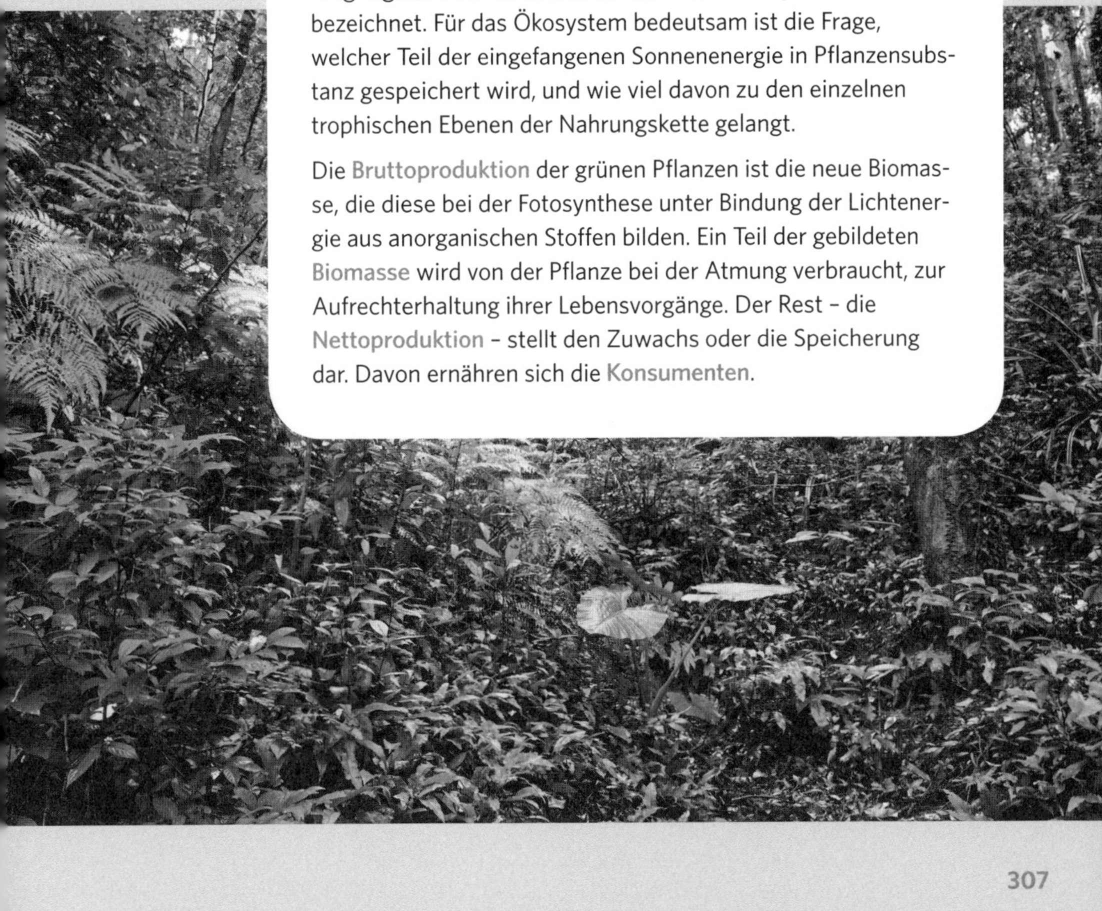

## ÖKOLOGISCHE EFFIZIENZ

Die **Konsumenten** gewinnen ihre Energie durch Aufnahme energiereicher Stoffe von Pflanzen oder Tieren. Jedes Tier kann nur einen Teil seiner Nahrung zum Aufbau eigener Körpersubstanz verwerten: Da ein Teil seiner Nahrung oxidiert und dabei die darin gespeicherte Energie in Wärmeenergie umgewandelt wird, gelangt nur ein Rest der Energie von den Produzenten bis zu den Endkonsumenten und den Zersetzern.

Die Energie der aufgenommenen Nahrung wird in drei Kanäle aufgeteilt:

- Ein Teil der aufgenommenen energiereichen Nahrung wird im Kot oder Urin wieder ausgeschieden.
- Ein großer Teil der aufgenommenen Energie wird als Betriebsenergie „verbraucht", d.h. in Wärme umgewandelt.
- Der Rest der aufgenommenen Nahrung wird zur Produktion körpereigener Stoffe verwendet.

Der Bruchteil der Energie, der von einer trophischen Ebene zur nächsten weitergegeben wird, ist die ökologische **Effizienz** der Energieweitergabe.

Ökologen gehen von einer durchschnittlichen Effizienz von 10% aus. Im Wald ist sie deutlich kleiner. Je weiter eine Population in der Nahrungskette von den Produzenten entfernt ist, desto knapper wird seine **Energiebasis**. Die Individuenzahl wird kleiner, die Reviere müssen größer werden. Die nach oben schmaler werdende Form von Zahlen- und Biomassepyramiden findet durch die Ineffizienz der Energieübertragung in Nahrungsketten ihre Erklärung.

## PRODUKTIONSPYRAMIDEN MACHEN NAHRUNGSKETTEN ANSCHAULICH

Produktionspyramiden geben ein anschauliches Bild vom Energiefluss durch die Nahrungskette. In jeder trophischen Ebene wird der Teil der Energie eingetragen, der in einer bestimmten Zeiteinheit dazu kommt, also die Nettoproduktion pro Zeiteinheit. Wegen der Ineffizienz der Energieweitergabe wird die Produktionspyramide nach oben schmaler.

Besonders interessant ist der Vergleich von Biomasse- und Produktionspyramiden verschiedener Ökosysteme. Die Biomasse der Gräser eines Graslandes ist viel kleiner als die der Bäume des Waldes; ihre Produktion dagegen ist um ein mehrfaches höher. Bäume bestehen nur zu einem kleinen Teil aus fotosynthetisch aktivem, produzierendem Gewebe; der größte Teil hat Stütz- und Speicherfunktion. Gras dagegen besteht fast nur aus grünen Organen. Zwischen Biomasse und Produktion eines Ökosystems besteht kein direkter Zusammenhang.

In einem Eichen-Hainbuchen-Wald wurde die jährliche Produktion der verschiedenen trophischen Stufen ermittelt. Die Nahrungspyramide gibt die Situation wieder:

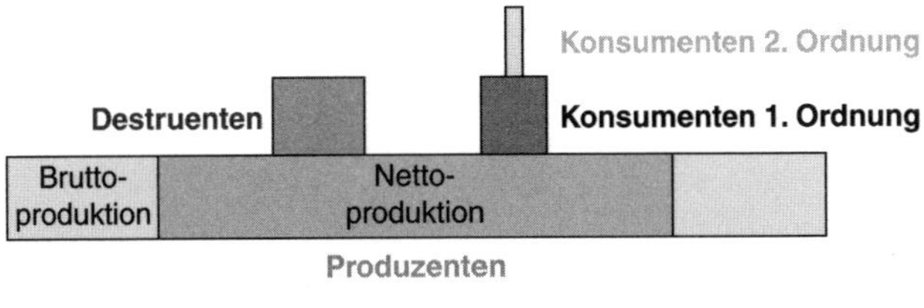


Die Abbildung ist nicht maßstabsgetreu: Für eine solche Darstellung sind die Dimensionen zu unterschiedlich: Sie bewegen sich zwischen 2kg und $2{,}4 \times 10^4$kg.

## STICKSTOFF

Stickstoff ist Bestandteil der Proteine, der Nukleinsäuren, sowie von vielen Coenzymen, Hormonen und Vitaminen und daher unverzichtbar für alle Lebewesen!

Die Lufthülle der Erde besteht zu 78 % aus molekularem Stickstoff. Allerdings können nur wenige Mikroorganismen den Luftstickstoff direkt verwerten. Pflanzen können ihn nicht unmittelbar nutzen.

## BAKTERIEN FIXIEREN STICKSTOFF

Nur Prokaryonten sind zur **Stickstofffixierung** befähigt. Diese Bakterien (z.B. *Azotobacter*) und Cyanobakterien kommen freilebend oder symbiontisch (*Rhizobium*) mit Pflanzen vor. Alle anderen Lebewesen müssen Stickstoff über die Nahrung aufnehmen, sie sind N-heterotroph.

Die Fixierung von Luftstickstoff ist aufgrund der stabilen Dreifachbindung von $|N\equiv N|$ ein extrem energieaufwändiger, endergonischer Prozess (946kJ/mol), den die Mikroorganismen mit einem speziellen Enzymkomplex, der **Nitrogenase**, katalysieren. Es handelt sich um eine Reduktion von $N_2$ zu **Ammoniak**: $N_2 + 6\,e^- + 6H^+ \rightarrow 2\,NH_3$. Den Ammoniak bauen die Bakterien in eigene Proteine ein, die Symbionten geben ihn teilweise an Pflanzenzellen weiter.

## PFLANZEN ZIEHEN NITRATE VOR

Die nichtsymbiotische Stickstoffbindung durch **freilebende Mikroorganismen** beruht auf der Fähigkeit der Bakterien, *Azotobacter* und einiger Cyanobakterien, ihren Stickstoffbedarf aus Luftstickstoff zu decken.

Einige freilebende Bakterienarten fixieren Luftstickstoff zum Aufbau ihrer Zellen: Nitrifizierende Bakterien (*Azotobacter* und Cyanobakterien) nehmen Stickstoff aus der Luft auf und wandeln ihn in **Ammoniak** ($NH_3$) um, der zur Bildung von Aminosäuren genutzt wird. Pflanzen sind zwar in der Lage **Ammonium**-Ionen ($NH_4^+$) aufzunehmen, bevorzugen jedoch Nitrate ($NO_3^-$). Nitritbakterien (*Nitrosomonas*) oxidieren unter Energiegewinn Ammoniak zu **Nitrit** ($NO_2^-$), das von Nitratbakterien (*Nitrobacter*) zu **Nitrat** oxidiert wird. Die Nitrate stehen den Pflanzen für ihren Stoffwechsel zur Verfügung; sie reduzieren ihn und bauen ihn in Proteine und andere Moleküle ein.

Auch durch **Elektrische Entladungen bei Gewittern** verbinden sich Sauerstoff und Stickstoff der Luft zu Stickstoffoxiden. Diese reagieren mit dem Regenwasser zu Salpetersäure.

## NITRAT WIRD UMGEWANDELT

Pflanzen können zwar Ammonium-Ionen ($NH_4^+$) im Austausch gegen Wasserstoff-Ionen ($H^+$) aufnehmen, sie bevorzugen jedoch Nitrate ($NO_3^-$), da beim Ionenaustausch der Boden angesäuert wird. Die Bakterien *Nitrosomonas* und *Nitrobacter* oxidieren unter Energiegewinn Ammonium über die Stufe des Nitrits zu Nitrat: *Nitrosomonas*: $2\ NH_4^+ + 3\ O_2 + 2\ H_2O \rightarrow 2\ NO_2^- + 4\ H_3O^+$; *Nitrobacter*: $2\ NO_2^- + O_2 \rightarrow 2\ NO_3^-$.

Das von den Pflanzen aufgenommene Nitrat wird durch assimilatorische Nitratreduktion in organische Verbindungen, wie Proteine umgesetzt: $NO_3^- \rightarrow -NH_2$.

Der organisch gebundene Stickstoff wird in der Nahrungskette an die nachfolgenden Trophieebenen weitergegeben. Über Primär- und Sekundärkonsumenten werden die Stickstoffverbindungen als Exkremente, Harnstoff, Kadaver oder Humus wieder freigesetzt und von Destruenten (Zersetzer wie Pilze, Bakterien u.a.) durch Hydrolyse in Ammoniumverbindungen umgewandelt, die dann erneut zur Aufnahme zur Verfügung stehen: $(NH_2)_2CO + H_2O \rightarrow 2\ NH_3 + CO_2$.

## DER KREISLAUF SCHLIESST SICH

Damit ist der biologische Stickstoffkreislauf geschlossen. Die Denitrifikation, das ist die Freisetzung molekularen Stickstoffs aus Nitrit und Nitrat, sorgt dafür, dass sich Stickstoff nicht in Böden oder Gewässern anhäuft. Denitrifizierende Bakterien (*Flavobacterium*) veratmen unter anaeroben Bedingungen Nitrate um Sauerstoff zu gewinnen. $2\ NO_3^- + 12\ H^+ + 10\ e^- \rightarrow N_2 + 6\ H_2O$. Dabei wird wieder elementarer Stickstoff freigesetzt und dieser gelangt zurück in die Atmosphäre.

Kreislauf des Stickstoffs in einem Weideland:

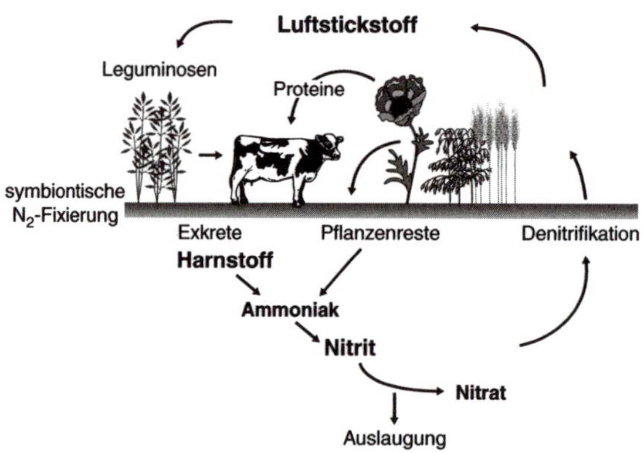

## BLATTLÄUSE

Blattläuse leben als Pflanzensauger an Bäumen, Sträuchern und Kräutern. Die Weibchen bringen durch Parthenogenese millionenfach Nachkommen zur Welt, unter günstigen Bedingungen kann sich eine Population explosionsartig vergrößern. Fast jede Pflanze wird von mehreren Blattlausarten besiedelt.

Blattlauskolonien stellen ein wichtiges Nahrungsreservoir für viele Tiere dar, sie spielen verschiedene Rollen in der Lebensgemeinschaft: Sie sind Parasiten, Symbionten, Beutetiere, Honiglieferanten, Überträger von Krankheiten und Wirte für Parasiten. Sie ernähren Vögel, Käfer, Raubfliegen, Netzflügler, Wespen und Spinnen. Blattläuse sind also wichtige Glieder vieler Nahrungsnetze. Es ist falsch, sie einfach als „Schädlinge" zu bezeichnen. Ob sie nutzen oder schaden, hängt von der gesamten Lebensgemeinschaft ab.

## PESTIZIDE

Die Anwendung von Pestiziden hat eine Reihe unbeabsichtigter Nebenwirkungen: Insektizide töten auch nützliche Insekten. Selbst ein durchdachter Gifteinsatz führt oft zum Gegenteil des beabsichtigten Effekts, nämlich zu einer Übervermehrung der Schadorganismen. Nach einer gleichstarken Verminderung von Räuber und Beute nimmt die Individuenzahl der Beute schneller wieder zu (Dritte Volterra'sche Regel). Weil sie den Artenreichtum vermindern, beeinträchtigen Pestizide auch die Fähigkeit einer Gemeinschaft zur Selbstregulation. Dadurch machen sie sich selbst unentbehrlich. Schädlingspopulationen, die man wiederholt mit dem gleichen Gift bekämpft, werden unempfindlich. Durch fortgesetzte Auslese werden resistente Tiere gezüchtet. Bei erneuter Bekämpfung müssen andere Stoffe eingesetzt oder die Dosen erhöht werden („Giftspirale"). Viele Insektizide sind außerordentlich stabil oder zerfallen in giftige Abbaustoffe. Viele Gifte sammeln sich im Gewebe der Pflanzen und Tiere an und werden in der Nahrungskette weitergegeben. Endglieder von Nahrungsketten sind besonders bedroht.

## ALTERNATIVEN ZUM INSEKTIZIDEINSATZ

Die einfachste Alternative zum Biozideinsatz besteht in der Erhaltung und Förderung der natürlichen Flora und Fauna, durch die starke Populationsschwankungen aufgefangen werden. Bei Gärten kann man zusätzlich Hausmittel wie Abspritzen mit kaltem Wasser, Seifenlauge, Brennesselbrühe anwenden. In landwirtschaftliche Nutzflächen werden „ökologische Zellen“ eingebracht: Randstreifen, Gehölze, Hecken. Biologische Schädlingsbekämpfung kontrolliert die Vermehrung der Schadorganismen/Blattläuse durch Begünstigung bzw. Ausbringen von Fressfeinden oder konkurrierender Arten. Nistgelegenheiten und Überwinterungsmöglichkeiten für Vögel und Insekten werden geschaffen, räuberische oder parasitische Organismen gezüchtet und gezielt ausgebracht: Schlupfwespen, Florfliegen, Marienkäfer, Bakterien und Viren. Integrierter Pflanzenschutz kombiniert diese Methoden mit Fruchtwechsel, der Züchtung resistenter Sorten, intelligenter Anwendung von Pheromonen.

## ÖKOLOGISCHE NISCHE, STICKSTOFF, INSEKTIZIDE

1. Die Fixierung von Stickstoff ist sehr aufwändig ...

- ☐ **A** weil Stickstoff ein Edelgas ist
- ☐ **B** weil die chemische Bindung im Stickstoff sehr beständig ist
- ☐ **C** weil Luft nur wenig Stickstoff enthält

2. Nennen Sie drei Stadien des Stickstoffkreislaufs

**1.** ______________ **2.** ______________ **3.** ______________

3. Welche Folgen hat innerartliche Konkurrenz als Evolutionsfaktor?

______________________________________________

4. Benennen Sie die Gefahren einer Bekämpfung der Blattläuse mit Insektiziden.

**1.** ______________ **2.** ______________ **3.** ______________

**4.** ______________ **5.** ______________ **6.** ______________

## LÖSUNGEN

**1.** B • **2.** Fixierung als Ammoniak, Nitrifizierung von Ammoniak zu Nitrat, Denitrifizierung von Nitrat zu Stickstoff • **3.** konkurrenzstarke Individuen haben im Durchschnitt mehr Nachkommen als andere • **4.** Keine Unterscheidung zwischen nützlichen und schädlichen Organismen, Giftwirkung auch auf Beutetiere, Störung der natürlichen Regulationsmechanismen im Ökosystem, Rückstände, Anreicherung in Nahrungskette, Selektionsfaktoren zur Auswahl resistenter Schädlinge

## BILDNACHWEIS

| | |
|---|---|
| S. 3 | Mädchen sitzend • Fotolia / Yuri Arcurs |
| S. 6 | Zellen • Thinkstock / tagota |
| S. 7 | Mikroskop • Thinkstock / ElMiguelacho |
| S. 7 | Pflanzenzellen mikroskopiert • Shutterstock / daseugen |
| S. 8 | Brennessel • Thinkstock / Tomas Petura |
| S. 9 | Zellkerne • Shutterstock / Sebastian Kaulitzki |
| S. 12 | Bakterien mikroskopiert • Thinkstock / DTKUTOO |
| S. 15 | Organellen • Shutterstock / Yurii Andreichyn |
| S. 16 | Zelle, Mitochondrien, Plasma • Shutterstock / somersault1824 |
| S. 21 | Sandwich-Modell • Klett-Archiv |
| S. 21 | Biomembran • Shutterstock / Dreamy Girl |
| S. 22 | Tee • Thinkstock / ianden |
| S. 24 | Blumenkohl im Sieb • Thinkstock / Fuse |
| S. 28 | Zellteilung • Thinkstock / frentusha |
| S. 30 | Zellteilung • Thinkstock / frentusha |
| S. 32 | Meiose • Shutterstock / Jose Luis Calvo |
| S. 36 | Proteine, Nahrungsmittel • Shutterstock / alexpro9500 |
| S. 36 | Proteine, Soja • Shutterstock / xuanhuongho |
| S. 37 | Blätter • iStockphoto / tcareob72 |
| S. 37 | Hefe • iStockphoto / La_vanda |
| S. 38 | Struktur von Proteinen • Shutterstock / molekuul.be |
| S. 41 | Enzyme, Eisen, Katalase • Thinkstock / Molekuul |
| S. 42 | Enzym-Substrag-Komplex • Shutterstock / joshya |
| S. 44 | Hochofen • Thinkstock / diecidodici |
| S. 46 | Glucose • Shutterstock / molekuul.be |
| S. 48 | ADP • Shutterstock / molekuul.be |
| S. 50 | alkoholische Gärung, Wein • Shutterstock / luigi nifosi |
| S. 54 | Zitronen • Shutterstock / Jag_cz |
| S. 56 | Lichtreaktion, Blatt • Shutterstock / argus |
| S. 58 | Melvin Calvin • Shutterstock / catwalker |
| S. 60 | Rohrzucker •iStockphoto / YelenaYemchuk |
| S. 62 | Hund • iStockphoto / manus1550 |
| S. 62 | Chromosomen • iStockphoto / alex-mit |
| S. 63 | DNA • Shutterstock / mountain beetle |
| S. 63 | Gregor Mendel • Shutterstock / catwalker |
| S. 64 | Hunde • Shutterstock / Erik Lam |
| S. 65 | Mendel's Methode • Shutterstock / Capreola |
| S. 66 | Tulpen • Thinkstock / Achim Prill |
| S. 69 | Zellen, mikroskpiert • Shutterstock / Great Teacher Thawatchai |
| S. 70 | Chromosomen • Shutterstock / koya979 |
| S. 73 | DNA • Thinkstock / Thomas Northcut |
| S. 74 | Watson-Crick-Modell • Thinkstock / Fuse |

| | |
|---|---|
| S. 78 | Tomate, Mutation • iStockphoto / SKolodkin |
| S. 81 | HI-Virus • Thinkstock / xrender |
| S. 84 | Spiegelung • Fotolia / pathdoc |
| S. 86 | Chromkugeln • Shutterstock / Juergen Priewe |
| S. 88 | Translation, Synthese • Thinkstock / Dorling Kindersley |
| S. 89 | Äpfel • Shutterstock / Lichtmeister |
| S. 93 | Bakterien • Thinkstock / Chad Baker |
| S. 97 | Tryptophan Synthese • Shutterstock / molekuul.be |
| S. 99 | Milch, Brot • iStockphoto / kosmos111 |
| S. 100 | e.coli, Bakterien • Shutterstock / Ezume Images |
| S. 102 | DNA Probe • Shutterstock / PeJo |
| S. 102 | DNA Teststempel • Shutterstock / alpimages |
| S. 103 | Insulin • Shutterstock / Sherry Yates Young |
| S. 103 | Weizen • iStockphoto / Gajus |
| S. 104 | Bluttropfen • Shutterstock / bookzaa |
| S. 105 | PCR • Shutterstock / anyaivanova |
| S. 108 | genetischer Fingerabdruck • Shutterstock / isak55 |
| S. 111 | Genanalyse • iStockphoto / nicolas_ |
| S. 112 | DNS-Sequenzierung • iStockphoto / -Oxford- |
| S. 116 | Genmais • Shutterstock / Carlos Amarillo |
| S. 118 | Insulin, Dartscheibe • iStockphoto / webking |
| S. 120 | Gentechnik • Fotolia / Gernot Krautberger |
| S. 121 | gewürfelter Apfel • Shutterstock / Valentyn Volkov |
| S. 122 | Gentechnik • Shutterstock / wellphoto |
| S. 124 | goldener Reis • Shutterstock / JIANG HONGYAN |
| S. 126 | Neuronen • Shutterstock / StudioSmart |
| S. 127 | Auge • iStockphoto / tbradford |
| S. 127 | Synapse • iStockphoto / nobeastsofierce |
| S. 130 | Nervenzelle • Thinkstock / Eraxion |
| S. 134 | Kondensator • Thinkstock / Monkey Business Images |
| S. 137 | Panamakanal, Schleuse • Thinkstock / MangoPepper |
| S. 140 | Dominoeffekt • Thinkstock / VICHAILAO |
| S. 143 | Isolator • Thinkstock / mitifo |
| S. 147 | Pumpe • Thinkstock / RonFullHD |
| S. 149 | Frosch • Thinkstock / Sascha Burkard |
| S. 151 | Hund, Speichel • Shutterstock / Reddogs |
| S. 158 | Zigaretten, Alkohol, Tabletten • Thinkstock / KatarzynaBialasiewicz |
| S. 160 | Kokain • Shutterstock / DJTaylor |
| S. 162 | Nervensystem Mensch • Thinkstock / pixologicstudio |
| S. 165 | Taschenrechner • Thinkstock / Sun Jeng Tan |
| S. 173 | peripheres Nervensystem • Fotolia / arsdigital |
| S. 175 | Kniesehnenreflex • Shutterstock / Praisaeng |
| S. 178 | Gehirn • Shutterstock / Jesada Sabai |
| S. 180 | Auge • Shutterstock / Serg Zastavkin |

| | |
|---|---|
| S. 182 | Schlüssel • Fotolia / michaklootwijk |
| S. 184 | Retina, Auge • Shutterstock / Alexilus |
| S. 186 | Licht, Spalt • Thinkstock / Tomasz Wyszołmirski |
| S. 189 | Glukosetest • Thinkstock / Piotr Adamowicz |
| S. 191 | Menstruationszyklus • Shutterstock / Tefi |
| S. 193 | hormonale Empfängnisverhütung • Shutterstock / areeya_ann |
| S. 196 | Impfbuch • Fotolia / pix4U |
| S. 196 | Antikörper, Viren • Fotolia / psdesign1 |
| S. 197 | Operation • Fotolia.com / Kadmy |
| S. 197 | Kind, Windpocken • Fotolia.com / Pavla Zakova |
| S. 201 | T-Zelle • Fotolia.com / ag visuell |
| S. 202 | Schlüssel • Fotolia.com / kichigin19 |
| S. 204 | Impfung • Thinkstock / evgenyatamanenko |
| S. 210 | HIV Test • Fotolia.com / arun011 |
| S. 213 | Organspende, Arzt • Fotolia.com / Dan Race |
| S. 216 | Ammonit • Thinkstock / ian35mm |
| S. 216 | Pfote und Hand • Fotolia.com / bucaniere |
| S. 217 | bunte Hände • Fotolia.com / Robert Kneschke |
| S. 218 | Seelöwe • Shutterstock / Eric Isselee |
| S. 218 | Fledermaus • Shutterstock / Igor Chernomorchenko |
| S. 220 | Schmetterling • Shutterstock / Olga Bogatyrenko |
| S. 220 | Insekten, Schema • Shutterstock / Orthoptera |
| S. 220 | Kakerlake • Shutterstock / skynetphoto |
| S. 227 | Gesteinsschichten • Thinkstock / NCBlanora |
| S. 228 | Ausgrabung • Fotolia.com / Gabriele Rohde |
| S. 230 | Rauchschwalbe • Fotolia / sid221 |
| S. 230 | Mehlschwalbe • Fotolia / Ornitolog82 |
| S. 230 | Mauersegler • Thinkstock / MikeLane45 |
| S. 235 | Seymouria Skelett • Shutterstock / Dn Br |
| S. 235 | Archaeopteryx • Shutterstock / Ariros |
| S. 239 | Schnabeltier • Fotolia / susan flashman |
| S. 239 | Spitzhörnchen • Thinkstock / kajornyot |
| S. 241 | Wal • Shutterstock / Panustyle |
| S. 245 | Froschlaich • Thinkstock / RawFile |
| S. 246 | Charles Darwin • Shutterstock / Nicku |
| S. 250 | Gephard • Shutterstock / Amy Nichole Harris |
| S. 255 | Gorilla mit Baby • Fotolia / gudkovandrey |
| S. 256 | Hase • Fotolia / alexanderoberst |
| S. 258 | Register • Fotolia / Miredi |
| S. 260 | Insel • Thinkstock / diegocardini |
| S. 265 | Evolution Mensch • Thinkstock / 00Mate00 |
| S. 266 | Höhlenmalerei • Shutterstock / Marcio Jose Bastos Silva |
| S. 268 | Orang Utans • Shutterstock / tristan tan |
| S. 270 | Füchse • Fotolia / Jeff McGraw |

S. 270 Katze und Maus • Fotolia / Rita Kochmarjova
S. 271 Kuckuck im Nest • Fotolia / francescodemarco
S. 271 Pfau • Fotolia / Andrea Izzotti
S. 272 Schimpanse mit Werkzeug • Shutterstock / Norma Cornes
S. 275 Kuckuck Rachen • Fotolia / francescodemarco
S. 277 Maulbrüter • Thinkstock / wiljoj
S. 280 Schwäne • Shutterstock / Ewais
S. 283 Katze spielt • Shutterstock / Ysbrand Cosijn
S. 285 Hunde kämpfen • Shutterstock / Ksenia Raykova
S. 286 Hunde rennen • Fotolia / Rita Kochmarjova
S. 288 Alpensee • iStockphoto / VogelSP
S. 289 Wüste, Kamele • iStockphoto / Nithid
S. 289 Wald, Birken • iStockphoto / shaman1006
S. 290 Wasserverschmutzung • iStockphoto / narvikk
S. 292 Plankton • Shutterstock / DmitriMaruta
S. 294 Joshua Tree National Park • Thinkstock / dmodlin01
S. 299 Giant Redwood Bäume • Thinkstock / Jupiterimages
S. 301 Koralle, Alge, Symbiose • Shutterstock / LauraD
S. 302 Korallen • Shutterstock / Brian Kinney
S. 304 Reiher im Schilf • Shutterstock / Nick Stroh
S. 307 Urwald • Shutterstock / leungchopan
S. 308 Elefant • Shutterstock / Claude Huot
S. 311 Gewitter • Shutterstock / Piotr Krzeslak
S. 314 Blattläuse • Shutterstock / Karin Jaehne